玩具中的早教智慧

中国玩具协会　编著

中国妇女出版社

图书在版编目（CIP）数据

玩具中的早教智慧 / 中国玩具协会编著. — 北京：中国妇女出版社，2011.7

ISBN 978-7-5127-0244-8

Ⅰ. ①玩… Ⅱ. ①中… Ⅲ. ①智力玩具—基本知识

Ⅳ. ①TS958.6

中国版本图书馆CIP数据核字（2011）第122041号

玩具中的早教智慧

作　　者： 中国玩具协会　编著
主　　编： 梁　梅
副 主 编： 谢凤华
策划编辑： 朱婷婷
责任编辑： 张菁华
封面设计： 吴晓莉
责任印制： 王卫东
出　　版： 中国妇女出版社出版发行
地　　址： 北京东城区史家胡同甲24号　**邮政编码：** 100010
电　　话：（010）65133160（发行部）　65133161（邮购）
网　　址： www.womenbooks.com.cn
经　　销： 各地新华书店
印　　刷： 北京博图彩色印刷有限公司
开　　本： 188×210　1/24
印　　张： 15
字　　数： 308千字
版　　次： 2011年7月第1版
印　　次： 2011年7月第1次
书　　号： ISBN 978-7-5127-0244-8
定　　价： 39.80元

序

年轻的爸爸、妈妈们最大的快乐就是看到自己的孩子能够健康地成长和发育，这其中就包括良好的身体、良好的性格、良好的技能和良好的品德。

0～3岁是人大脑发育的黄金期，3～6岁是人大脑发育的关键期，所以说0～6岁是婴幼儿形成个性、发展智力、学习语言、开发身心潜能的关键时期。这一时期，人的大脑发育最快，可塑性最强，丰富的感官刺激和运动经历对婴幼儿各种学习能力的形成，对德、智、体、美、劳的全面发展，都具有终生性的影响。

好奇、好动、好玩是儿童的天性，“玩具”也因此应运而生。从婴儿一出生后，玩具就会进入其生活，成为其成长中的玩伴。儿童通过玩玩具，既动手又动脑，可以最大限度地开发儿童的脑部潜能，提升儿童的智力，促进儿童感知觉、语言、动作技能和技巧的发展。因此，绝不可忽视玩具的重要性。

希望年轻的爸爸、妈妈们能够好好阅读这本书，从中了解玩具的益智作用，解读玩具的奥妙。有时候家长看到宝宝在专注地玩玩具，怎么叫也不离开，以为宝宝贪玩；或是有的宝宝在拆玩具，以为宝宝对玩具不爱惜，其实不然，家长要观察并了解原因，其实大多时候宝宝是在探索玩具的奥秘，有多个疑问需要解开，是在渴求获取更多的知识。这时候家长就要有耐心，要帮助宝宝了解和掌握他们不知道的东西，使宝宝的视野更开阔。

本书将呈献给所有年轻的父母们，希望能对您有所帮助，让您的宝宝更加健康、快乐地成长！

区慕洁

2011年6月于北京

前言

爱玩具是孩子的天性。虽然在不同国家或不同年代孩子所玩的玩具有所不同，但是人类学家的研究清楚地表明——玩玩具是孩子成长过程中本能的和必须的部分。通常，家长和老师认为玩玩具只是孩子自娱自乐的消遣方式。但欧美国家在20世纪50年代后的众多研究结果表明： 孩子不是为了学习而玩玩具，但是玩具能够帮助孩子学习。因此，对于家长和幼教工作者来讲，如何选择合适的玩具，通过积极、有效的玩耍方式引导孩子，保证玩耍的安全就显得尤为重要。

专家和学者的研究发现，玩玩具对于孩子的健康成长、智力发育有着无可辩驳的积极作用，能够为孩子未来的阅读、写作、数学和创造性奠定良好的基础。玩玩具对于培养孩子八个方面的能力具有不可替代的作用：一是通过玩耍中的抓、扔、爬、走等活动，提高动作协调和平衡能力；二是通过学习手指运动，培养精细动作能力；三是学习因果关系，培养解决问题的能力；四是通过与他人一起玩耍和陈述喜欢的玩具，培养语言表达能力；五是通过遵守游戏中的规则和与他人合作，培养社交能力；六是通过玩耍中获得的成功，培养追求自我成就的意识；七是通过在玩具游戏中扮演医生、老师、消防员等角色，培养生活常识和责任心；八是通过玩玩具，培养想象力和创造力。

为了不错过孩子在玩玩具的过程中培养各方面能力，父母的职责首先是在孩子的不同年龄段为其挑选合适的玩具。比如欧美专家一致认为，婴儿在刚出生的几个月，虽然不能用手抓住东西，但是他们很喜欢用眼睛和耳朵来认识事物，因此选择有悦耳声音、颜色鲜艳或对比强烈的玩具对新生儿和婴儿就非常适合。父母的另外一个重要职责是陪同孩子一起玩玩具。研究表明，父母定期与孩子一起玩玩具，对于孩子各方面能力的培养能够达到最好的效果。除了父母，其他熟悉的亲戚和朋友陪同孩子玩耍，也会达到很好的效果。

因为0～6岁孩子欠缺自我保护能力，所以父母一定要为孩子选购安全的玩具，孩子玩耍时要有大人监护，所有玩具要妥善保管以确保孩子玩耍的安全。

为了给年轻父母选购安全、合适的玩具给予指导性建议，我们特别编写了这本《玩具中的早教智慧》，参考有关专家的论述，针对0～6岁婴幼儿的生长发育特点，以图文并茂的形式，向读者解读不同年龄段孩子所需玩具的功能特点和不同玩法。我们很高兴这本《玩具中的早教智慧》经过努力终于能够面世，成为中国第一本帮助消费者充分利用玩具对孩子进行早期教育的实用型读物。

虽然我们对于本书的编辑投入了大量的时间，相关资讯也经过反复核实，但是书中难免会出现不足和错误的地方，恳请读者给予批评和指正。

中国玩具协会

2011年6月于北京

目录

第一章
0～3个月宝宝的玩具早教 1

第二章
3～6个月宝宝的玩具早教 26

第三章
6～9个月宝宝的玩具早教 46

鸣 谢

感谢中国妇女出版社在本书的出版工作中提出了很多建设性意见，并做了大量细致的工作，使本书如期在协会举办的“北京玩博会”前期面世。

感谢浙江大圣文化用品有限公司对于本书的顺利出版所给予的大力支持。

感谢相关企业在本书的编写过程中提供了大量图片和文字资料。

中国玩具协会

2011年6月于北京

0～3个月宝宝的玩具早教

一、0～3个月宝宝的生长发育特点

1.感官表现

视觉

新生儿由于晶体的调节功能和眼外肌发育尚未完善，故视觉只有在15～20厘米的距离处最清晰。但此时的宝宝已经具有视觉感应功能，在安静、清醒的状态下可短暂注视物体。1个月的宝宝可以凝视光源，大约能看清距离眼睛20厘米左右的物体，在看到光和物体时，能上下左右协调眼睛去跟随移动的物体。宝宝喜欢看人脸，能与父母眼对眼对视，学会了用眼睛交流，当妈妈抱起他温柔地低语时，他会全神贯注地看着妈妈。1个多月时，宝宝能看清眼前15～30厘米内的物体。随着生长发育，他们会喜欢看红色，容易注视图形复杂的区域、曲线和同心圆式的图案。2～3个月的宝宝视觉已经发育成熟，一旦发现自己的双手，就会玩得很投入、很专注，眼睛凝视两手，并能玩弄手和手指。

听觉

新生儿不仅能听到声音，而且对声音频率很敏感，喜欢听和谐的音乐。研究表明，婴儿出生1周后的听力就相当良好，可以分辨妈妈的声音。

满月的宝宝的听力已能集中，经过妈妈1个月的哺育，对妈妈说话的声音也很熟悉了，听到妈妈的说话声能暂时停止哭泣。吃奶时，听到巨响会停止吸吮动作，如果遇到陌生的声音他会吃惊，如果声音很大他会感到害怕而哭起来，因此要给宝宝听一些轻柔的音乐和歌曲，对宝宝说话、唱歌的声音也要悦耳。

2～3个月的宝宝听到父母的呼唤，常常会停止活动，用目光去寻找声源或慢慢将头转向发出声音的方向，并且能对笛声和铃声做出不同的反应。2～3个月的宝宝出现明显的集中性听觉，能感受到不同方位发出的声音，并将头转向声源，用眼睛搜寻声音。

嗅觉和味觉

出生后的宝宝嗅觉中枢和神经末梢已经发育成熟，嗅觉相当灵敏，如果把浸过母乳的布片靠近宝宝的鼻端，宝宝会立即停止哭闹而做出寻乳的姿态。宝宝的味觉也很发达，对于咸、苦、酸等不同的味道可产生不同的反应。宝宝满月后皮肤感觉能力比成人敏感得多，对过冷、过热都比较敏感，以哭闹向大人表示自己的不满。满月的宝宝很不喜欢苦味与酸味的食品，如果给他吃会表示拒绝。

触觉

触觉是引起某些反射的基础，新生儿的眼、口、手掌、足底等部位的触觉已经很灵敏，触之即有反应，如眨眼、张口、缩回手足等。新生儿初生下来时，手、脚等依然弯曲，不会完全伸直。等到一两个月后，手、脚就能弯伸自如了，似乎长高长大了许多。换尿布后，用手轻轻抚摸宝宝的大腿，他就会非常高兴地将双腿伸直。宝宝一出生就具有的拥抱反射说明宝宝渴望与人接触。新生儿喜欢紧贴着躺在妈妈怀中，当宝宝哭闹时，妈妈把手放在宝宝腹部并轻轻按住两上臂，宝宝就不哭了。

2.动作表现

在大动作方面，宝宝满月后，俯卧位下巴离开床的角度可达45°，但不能持久。宝宝俯卧时，父母要注重看护，防止因呼吸不畅而引起窒息。2个月时，宝宝开始能俯卧抬头45°，这意味着他的视野改变了，这时拿合适的玩具逗宝宝玩，可以丰富宝宝的视觉信息，增强宝宝的颈部张力。2～3个月的宝宝会用小脚踢东西，通过练习，到3个月时，宝宝能够俯卧抬头90°。

在精细动作方面，新生儿两手紧握拳，1个月时能紧握触手物，2个月时能短暂留握摇铃，2～3个月的宝宝双手从握拳姿势逐渐松开，如果给他小玩具，他可无意识地抓握片刻，有时可将手和物体放入口中，而且给他喂奶时，他会立即做出吸吮动作。3个月时宝宝的两手放松并有意识地用手去接触物体。

3.语言表现

这一时期，宝宝处于简单音节阶段。满月后，宝宝除了用长短不同的哭声表达不同的要求外，还会从喉咙里发出ei、ou等细小的喉音。1个月时，能发出很小的喉音。2个多月时，能发出和谐的喉音，睡醒时躺在床上会咿呀取乐。2~3个月的宝宝在有人逗他时，会发笑，并能发出“啊”“呀”的声音。3个月时，逗宝宝会非常高兴并发出笑声，当看到妈妈时，嘴里会发出“a、ai、e、ei”等简单的单音节，像是在咿呀学语。

4.社交表现

这一时期，宝宝用哭声、咕噜声和面部表情做交流。再大一些时，能出声笑，通过微笑和发出的咕咕声来维持与教养者的交流。2~3个月的宝宝已经能够认识妈妈了，如妈妈走过来时，宝宝会显出快乐和急于亲近的表情，有时还会呼叫，手舞足蹈，对妈妈的微笑更频繁也更明确。而发起脾气来，2~3个月的宝宝哭声也会比平常大得多。这些特殊的语言是宝宝与大人的情感交流，也是宝宝的一种表达方式，父母应对这种表示及时做出相应的反应。

二、0～3个月宝宝的智能训练

1.视觉刺激

父母可以在宝宝卧床的上方距离眼睛20~30厘米处，挂上2~3种色彩鲜艳并且最好是纯正的红、绿、蓝色玩具，如环、铃或球类，在宝宝面前触动或摇摆这些玩具，以引起他的兴趣。当宝宝集中注视后，将玩具一边摇一边移动，使宝宝的视线追随玩具移动的方向。此时，尽管物体还不能在宝宝眼中形成清晰的图像，但宝宝似乎喜欢用这样的活动来训练他的眼睛。对于转动玩具来说，游戏时间不要太长，而且转动速度过快的玩具也不适合。

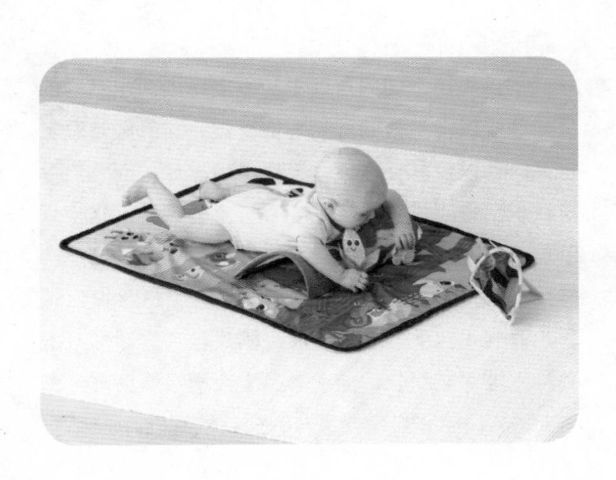

2.感知语言

父母可选用八音盒、铃鼓、铃铛等带有声响的玩具，或者能捏响、摇响的橡胶、软塑玩具，培养宝宝集中听力以及对声响的反应。父母可以引逗宝宝将头转向声音的一侧，寻找声源，吸引宝宝努力向各个方位去寻找，在听的同时，也可以给宝宝看玩具，边看边听，使视听协调起来。选择带有声响的玩具时，声响要悦耳，无噪声，有音乐节奏的更适合，但声响不要过大，以免使宝宝受到惊吓。

另外，为了促进宝宝的听觉发育，在宝宝清醒时，妈妈还可以用缓慢、柔和的语调对宝宝讲话，也可以给宝宝朗读简短的儿歌、哼唱歌曲等。这些听觉刺激有助于宝宝日后早日开口学习说话，并促进母子间的情感交流，可使宝宝精神愉快并得到安慰，对其智力发育十分有利。

3.触觉刺激

宝宝在看玩具的同时，父母可以试着让宝宝的小手抚摸玩具，使他感知玩具的硬度和形状等。父母还可以把成人的手指或带环状的能发出声音的玩具放在宝宝的手中，让他握住，可重复多次放入和拿出，让宝宝练习握持和对物体的感觉，同时可摇晃宝宝拿着玩具的手，让他听听玩具发出的声音。父母还可用玩具逗引宝宝主动去接触玩具，还可帮助宝宝用手拍打悬挂的玩具，以促进宝宝手眼协调能力的发展。

4.动作训练

让宝宝俯卧，两臂屈肘于胸前，父母可在宝宝头侧引逗他抬头，开始每次训练30秒钟，以后可根据宝宝的训练情况逐渐延长至3分钟左右。妈妈也可将宝宝抱坐在一只前臂上，使其头背部贴在妈妈前胸，妈妈一只手抱住宝宝的胸部，使宝宝面前呈现广阔的空间，能注视到周围更多新奇的东西，这样可激发宝宝的兴趣，使他主动练习竖头。

此期还要训练宝宝翻身，用宝宝感兴趣的发声玩具在宝宝头部两侧逗引宝宝，使他的头部侧转注意玩具，然后父母一手握住宝宝的一只手，另一只手将宝宝同侧腿搭在另一条腿上，辅助其向对侧侧翻注视，左右轮流侧翻练习，以帮助宝宝感觉体位的变化，学习侧翻动作。

5.情感交流

父母要用亲切的声调多和宝宝说话，用慈祥的目光注视以吸引他的目光与你交流。父母经常逗宝宝笑，可以使其社会性微笑较早地出现，而且能提早认识父母。妈妈要仔细观察宝宝的需要，当他表示要求时，应能够敏感、准确地捕捉到这种信息，并给予满足，这样宝宝会有安全感，愿意发出信息，有利于宝宝的智力发展。满足宝宝逐渐形成的各种生理需求和认识要求，是宝宝积极情绪产生的主要条件，也是宝宝学会与人交往的基础。

6.促进智力发育的活动

父母可在朝阳的窗户旁放置一个分光棱镜，让彩虹中的七色光都呈现在地板上，强烈的色彩对比和色彩运动将吸引宝宝的注意力，并能训练他的视力。父母还可做一个或买一个布袋木偶，上面应画有逼真的人或动物的面孔，最好是用质地柔软的物质做成的木偶，这为宝宝与他人的接触提供了一个新的渠道。

父母还可将婴儿床或游戏围栏变成童床体操馆或游戏中心，当宝宝移动身体时，确保他和婴儿床有偶尔的接触碰撞，通过接触有助于宝宝形成实物观念，同时能训练他的眼光跟踪能力，从而使他获得某些反应能力，并能鼓励他的探索精神。

三、为0～3个月宝宝选择玩具的要点

1.选择色彩对比度强的玩具

1个月内，可选择黑白相间的曲线和同心圆式的图案挂在床边；1个月以后，可选择一些外形优美、色彩对比度较强的玩具，如红色的球、色彩鲜艳的悬挂玩具、旋转玩具等能引起宝宝视觉注意的玩具。用色彩鲜艳的玩具在宝宝眼前晃动，可以训练宝宝眼睛的灵活性和追视物体的能力。

2.选择带声响的玩具

带声响的、能发出悦耳声音的音乐盒、床铃、可捏响的塑料玩具等能吸引宝宝听觉的玩具，可以训练宝宝寻找声源，也可通过与宝宝对话或让宝宝听音乐来训练宝宝的听觉能力。

3.选择肢体运动玩具

这一时期，可选择有吊挂玩具及音乐等功能的婴儿健身器、激发宝宝踢脚等运动的玩具，当宝宝兴奋时，会踢脚并舞动双手，以促进宝宝肢体大肌肉的锻炼。

四、适合0～3个月宝宝的经典玩具

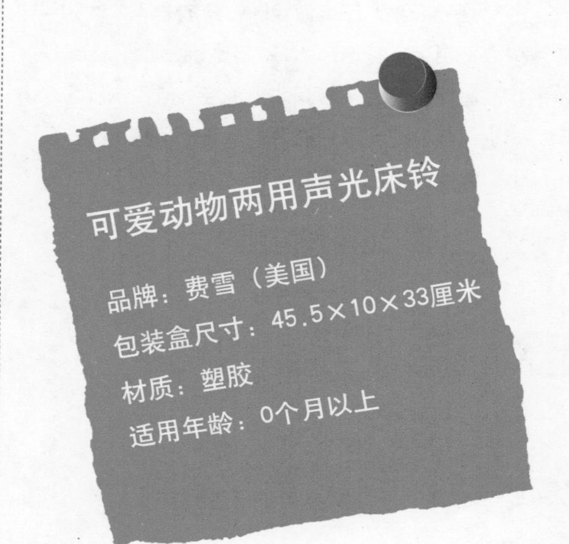

视觉能力、听觉能力开发

床铃带有灯罩，精致的灯罩上面连接了4个长毛绒玩具；床铃可以播放音乐，可以旋转，并具有幻灯的效果，能将可爱的动物和场景投射在灯罩上，近距离展示给宝宝看，等宝宝长大一些后，还可以直接把光线投射到天花板上。对于刚出生不久的宝宝来说，这些都会刺激其视觉和听觉的发育。床铃设有一个控制器，方便父母控制。

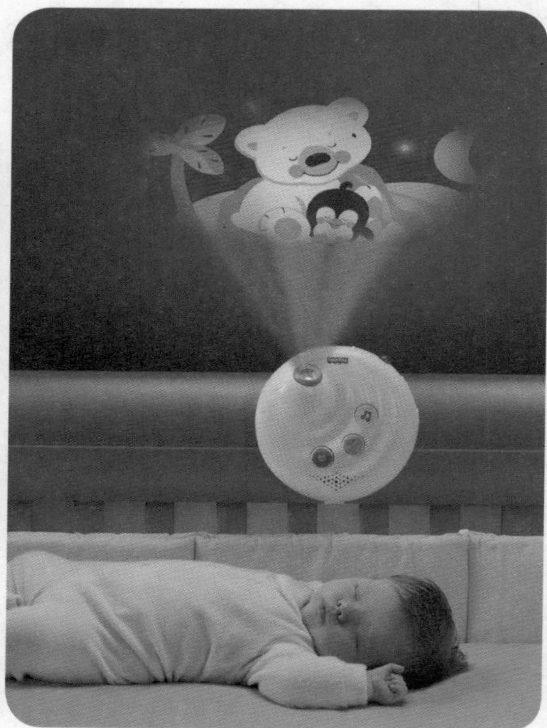

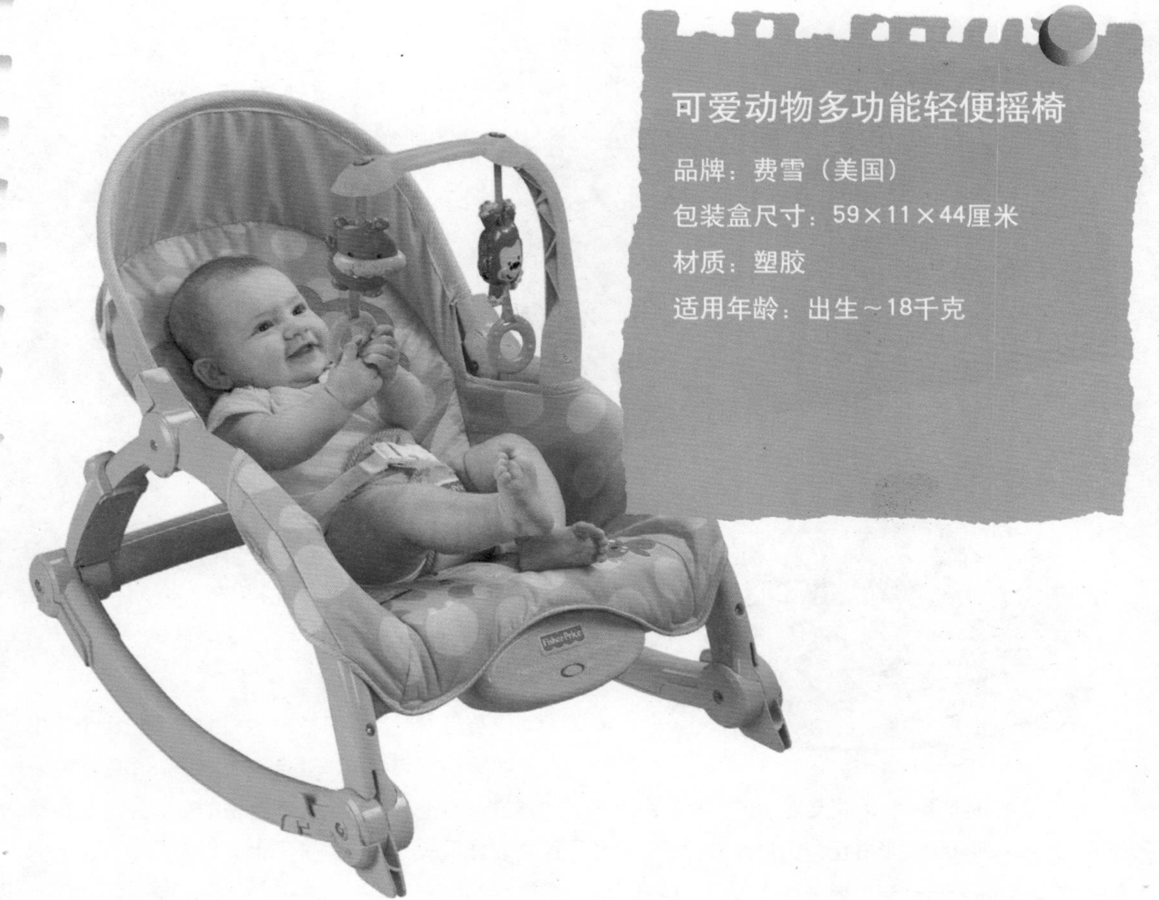

可爱动物多功能轻便摇椅

品牌：费雪（美国）

包装盒尺寸：59×11×44厘米

材质：塑胶

适用年龄：出生~18千克

这款摇椅升高固定后还可以当固定座椅，方便给宝宝喂食；有震动模式，可以安抚宝宝，使宝宝容易入睡；摇椅容易折叠，方便父母携带。

视觉能力开发

为了刺激宝宝的视觉发展，在摇椅的侧面安装有一个玩具杆，玩具杆可以很方便地移动，上面悬挂有玩具，吸引宝宝追视物体，以发展宝宝的视觉能力。

抓握能力、协调能力锻炼

为了促进宝宝抓握能力和协调能力的发展，在宝宝大一些时，用玩具杆上的玩具吸引宝宝伸手去抓握，可以锻炼宝宝小手的抓握能力与动作的协调能力。

可爱动物健身器

品牌：费雪（美国）

包装盒尺寸：70×8×53厘米

材质：塑胶

适用年龄：0～12个月

可爱动物健身器可以供宝宝3个不同阶段玩耍：躺着玩，趴着玩，坐着玩。圆形大垫子上有两个柔软的动物装饰物——小猴子和小狮子，以及一个塑料动物装饰物——北极熊。

视觉能力开发、抓握能力、大肌肉锻炼

宝宝躺着玩时，悬挂着的玩具可以吸引宝宝的视觉，同时吸引宝宝用手去抓握、用脚去蹬踹，锻炼了宝宝大肌肉的发展。

协调能力锻炼

宝宝趴着玩时，悬挂着的玩具可以引起宝宝的好奇心，吸引宝宝去玩耍，可以帮助宝宝练习爬行，锻炼宝宝手脚的协调能力。

听觉能力开发

宝宝坐着玩时，可以把北极熊和其他两个动物装饰物放在宝宝面前，让宝宝去触摸，体验软、硬的感觉。当宝宝击打北极熊身上的小球时，北极熊能播放音乐，同时它的鼻子也会发光，锻炼宝宝的听觉。

视觉能力开发

柔软舒适、色彩鲜艳、图案丰富的游戏垫能够吸引宝宝的注意力，有利于宝宝视觉能力的发展；搭配设计的太阳小镜子，可以吸引宝宝进行自我探索发现。

听觉能力开发

游戏垫上设计的网孔运动架配置有玉米造型的玩具，可发出沙沙声，刺激宝宝听觉能力的发展。

触觉能力锻炼

游戏垫上设计的网孔运动架配置有拖拉机造型的牙胶，可刺激宝宝触觉能力的发展。

大肌肉锻炼

舒适且富有弹性的网孔运动架适合宝宝腹部肌肉的锻炼，将力量均匀分布在躯干全身，最大化地减少对宝宝腹部的压力。

抓握能力、协调能力锻炼

网孔运动架的边缘可扣系宝宝喜爱的玩具或牙胶，让宝宝伸手去抓握玩耍，以促进宝宝抓握能力的发展和肢体协调能力的发展。

视觉能力开发

虫虫鲜艳的色彩可以刺激宝宝视觉能力的发展。

听觉能力开发

当宝宝触摸虫虫身体时，虫虫的每节身体都会发出不同的“吱吱”“沙沙”或铃环的声音。当宝宝拥抱虫虫头部时，虫虫更会播放欢快的英文名曲“*If you're happy and you know it, clap your hands*”（如果感到幸福你就拍拍手），宝宝也会跟着音乐手舞足蹈起来，刺激宝宝听觉能力的发展。

触觉能力锻炼

虫虫的每节身体采用多种不同材质的柔软面料组成，让宝宝体会触摸到不同面料的感觉，促进宝宝触觉能力的发展。

小肌肉、大肌肉、抓握能力锻炼

宝宝和虫虫玩耍时，可增强手臂和手部大小肌肉的锻炼，对练习抓握和身体翻滚的灵活性也有很好的作用。

情感交流

虫虫的腹部特别设计了贴心的身高刻度，可供父母记录宝宝每日身体的变化，增加与宝宝间的情感交流。

音乐八爪鱼

品牌：拉玛泽（美国）
包装盒尺寸：31×22×28厘米
材质：100%涤纶
适用年龄：0～2岁

视觉能力开发

八爪鱼丰富多彩的颜色和形状可以促进宝宝的视觉发育。

听觉能力、乐感开发

按动八爪鱼的触脚，便可以奏出清脆美妙的音乐，能够促进宝宝听觉的发育，培养宝宝的乐感。

触觉能力、抓握能力锻炼

八爪鱼的八爪有布的、绒的等不同材质，可挂在婴儿床边、宝宝随手可及的地方，有利于刺激宝宝触觉能力的发展和抓握能力的锻炼。

小肌肉锻炼

在八爪鱼触脚的里面设计有八种音符键，可以让宝宝自己用手指演奏乐曲，加强宝宝小肌肉的锻炼。

温馨音乐床铃

品牌：智高（欧洲）

包装盒尺寸：15.5×36.5×50厘米

材质：塑料

适用年龄：0个月以上

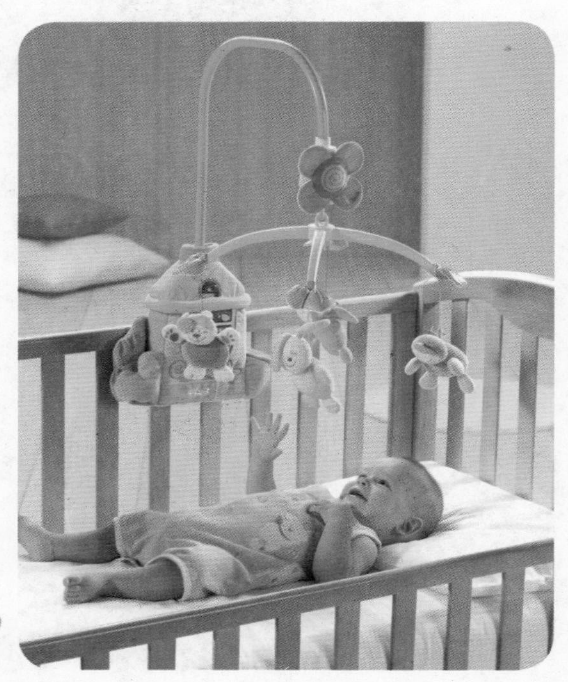

视觉能力开发

有3种游戏模式可供选择：旋转模式＋音乐模式，单纯音乐模式，自动模式。内有自动启动床铃的声音探测器，宝宝的哭声便可以启动旋律，抚慰、放松宝宝身心。配置的遥控器可让父母在较远距离控制玩具开关。旋转的公仔玩具可以刺激宝宝的视觉发展。随着婴儿视觉功能的逐渐发展，宝宝开始观察运动的物体，区分颜色和形状，尤其是色彩鲜明的简单形状对他们更具有吸引力。

听觉能力开发

听觉是宝宝认知、了解世界的重要源泉，宝宝对各种不同的声音充满了好奇，并开始学着随旋律摇摆、晃动。床铃的音乐模式可以刺激宝宝的听觉发展。

床头挂件

品牌：品乐玩具（PlanToys）（泰国）
产品尺寸：22.7×51.2×38厘米
材质：橡胶木
适用年龄：0个月以上

视觉能力开发

这款床头挂件是一个可以安装在床上或摇篮上的挂件组合，它的安装杆可以调节。让宝宝感兴趣的首先就是其鲜艳的颜色搭配，产品上的颜色都是宝宝最初要接触的几种主要颜色（红、蓝、绿、黄），对宝宝的视觉发育有很大的帮助。

抓握能力锻炼

这款床头挂件有3个可拆卸的不同形状和颜色的配件，配件的圆弧边设计非常适合宝宝抓握，确保了宝宝抓握的安全性，可以让宝宝抓在手上玩耍，促进宝宝抓握能力的发育。

听觉能力开发

宝宝在把玩玩具配件时，配件会随着宝宝的摇动发出“哒哒”的声响，这种声响对宝宝的听觉发育会起到帮助作用。

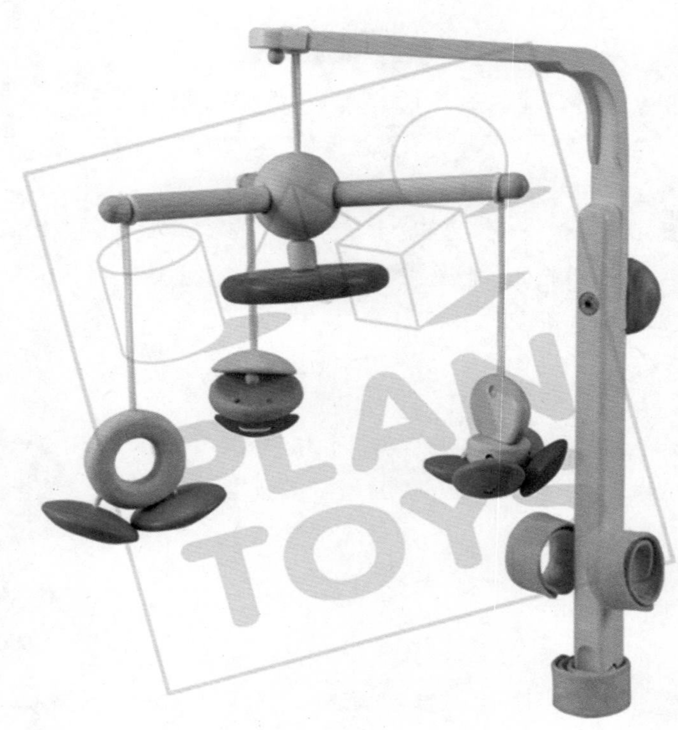

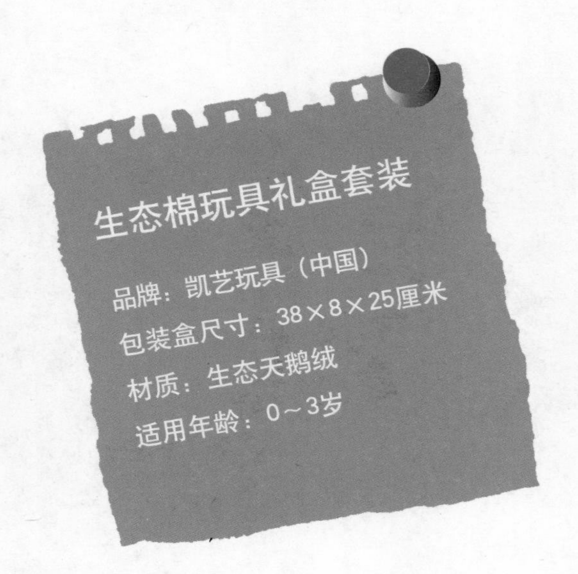

触觉能力锻炼

礼盒套装内有婴儿摇铃、婴儿叫叫棒、玩具手偶、宝宝围嘴和宝宝小背包。产品手感柔软舒适，适合婴儿娇嫩的肌肤。玩具五官全部采用刺绣方式，防止塑料眼睛因易脱落导致的安全隐患，防止婴儿误食产品。玩具所用材料不会掉色、褪色，不含有害化学成分，能够培养宝宝对生态棉柔软的触觉感觉。

听觉能力、视觉能力开发

婴儿摇铃可以发出铃铛响声；抓握婴儿叫叫棒的棒身时，会发出汽笛的响声，可以刺激宝宝听觉和视觉的发育。

抓握能力、小肌肉锻炼

宝宝玩耍婴儿摇铃和婴儿叫叫棒时，通过左右或上下摇动，可以锻炼宝宝的抓握能力和手部小肌肉的发育。

亲子交流、专注力培养

父母可以用玩具手偶给宝宝讲故事、做游戏，增加与宝宝之间的互动性，增加亲子交流，同时也可培养宝宝的专注力。

喜羊羊动物系列床铃

品牌：爱氏（中国）
包装盒尺寸：44×35×8厘米
材质：塑胶（ABS、PC、TPE）
适用年龄：0~1岁半

喜羊羊动物系列床铃是专为宝宝设计的带音乐转动玩具，将其夹在婴儿睡床上，只要扭一下开关，床铃就会慢慢地旋转，并连续播放轻柔的乐曲，能充分调动宝宝的好奇心。

听觉能力开发

扭动开关即可播放轻柔的乐曲，数种不同的音乐循环播放，可以很好地锻炼宝宝的听觉能力。

触觉能力、抓握能力、协调能力锻炼

宝宝从出生到3个月大，让他在玩玩摸摸中感知物体特征，在色彩缤纷的喜羊羊挂饰吸引下，可以锻炼手眼协调能力、抓握能力、手臂动作的准确性以及刺激触觉的发育等，令宝宝更加健康地成长。

新挂床

品牌：lalababy（中国）
产品尺寸：43×43×1厘米
材质：涤棉
适用年龄：0～1岁半

（正面）

（反面）

视觉能力锻炼

对于0~2个月婴儿来说，将正面挂在距离其20~25厘米处，可以满足这一时期宝宝对视觉的本能需求，促进宝宝视觉和大脑的生长发育。

感知力培养

挂床配有玩具镜，能够让宝宝清楚地看见镜中的自己。宝宝已开始对自己的存在有感觉，父母可以指着镜子中的宝宝并叫着他的名字，启发宝宝的感知力。

认知能力开发

对于2个月以上婴儿来说，将背面挂在距离其20~25厘米处，教宝宝认事物、认形状、认颜色等，可以启发宝宝的认知力。

协调能力、大肌肉锻炼

对于开始尝试坐和爬的宝宝，可以将新挂床组合成三角形来吸引宝宝，用以锻炼宝宝身体的协调能力，有助宝宝大肌肉运动的发展。

宝宝的第一本书

品牌：lalababy（中国）

产品尺寸：22×22×6厘米

材质：涤棉

适用年龄：0～3岁

这款玩具书有24个页面，超大，超厚，页面内容循序渐进，满足宝宝的本能需要，激发宝宝潜在需求。

视觉能力开发

对于0～3个月宝宝来说，将玩具书放在宝宝能看到的地方，距离20～25厘米，经常调整页面、位置，可以促进宝宝的视觉及大脑发育。

抓握能力锻炼

书上的活动小配件（书脊上部圆环可拆卸）适合宝宝抓握，有助于宝宝抓握能力的发展。

大肌肉锻炼

将玩具书放在距离宝宝30～50厘米的前方，引导宝宝爬行、翻身，可以锻炼宝宝的大肌肉运动能力。

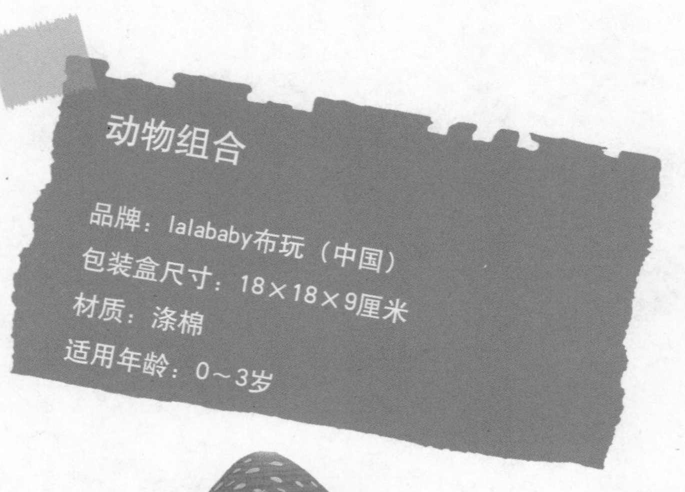

动物组合

品牌：lalababy布玩（中国）
包装盒尺寸：18×18×9厘米
材质：涤棉
适用年龄：0～3岁

该款玩具为布制玩具，适于宝宝抓、握、揉、捏、扯、咬，满足宝宝的本能需求。通过玩耍，可以让宝宝从简单的注视、抓握、撕咬，提升到对颜色和几何形状的认识，满足宝宝发展的阶段性需求。

听觉能力开发

玩具内置BB器，让宝宝按一下，就能发出声音，同时还配有叫筒，宝宝摇一摇就能发出响声，既安全又能刺激宝宝的听力发展。

触觉能力、抓握能力锻炼

玩具含有多种材质，色彩鲜艳，可以让宝宝抓握着玩，锻炼宝宝的抓握能力，刺激宝宝的触觉发展。

识别颜色、识别形状

利用多种颜色的圆柱兔、三角鸡、四方牛，可在玩耍中有意识地教宝宝去认识、辨别不同的颜色和基本的几何形状。

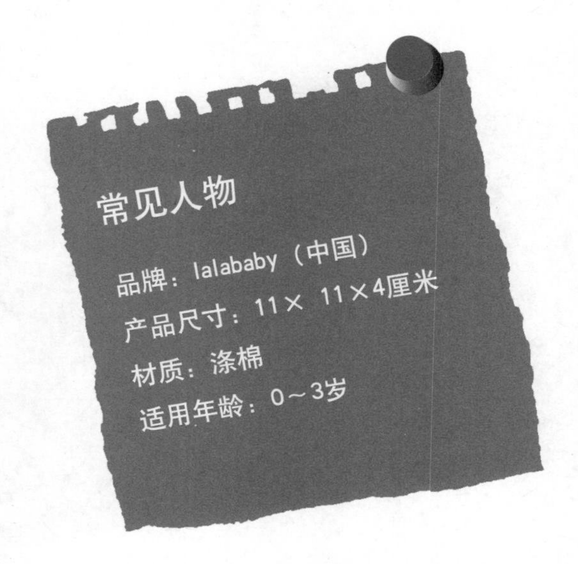

这款玩具书根据宝宝的认知能力和运动能力而设计，尺寸符合宝宝的抓握特征；父母可引导宝宝尽早用拇指与食指抓握小布书，认真记录这一重要时刻，它体现着宝宝在大脑及精细动作的发展上又上了一个新的台阶。

抓握能力锻炼

0～6周

可将小布书置于宝宝手掌中，轻轻地拉，测试宝宝的抓握力度，再轻轻将宝宝的手指一根根地拨开，鼓励宝宝张开双手，每日数次。

6周～2个月

宝宝的手掌会张开了，眼睛开始具有调焦能力，可以将小布书置于宝宝的手心，刺激其抓握。

4～5个月

宝宝喜欢抓住任何他能抓到的东西，可以和他玩给东西的游戏，以鼓励宝宝闭合和张开手指头。

6个月

宝宝的手指已能比较准确且灵活地运用了，父母可以让宝宝以双手及手指握住小布书，教他将小布书从一只手传递到另一只手。一旦宝宝学会松开手中的物体之后，他就会很喜欢练习这个动作。

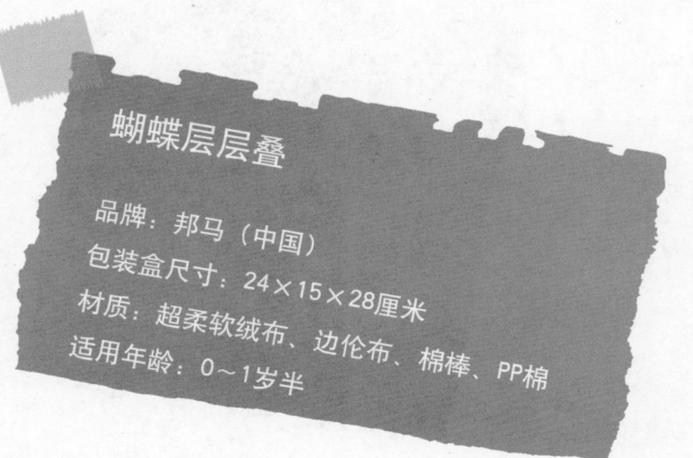

听觉能力开发

玩具内置有摇铃配件，摇动时会发出清脆的声音，能够引起宝宝更强的好奇心和玩耍兴趣，锻炼宝宝的听觉能力。

抓握能力、协调能力锻炼

玩具的头部、身体各部位可以层层拆装，在底部的中间竖有一根棉棒，待宝宝6个月以后，通过让宝宝亲自动手尝试拆下、套上的组装过程，可以提升宝宝的抓握能力以及手眼协调能力。

听觉能力开发

玩具顶端内置有摇铃配件，摇动时会发出清脆的声音，能够引起宝宝更强的好奇心和玩耍兴趣，锻炼宝宝的听觉能力。

触觉能力锻炼

玩具的底部花边内置有响纸配件，揉捏时会发出独特的声响；花边上有彩色刺绣斑点，宝宝在触摸、揉捏时，触觉感知能够得到很好的锻炼。

抓握能力、协调能力锻炼

玩具的顶部、脸部和底座3个部件可以拆装，在底座的中间竖有一根棉棒，待宝宝6个月以后，通过让宝宝亲自动手尝试组装，可以提升宝宝的抓握能力以及手眼协调能力。

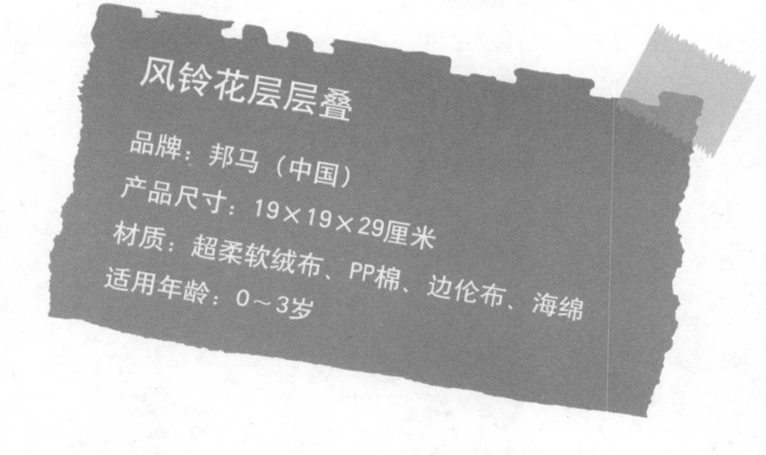

风铃花层层叠

品牌：邦马（中国）

产品尺寸：19×19×29厘米

材质：超柔软绒布、PP棉、边伦布、海绵

适用年龄：0～3岁

听觉能力开发

玩具内置的音乐器能够播放悦耳的音乐，使宝宝的听觉得到锻炼，情绪更加舒畅。

触觉能力锻炼

玩具脸部花边内置响纸配件，揉捏时会发出独特的声响；宝宝在玩耍时，手指接触到花边上的刺绣以及内置的响纸，能够使触觉得到锻炼。

小肌肉、精细动作、协调能力锻炼

玩具内置音乐器配件，按捏欢乐葵左脚开启音乐器，按捏欢乐葵右脚关闭音乐器。宝宝通过按捏动作，可以锻炼手部的小肌肉、精细动作和协调能力，使宝宝的小手更加灵活。

听觉能力开发

蚯蚓的帽子和套环内置摇铃配件，摇动时会发出清脆悦耳的声音，能够引起宝宝的好奇心和玩耍兴趣，锻炼宝宝的听觉能力。

动手能力、抓握能力、协调能力锻炼

待宝宝大一些后，彩色套环可以让宝宝亲自动手拆装，让宝宝动手组装出自己喜欢的色彩搭配，使手部的抓握能力得到提升；在玩耍的过程中，宝宝手、眼、脑的协调能力也会得到很好的锻炼。

识别颜色、算术能力开发

蚯蚓的身体上有多个彩色套环，每个套环的颜色不同，父母可以引导宝宝识别颜色。彩色套环还可以成为教宝宝识数的工具，每套上一个套环，就告诉宝宝“这是1个”，培养宝宝的算术能力。

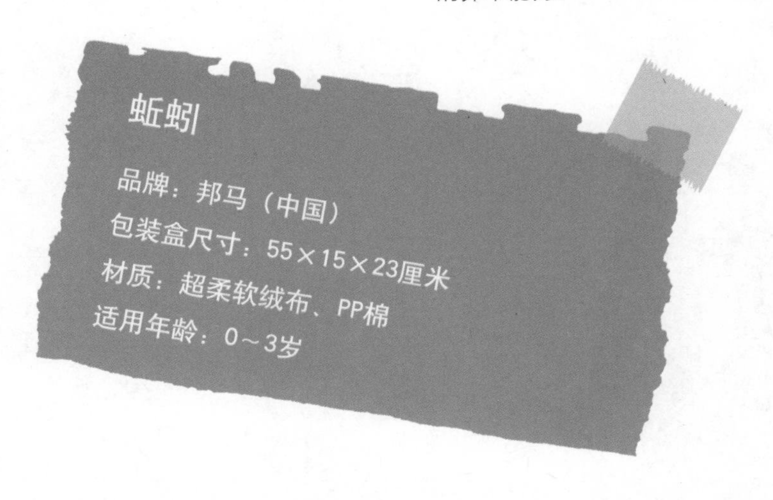

视觉能力开发

床铃上有各类卡通图形悬挂物，汇集在一起便组成了宝宝睡眠和娱乐时的最佳玩具伙伴。有了这些色彩鲜艳的小动物床铃，可以刺激宝宝的视觉发育。

听觉能力、乐感开发

床铃有12首乐曲，可以刺激宝宝的听觉发育，还可以培养宝宝的乐感。

大运动动作锻炼

随着宝宝的成长，床铃也可夹在桌子、茶几的边缘，鼓励宝宝用手、脚触动挂件，进行大运动动作锻炼。丰富的公仔挂件可以随着音乐旋转，每个公仔都可以拆下来单独作为摇铃玩。

感知力培养

床铃支架上面有一个镜子，可以帮助宝宝认识自己，提高宝宝的感知力。

海底世界投影转灯

品牌：骅威（中国）
包装盒尺寸：25.2×23.4×18.2厘米
材质：ABS塑胶
适用年龄：0~3岁

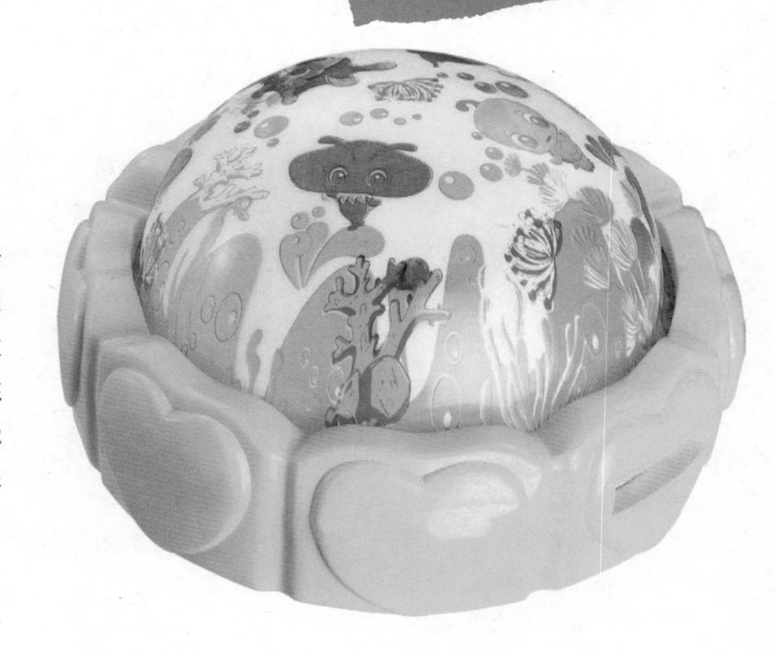

听觉能力、视觉能力开发

将投影转灯开启后，灯会转动起来，同时发出悦耳的音乐声，并可以投射出灯光图案，在宝宝面前展现出一幅美丽的海底景色，刺激宝宝听觉能力和视觉能力的发展，轻柔、悦耳的音乐还可以使宝宝安然入睡。

3~6个月宝宝的玩具早教

一、3～6个月宝宝的生长发育特点

1.感官表现

视觉

3个月的宝宝在视觉上开始对颜色产生了分辨能力，对黄色最为敏感，其次是红色，见到这两种颜色的玩具他会很快产生反应，而对其他颜色的反应则要慢一些。

3个多月时，宝宝能固定视物，看清大约75厘米远的物体。这个阶段，宝宝的两眼可以随移动的物体从一侧到另一侧，移动180°。

6个月时，宝宝的目光可向上向下跟随移动物体转动90°，喜欢明亮的颜色如红、橙、黄色，特别是红色的物体最能引起宝宝的兴奋与注意。

听觉

这一阶段，宝宝在听觉方面也有很大的发展，听到声音后能很快地将头转向声源，能区分妈妈和其他人的声音，对妈妈的语言有明确的反应，对自己的名字也有所反应，喜欢听音乐，能表现出集中注意听的样子。

3～4个月的宝宝在听觉上发展较快，已具有一定的辨别方向的能力，听到声音后，宝宝的头能顺着响声转动180°。

5～6个月的宝宝听到物体的名字，能用眼睛寻找目标。满6个月时，宝宝开始理解自己的名字，当父母叫宝宝的名字时，他会有反应，多数宝宝能

够顺着声音去寻找落地的物体。

2.动作表现

在大动作方面，3个月的宝宝头可以随自己的意愿转来转去，眼睛也可以随着头的转动而左顾右盼，当宝宝趴在床上时，他的头已经可以稳稳当当地抬起，下颌和肩部也可以离开床面，前半身由两臂支撑起。父母扶着宝宝的腋下和髋部时，他就能够坐稳，如扶着腋下把宝宝立起来，他就会举起一条腿迈一步，再举另一条腿迈一步，这是一种原始反射。通过一定时间的练习，3、4个月时，宝宝就可以翻身了。4～5个月的宝宝动作姿势较以前有所成熟，而且能够呈对称性，俯卧时能把头抬起并和肩胛成90°角，把宝宝抱在怀里时，头能稳稳地直立起来，上下肢能活动自如，仰卧时会自己将腿举起来，眼看到腿后会用手去抓，双手能抱住脚当玩具，甚至放到嘴里去啃咬。5个月时，可以让宝宝靠着坐，父母给予一定的支撑。5个月的宝宝动作很多，在床上处于俯卧位时很想往前爬，但由于腹部还不能抬高，所以爬行受到一定限制，可以较熟练地从仰卧位翻到俯卧位，能够坐在大人的膝盖上，坐位时背挺得很直，当大人扶助宝宝站立时，他能直立。6个月时，宝宝基本可以独自坐着了。

在精细动作方面，3个月的宝宝独自躺在床上时，会把双手放在眼前观看和玩耍，并且能够准确地把拇指放在嘴里吮吸。4个月时，宝宝可以在胸前玩弄双手，见到物体，两臂会活动欲取物。4～5个月的宝宝手较之前灵活，手会张开合拢，会玩手和衣服，能够伸手抓身旁的东西，会摇动手中的拨浪鼓。5个月时，宝宝可伸手抓物，如主动抓握摇铃。5个月的宝宝会用一只手够自己想要的玩具，并能抓住玩具，但准确度还不够，往往一个动作需反复好几次，而且能将物体从一只手传到另一只手。6个月时，宝宝的双手可以各握一块积木。

3.语言表现

这一时期，宝宝处于简单音节向连续音节过渡的阶段。3个月的宝宝在语言上有了一定的发展，逗他时他会非常高兴并发出欢快的笑声，当看到妈妈时，他的脸上会露出甜蜜的微笑，嘴里还会不断地发出咿呀的学语声，似乎在向妈妈说着知心话。4个月时，宝宝高兴时会大声笑，声音清脆悦耳。5～6个月时，宝宝能发唇音“m”了。

4.社交表现

4个月时，宝宝会对周围的事物有较大的兴趣，喜欢和别人一起玩耍，能识别妈妈和熟悉面孔的人。随后，宝宝能够逐渐参与由成人发起的互动游戏，在游戏中与人交流。5个月的宝宝对周围的事物有较大的兴趣，喜欢和别人一起玩耍，注意力有了进一步的发展，会较长时间地观察事物。这个时期的宝宝在语言发育和感情交流上进步较快，高兴时会大声笑，声音清脆悦耳；当有人与他讲话时，他会发出“咯咯咕咕”的声音，并且移动胳膊和腿，扭动身体等来吸引大人的注意，好像在和你对话。5～6个月的宝宝开始表现出认生，能够把熟悉的人和生疏的人区分开，会用警惕的眼睛盯着陌生人，此期的宝宝表情更加丰富，能够表现出害怕、厌恶、生气等情绪。

二、3～6个月宝宝的智能训练

1.感官刺激训练

父母可以选择一些大小不一的玩具或物体，从大到小，让宝宝用手抓握注视，然后放在桌上吸引其注视。还可以训练宝宝注视远近距离不等的物体，以促进其视力的发展；用玩具声吸引宝宝转头寻找发声玩具，每日训练2～3次，每次3～5分钟，以拓宽宝宝的视觉广度。

这个时期，可以让宝宝多看各种颜色的图画、玩具及物品，并告诉他物体的名称和颜色，这样会使宝宝对颜色的认知发展过程大大提前。此外，通过吸引宝宝寻找前后左右不同方位、不同距离的发声源，可以刺激宝宝方位觉能力的发展，根据不同情景，用不同语调、表情，可以使宝宝逐渐感受到语言中不同的感情成分，逐渐提高对语言的区别能力。还可让宝宝从周围环境中直接接触各种声音，以提高宝宝对不同频率、强度、音色声音的识别能力。父母要鼓励宝宝触摸木制、塑料、绒布玩具等不同质地的东西，以及圆的、方的、长的等不同形状的物品，以促进宝宝的触觉发育。

2.动作训练

当宝宝仰卧时，妈妈的左手将宝宝右手向头部方向轻轻拉直，右手轻握宝宝右膝盖内侧，让他左腿弯曲，并利用右手腕背力量使宝宝右腿贴于床垫或地板上，然后轻轻提起宝宝左边腿部，顺势让他右滚，翻成俯卧位。用同样步骤辅助宝宝从左侧翻滚至俯卧位，每日训练2～3次，左右翻身各1～2次，经常训练，宝宝就逐渐会自己翻身了。与此同时，妈妈常用手顶住宝宝的脚底板，让他练习蹬腿，可以加强宝宝的腿部力量。

此外，父母可为宝宝选择一些颜色鲜艳、能够发出声音的或能够滚动的玩具，如铃铛、拨浪鼓等，放在宝宝的手中训练抓握。还可选择大小不一的玩具来训练宝宝，以促进其手的灵活性和协调性。通过游戏，教宝宝玩不同玩法的玩具，如摇晃、捏、触碰、敲打、掀、推、扔、取等，可以使宝宝从游戏中学到手的各种技能。

3.语言训练

父母要经常和宝宝说话，还可以在宝宝的床头悬挂能发出音乐的唐老鸭、米老鼠等，经常指着它们，给宝宝念儿歌、讲故事，时间长了宝宝就会喜欢某一个玩具了，每次看到它，都要咿咿呀呀地和它说话。经常反复地把一些语言输送到宝宝大脑皮层，贮存起来，可以为以后的语言教育打下良好的基础。在和宝宝说话时，父母的口型要夸张一些，而且要有表情，这样有利于宝宝模仿。父母还可以通过和宝宝做游戏来进行语言训练，将词语和动作联系在一起，有助于提高宝宝的词汇能力。

4.情感交流

妈妈在给宝宝哺乳时，可以让宝宝抚摸妈妈的乳房，加强妈妈与宝宝的情感联系。另外，还可以通过做游戏的方法与宝宝培养感情，多给宝宝创造接触

生人的机会，鼓励他对熟人用微笑或发音打招呼，对生人逐渐适应。父母可以为宝宝制作一个“宝宝相册”，既可以满足宝宝对人的面孔的喜爱，又可以帮助宝宝度过“陌生人焦虑症”这个阶段。当妈妈不在时，对宝宝来说，相册也是个临时的替代物，但要注意把相册放在能让宝宝抓住和抚弄的地方。

5.社会交往能力的培养

父母可以随时随地教宝宝周围东西的名称，和他说话时，不仅要有意识地给予不同的语调，还应结合不同的面部表情，如笑、怒、淡漠等，训练宝宝分辨面部表情，使他对成人的不同语调、不同表情有不同的反应，并逐渐学会正确表露自己的感受，这样宝宝的语言能力就会有很大的提高。父母还可以将宝宝抱坐在镜子前，对镜中的宝宝说话，让宝宝注视镜中的自己、父母以及相应的动作，以促进宝宝自我意识的形成。

三、为3～6个月宝宝选择玩具的要点

1.选择不同质感的玩具

给宝宝提供不同质感的玩具，如毛绒玩具、木制玩具、塑料玩具等，让宝宝触摸和认识事物的属性，如软的、硬的、形状、大小等，促进宝宝的触觉发育。

2.选择便于抓握的玩具

这时的宝宝虽然会抓住眼前的玩具，但对目标的把握还不准确。父母可以给宝宝准备一些不同质地、色彩并能发出不同声响的玩具，如摇铃、小皮球、金属小圆盒、小方块积木、可捏响的塑料玩具等，但玩具的重量要轻，能够被宝宝握住或抓住，促进宝宝抓握能力的发育。

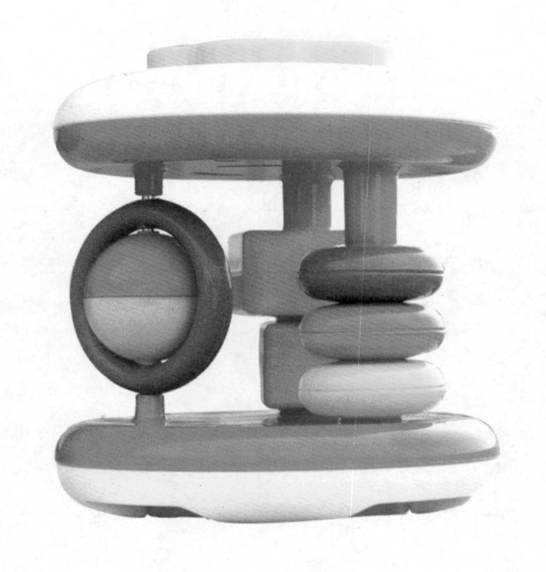

四、适合3～6个月宝宝的经典玩具

三合一豪华体育架

品牌：智高（欧洲）

包装盒尺寸：27.2×42.5×67厘米

材质：塑料

适用年龄：3个月以上

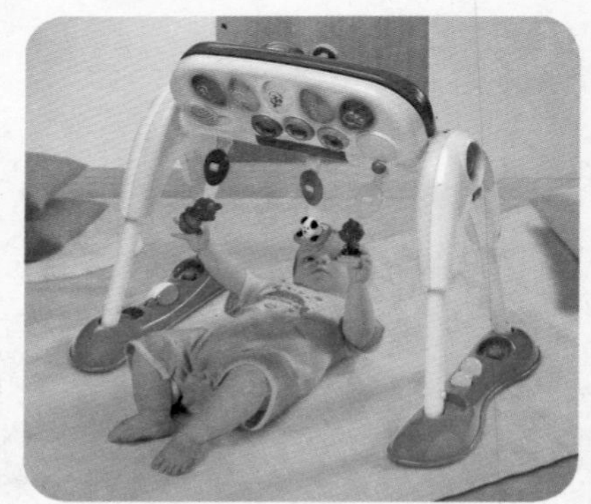

视觉能力、听觉能力开发

这个漂亮的体育架是一个非常重要的活动中心，它的声、光和色彩能够刺激宝宝进行协调运动。3个带着趣味小熊和小狗的音乐晃球能吸引宝宝去触摸，伴随着令人欣喜的旋律和有趣的灯光效应，这个活动可以帮助宝宝发展手眼协调能力和听觉、视觉能力。活动板可以轻松变成游戏小桌，宝宝可以用音乐键盘弹奏有趣的旋律，也可以与活动板上的各种可爱小玩具玩耍。

大肌肉、协调能力锻炼

这个体育架有3个活动位置，宝宝可仰躺也可坐立或站立玩耍。建议在宝宝3个月时开始仰卧活动，在这一阶段，宝宝进行着最初的运动，试着够摸物体，充满活力地蹬踢双腿，开始抬起头和躯干。6个月大时，是理想的开始坐立运动的时期。站立玩耍模式对大约12个月开始学步的宝宝来说是十分理想的。

开心乐园

品牌：小牛津（韩国）
包装盒尺寸：66×26×33.5厘米
材质：ABS塑胶
适用年龄：3个月以上

听觉能力、视觉能力开发

该款玩具内含4种可爱小动物头像的小乐器、中颗粒积木及一辆可以装载积木的小车。4种小乐器发出的声音分别有轻音乐般的沙沙声、清脆的吹哨声、节奏强烈的小拍板声、悦耳的摇铃声，可以刺激宝宝的听觉能力和视觉能力的发展。

抓握能力、小肌肉锻炼

4种小乐器都可以让宝宝练习抓握能力，发出的声音又会吸引宝宝用手来回摇动，尤其小猴子是个小拍板，宝宝可以进行拍击，有助于手部小肌肉的锻炼。

识别颜色

4种小乐器分别是蓝色小蜗牛、红色小鸭子、橘黄色小猴子和绿色小熊，还有各种颜色的中颗粒积木，色彩鲜艳，有助于宝宝对颜色的识别。

动手能力锻炼

随着宝宝一天天长大，宝宝可以用各种中颗粒积木进行拼装造型，还可以将积木拼装在小车上，推动小车滚滚前行，锻炼宝宝的动手能力。

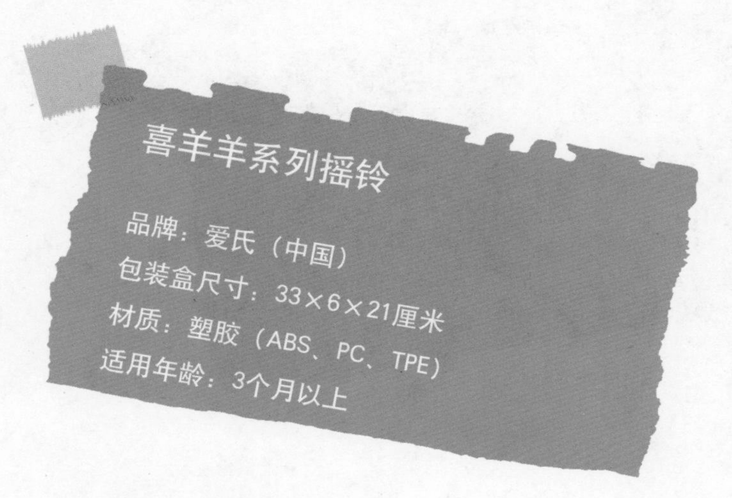

本款玩具是专为3个月以上宝宝精心设计的摇铃套装，包含了喜羊羊、美羊羊、懒羊羊3个卡通形象，同时配以小象、鸭子、河马等动物形象，摇铃的声音听起来很舒服，让宝宝的视觉和听觉等感官得到很好的锻炼。

视觉能力开发

羊羊卡通造型及小象等动物形象非常可爱，鲜艳的色彩有助于宝宝早期对颜色的感知，刺激宝宝的视觉发育。

听觉能力开发

摇铃发出的声音能帮助宝宝分辨声音，刺激宝宝的听觉发育。

触觉能力锻炼

摇铃主体采用安全环保塑料，同时局部采用牙胶材料，不同材料的物体表面能帮助宝宝的触觉能力得到更好的发展。

抓握能力、协调能力锻炼

宝宝通过用手抓握摇铃并进行摇动，有助于促进抓握能力及动作的协调能力。

叻之宝叠叠乐

品牌：邦宝（中国）
包装盒尺寸：19.6×21.5×10.3厘米
材质：ABS塑胶
适用年龄：3个月以上

小肌肉、协调能力锻炼

这款玩具造型有趣，提供方便的按、旋、滚等功能，按下任何一款方积木的动物头，会有两个自动转动的功能，吸引宝宝尝试自己用手玩乐，帮助宝宝锻炼小手肌肉和手眼协调能力。

想象力、创造力开发

宝宝可以进行趣味十足的叠叠游戏，将4款方积木组合在一起玩，看看4款方积木组合起来的一连串效果，激发宝宝的想象力和创造力。

情感交流

父母可陪同宝宝一同玩乐，增加和宝宝之间的情感交流。

识别颜色、识别形状

色彩缤纷的积木让宝宝轻松学习颜色，形状各异的积木让宝宝在探索、对比、分辨中找到合适的积木放入对应的盒孔，获得的成功让宝宝自信倍增。

小肌肉、协调能力锻炼

宝宝寻找正确盒孔的过程是提早对几何进行探索的过程，不断寻找、翻转、重复的动作让宝宝的小手越来越熟练和灵巧，手眼结合能力和大脑对双手的控制能力越来越强。

动手能力锻炼、想象力、创造力开发

宝宝可用积木做有趣的拼插游戏，看看组合起来的不同效果，培养宝宝几何搭配的意识。在动手搭配的过程中，不仅锻炼了宝宝的动手能力，而且不断激发宝宝的想象力和创造力。

叻之宝启蒙积木桶

品牌：邦宝（中国）
包装盒尺寸：16.2×21.4×14.5厘米
材质：ABS塑胶
适用年龄：3个月以上

视觉能力、听觉能力开发

可爱的小熊造型吸引宝宝的视觉，滚动过程中还会发出形象的音乐小调，6首音乐循环播放，刺激宝宝的听觉发育。

协调能力、大运动动作锻炼

当宝宝会向前爬行去推动球时，球会跟着滚动，可看到小熊站在球上摇摇晃晃保持平衡，趣味十足，会吸引宝宝再次爬行，由此促进宝宝身体的协调能力和大运动动作的发展。

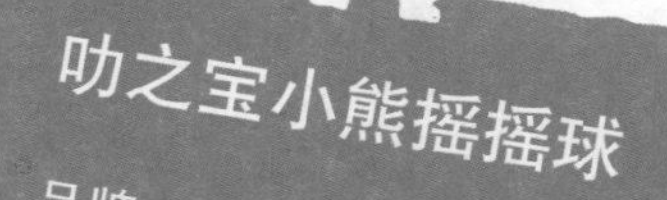

叻之宝小熊摇摇球

品牌：邦宝（中国）

包装盒尺寸：14.9×23.8×12.4厘米

材质：ABS塑胶

适用年龄：3个月以上

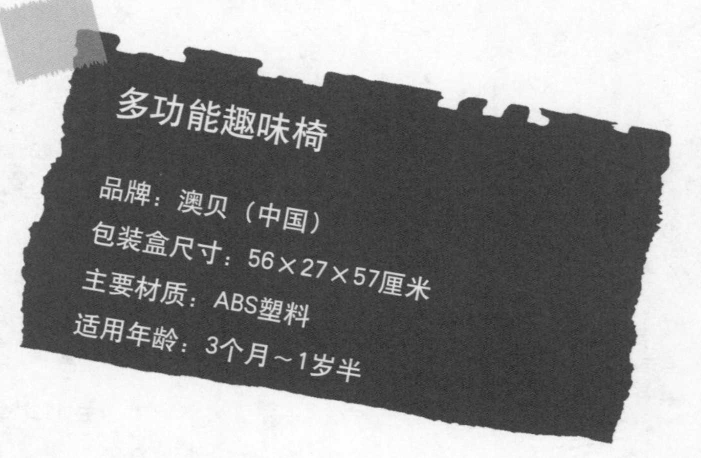

听觉能力、视觉能力开发

趣味椅有多种使用形态，适合不同年龄段宝宝的需要，可以提升宝宝不同时期的能力。宝宝处在3～6个月时，可以平躺在椅子里面，通过摇铃的吸引，刺激宝宝听觉和视觉的发育。

乐感开发、精细动作、大运动动作锻炼

宝宝长大一些时，可以把趣味椅半折叠，让宝宝坐在椅子里面，在面板上按动按键进行弹奏，听音乐培养乐感；拉动和拨动各种小配件，还可以锻炼手部的精细动作和协调能力。当宝宝开始站立学步时，可以扶着趣味椅站立学步，进行大运动动作锻炼。

小肌肉锻炼

趣味椅可以换上餐桌面板，椅子半折叠便成为宝宝的餐桌，可以培养宝宝像大人一样自己吃饭，促进小肌肉的锻炼。

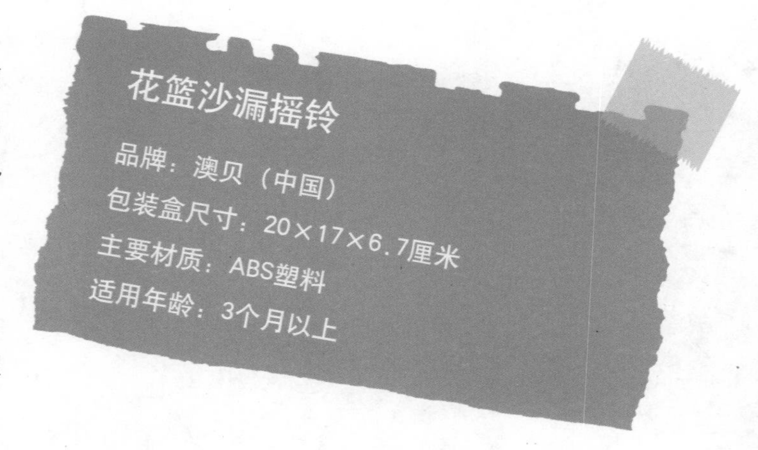

视觉能力开发

摇铃设计成沙漏形式，当里面五颜六色的小珠子漏下来时，会引起宝宝的好奇，可以刺激宝宝的视觉发育。

听觉能力开发

摇铃的迪迪兔头部按下去后，会发出“吱吱”声，锻炼宝宝的听觉能力。

抓握能力锻炼

宝宝可以通过抓握摇铃的4个把手，锻炼抓握能力。

精细动作锻炼

让宝宝用手去拨动4个把手上的小珠子，可以锻炼手指的灵活性。

协调能力锻炼

积木拼拼垫可以拼起来，铺在地面做地垫用，宝宝可以在上面玩耍或学习爬行，锻炼宝宝的身体协调能力，地垫舒适柔软的表面可以充分保护宝宝的膝盖和手腕。

识别颜色、识别形状

该款玩具积木块有5种颜色3种形状，待宝宝大一些后，可以教宝宝认识颜色和形状。

动手能力锻炼、想象力、创造力开发

不同的积木块可以无限拼接，宝宝可以发挥想象力，用12块拼装成汽车，用16块拼装成飞机等，提高宝宝的动手能力和创造力。

小肌肉锻炼

该款玩具上的猫和老鼠造型是可咬牙胶部分，能帮助宝宝按摩牙龈，增强口腔肌肉锻炼。

抓握能力锻炼

宝宝可以通过抓握摇铃，锻炼抓握能力。

听觉能力开发

宝宝摇动摇铃时能发出清脆的响声，锻炼听觉能力。

猫和老鼠牙胶

品牌：澳贝（中国）

包装盒尺寸：17.5×15×4.3厘米

主要材质：ABS塑料

适用年龄：3个月以上

小蟹摇铃

品牌：澳贝（中国）
包装盒尺寸：17×20×6.7厘米
材质：ABS塑料
适用年龄：3个月以上

抓握能力锻炼

宝宝通过握小蟹摇铃的手柄并摇动，能够锻炼抓握能力。

听觉能力开发

按动小蟹中间的按键，小蟹会发出“哔哔”声，刺激宝宝的听觉发育。

精细动作锻炼

宝宝通过转动小蟹的两个钳子，可以锻炼手指的精细动作能力。

认知能力开发

教会宝宝认识动物——小蟹的形象。

音乐健身架

品牌：澳贝（中国）
包装盒尺寸：55.5×34.1×9.7厘米
主要材质：ABS塑料
适用年龄：3个月以上

听觉能力开发

音乐健身架随着音乐盒一边转动一边播放悦耳的音乐，可以刺激宝宝的听觉发育。

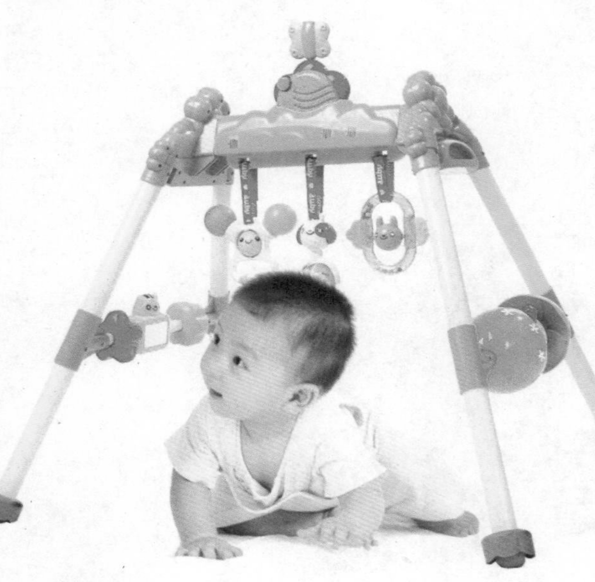

视觉能力开发

健身架上各种颜色丰富的摇铃可以刺激宝宝的视觉发育。

触觉能力锻炼

宝宝可以拨动左边、右边和上面用硬胶和软胶制成的不同质感的配件，体验不同的触摸感受，刺激宝宝的触觉发育。

抓握能力锻炼

宝宝通过躺着或者坐在健身架里面，抓握上面的摇铃，可以训练抓握能力。

大运动动作锻炼

运动能力逐渐增强的宝宝，通过伸手、抬脚触碰摇铃，扶着健身架站立和行走，可以进行大运动动作的锻炼。

听觉能力、视觉能力开发

果园牙胶颜色鲜艳，摇动时黄色彩圈中的小彩珠会发出“沙沙”的声音，吸引宝宝的注意力，刺激宝宝的听觉能力和视觉能力的发展。

抓握能力锻炼

让宝宝用手去抓握摇铃，可以锻炼宝宝的抓握能力，软质水果形状的牙胶（专为按摩宝宝牙龈而设计，促进牙齿发育）还可以满足宝宝磨牙的需要。

识别颜色

待宝宝大一些后，可以在玩耍中教宝宝去识别和辨认几种鲜艳的水果颜色。

果园牙胶

品牌：骅威（中国）

包装盒尺寸：23.5×17.2×4.5厘米

材质：ABS塑胶

适用年龄：3个月以上

听觉能力、视觉能力开发

按下摇铃中间的海贝花黄色花芯会发出“咕叽”声，转动海贝花会发出“咯吱”声，拨动彩环会发出“咯吱”声，摇动摇铃时彩圈中的彩色小珠会发出“沙沙”声，这些都能吸引宝宝的注意力，可以加强宝宝听觉能力和视觉能力的发展。

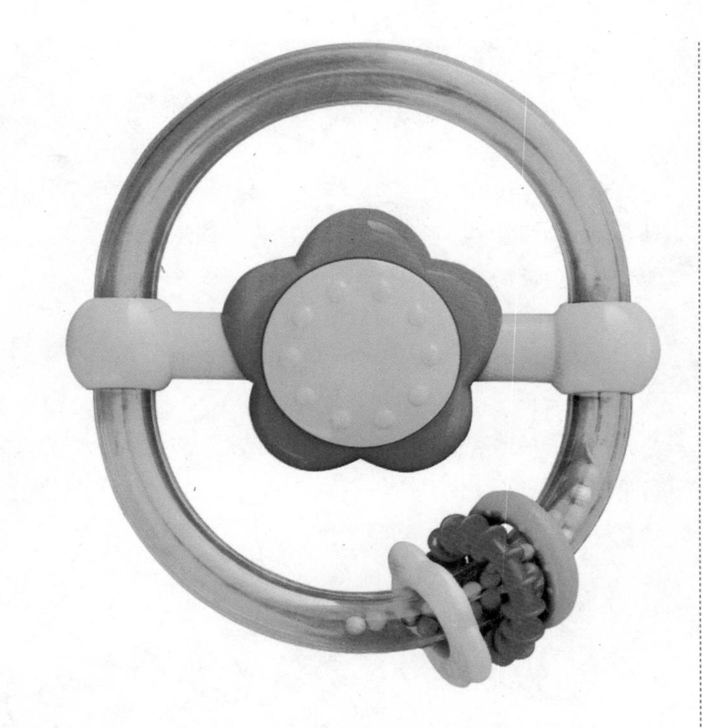

抓握能力、小肌肉锻炼

让宝宝用手抓握摇铃，可以锻炼宝宝的抓握能力。还可以让宝宝用手去按动花芯、转动彩环和摇动摇铃等，可促进宝宝手部小肌肉的发展。软质彩圈（牙胶）还可以满足宝宝磨牙的需要。

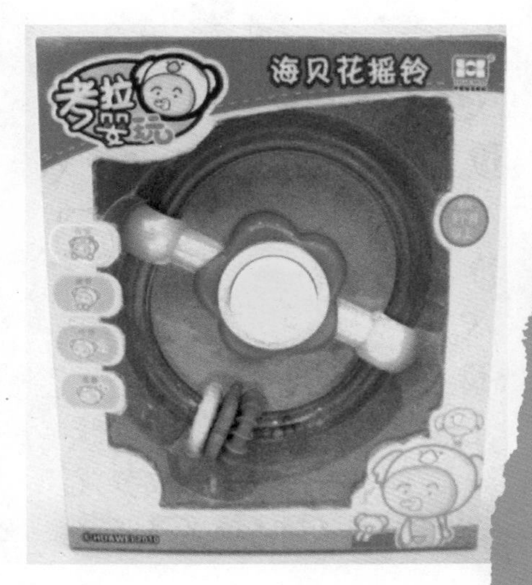

海贝花摇铃

品牌：骅威（中国）
产品尺寸：20.5×17×6厘米
材质：ABS塑胶
适用年龄：3个月以上

听觉能力、视觉能力开发

该款玩具造型像个大汉堡，颜色鲜艳，按动各个部位会发出声音，如按下顶部会发出“咕叽”声，摇动时小圆球会发出“沙沙”的声音，转动彩环或形状块会发出有规律的“咯叽”声，吸引宝宝的注意力，刺激宝宝的听觉能力和视觉能力的发展。

小肌肉、精细动作锻炼

待宝宝大一些后，可以让宝宝自己玩耍，通过用手去按动、转动和摇动的动作，促进宝宝手部小肌肉和精细动作的发展。

汉堡转转圈

品牌：骅威（中国）

产品尺寸：19×10.7×16.1厘米

材质：ABS塑胶

适用年龄：3个月以上

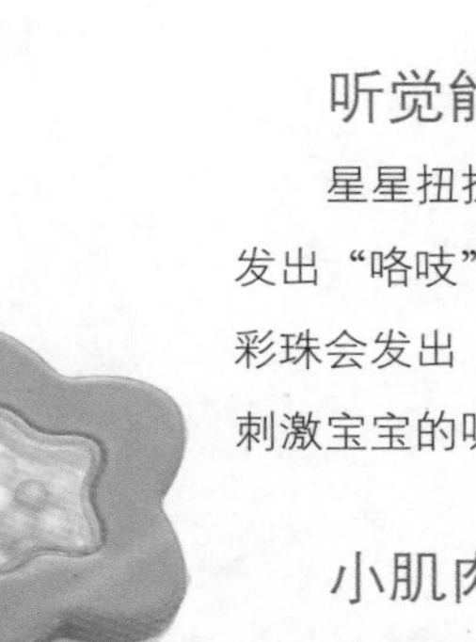

听觉能力、视觉能力开发

星星扭扭乐颜色鲜艳，转动每个星星都会发出“咯吱”声，摇动玩具时，星星里面的小彩珠会发出“沙沙”声，吸引宝宝的注意力，刺激宝宝的听觉能力和视觉能力的发展。

小肌肉、协调能力锻炼

待宝宝大一些后，可以让宝宝自己玩耍，通过用手去转动星星，促进宝宝手部小肌肉和协调能力的发展。

识别颜色

星星扭扭乐有几种鲜艳的颜色，宝宝可以在玩耍的过程中，学习识别和辨认颜色。

星星扭扭乐

品牌：骅威（中国）

包装盒尺寸：25.3×18.3×4.5厘米

材质：ABS塑胶

适用年龄：3个月以上

6~9个月宝宝的玩具早教

一、6~9个月宝宝的生长发育特点

1.感官表现

视觉

6个多月时，宝宝的视力可达到0.1，能注视较远距离的物体。6~7个月时，宝宝的目光可随上下移动的物体做垂直方向的转动，并可改变体位、协调动作，能看到下落的物体，喜欢颜色鲜艳的东西，如红球或黑白分明的靶心图、条形图、汉字等。当红球移动时，宝宝的目光甚至头部会追踪距眼前20厘米移动的球体。7~8个月时，宝宝可以从认识身体的第一个部位到认识身体的其他部位。8~9个月时，宝宝开始出现视深度感觉，能看到小物体。宝宝特别喜欢看人脸，尤其是妈妈慈爱的笑容，所以平时应该多与宝宝做对视交流，会得到宝宝甜蜜的微笑，从而有益于其心理健康发育。9个月时，宝宝会对任何事物充满好奇，会对能发出声音的玩具着迷。

听觉

6~7个月的宝宝听力比以前更加灵敏了，能分辨不同的声音，并学着发声。7个月时，宝宝有了言语听觉，开始注意说话者的口型，进入喃语期。8个月时，宝宝开始对声音进行自我调节，产生声音大小、长短、高低的感觉。9个月时，宝宝开始

懂话，懂得简单的词、手势和命令，例如听到自己的名字有反应，会爬过来。

2.动作表现

在大动作方面，6～7个月的宝宝已学会熟练地从仰卧位翻到俯卧位，再从俯卧位翻到仰卧位，已经开始会坐，但坐得还不是很稳，如果扶着他，他能够站得很直，并且喜欢在被扶立时跳跃。7个月时，宝宝可以左右翻滚追逐物体，开始能够独立地移动自己的身体，能用手和膝爬行，腹部能短时离开床，宝宝可从俯卧位坐起，在坐着或爬行时会自己用手扶着别的物体站起来。8个月时，宝宝可以爬行，爬是宝宝这一成长期中必不可少的动作。8个月的宝宝不仅会独坐，而且能从坐位躺下，扶着床栏杆站立，并能由立位坐下，俯卧时用手和膝爬着能挺起身来，会独自吃饼干，会拍手，会用手挑选自己喜欢的玩具玩，但常咬玩具。9个月时，宝宝不用扶着也能坐较久并喜欢爬行。

在精细动作方面，6～7个月的宝宝双手可以更方便地摆弄玩具。7个月时，宝宝可以把积木从一手换到另一手，食指也可以活动了，开始会做出抚摸的动作。8个月时，宝宝可以5个手指一把抓小物体捏弄、敲打及抛掷。9个月时，宝宝可以用拇指和食指捏拿小物件，手指比以前灵活许多。

3.语言表现

这一时期，宝宝已进入连续音节阶段，不仅能模仿大人发出的单音节词，而且经常可以发出连续的双音节，如“baba”“mama”等。7～9个月的宝宝对外界的事物产生了很大的兴趣，而且能够理解父母话语的意思，并能根据话语做出相应的反应，能够发出简单的音节，当有人与他说话时，他会很高兴。这个时期的宝宝可以有意识地模仿别人的语言，并以此为乐。

4.社交表现

6～7个月的宝宝会用不同的方式表示自己的情绪，如用哭和笑来表示喜欢和不喜欢，已能区别亲人和陌生人，看见看护自己的亲人会高兴，从镜子里看见自己会微笑，如果和他玩藏猫猫的游戏，他会很感兴趣。家人可以趁机扩大宝宝的交往范围，可以到邻居家串门，也可以到小区公共场所去，让宝宝多接触人，这可以说是培养宝宝社交能力的好

机会。7个月的宝宝开始真正地表达自己了，会用摇头表示“不要”，用点头或伸手表示“要”，不但会看大人脸上的表情，知道大人是高兴、生气还是悲伤，而且自己也会做各种表情，如挤眼、撅嘴等，看到亲人尤其是妈妈会展开双臂要妈妈抱，表示亲近，能够理解家人的称呼，对大人说的“不”字，有停止活动的反应。8个月的宝宝对新鲜的事情会发生浓厚的兴趣，对玩具十分专注，如果把他喜欢的玩具拿走，他会哭闹，从镜子里看见自己，会到镜子后边去寻找，看见熟人会用微笑来表示认识他们。

二、6～9个月宝宝的智能训练

1.感官刺激训练

父母可为宝宝提供较多的玩具，为宝宝选择一些用不同颜色制成的布制积木，积木上面绣有彩色的图案或数字，宝宝能够用一只手将积木抓在手中，也可以用两只手各抓一个方块，这样可以训练宝宝的手眼协调能力，使宝宝的认知能力得到发展。玩具应选择不怕摔、不易碎、不太硬、无毒、卫生而又不怕啃咬的。

此期对宝宝的视觉训练主要是让宝宝多看，教宝宝认识和观看周围生活用品、自然景观，这样可激发宝宝的好奇心，发展其观察力，并不断更新视觉刺激，扩大宝宝的视野。另外，还可以用一些小图片、玩具来培养宝宝的观察力。

此期还要对宝宝的听觉进行训练。可以将同一物体放入不同质地的盒子中，让宝宝辨别声响有何不同，以发展其听觉的灵活性。还可以让宝宝听不

同旋律、音色、音调、节奏的音乐，以提高宝宝对音乐的感知能力。父母可以握着宝宝的两手教他和着音乐学习拍手，也可以一边唱歌一边教宝宝舞动手臂。这些活动既可以培养宝宝的音乐节奏感，发展宝宝的动作，而且还可以激发宝宝积极、欢快的情绪，促进亲子交流。

2.动作训练

父母可以教宝宝进行爬行练习，7～9个月时，父母可以在宝宝面前放一些颜色鲜艳的玩具，吸引宝宝向前爬，到宝宝已经爬得很好的时候，父母可以训练他站起来，让宝宝练习自己从仰卧位拉着物体如床栏杆等站起来，从先扶着栏杆坐起，逐渐到扶栏杆站起，锻炼宝宝平衡自己身体的技巧。当宝宝能够扶着栏杆站起来时，父母要表扬他，称赞他，让他反复地锻炼，直到能够很熟练地一扶栏杆就站起来，并且站得很稳。由于宝宝的下肢还不能完全长久负重，所以不要让宝宝站得时间过长，最多只能让他站10分钟左右。此外，父母还要继续训练宝宝双手的动作，除了锻炼转手、拿起、放下外，还要训练宝宝用两块积木在手中对击，也可以让宝宝把瓶盖扣到瓶子上，或把环套在棍子上，把一块方木叠在另一块方木上等，父母可以先做示范动作，然后让宝宝模仿去做。在反复的动作中，使宝宝体会对不同物体的不同动作，发现物体之间的关系，促进其智力发育，同时也能锻炼宝宝手的灵活性和手眼协调能力。

3.语言训练

父母要尽量引导宝宝多发音，扩大宝宝的语音范围，要多和宝宝对话，让宝宝更多地了解语言和动作的联系。此外，父母要注意培养宝宝的观察能力，在和他讲话时，要让宝宝观察说话的不同口型，另外还要让他注意观察成人的面部表情，懂得喜、怒、哀、乐。父母要反复教宝宝懂得“不”的意思，因为这个年龄的宝宝特别喜欢探索，在他的脑海里还没有危险的概念，因此当宝宝在做危险的事情时，父母要一面说“不”，一面摇头摆手，做出不容许的表情，如果宝宝听懂了，并立即停止，父母就应该马上给予表扬，使他明白自己不再去做这件事父母就会高兴。久而久之，宝宝就会记住诸如电源插座、暖壶等危险物品不能碰，更不能爬到窗台上去等，这样就可以避免宝宝发生意外。

4.情感交流

父母在同宝宝进行交流时要注意自己的态度，以

免对宝宝产生不良影响。父母还可以多和宝宝做游戏，游戏既可以促进父母和宝宝的情感联系，又有利于宝宝的体质发育。在做游戏的同时，爸爸最好也要参与，因为爸爸的力量大，运动幅度大，会使宝宝觉得很刺激。另外，爸爸参加到育儿当中来，一方面可以和宝宝培养感情，另一方面也可以减轻妈妈的负担。

5.社会交往能力的培养

父母可以有意识地扩大宝宝的交往范围，可以在宝宝有安全依恋对象的基础上，由妈妈带着他，去接触一些陌生人，使宝宝能够较好地适应人多的场合。同时，父母应努力创造条件，让宝宝多与小伙伴们接触、交往，培养宝宝愉快与人相处的情绪，从而促进其社会性的发展。

另外，与宝宝眼对眼微笑说话，常与宝宝做游戏、讲故事，这些都会增加宝宝与周围环境和谐一致的生活能力，以及在游戏中学习遵守规则、团结友爱，学习与人交流，并增进语言交流的能力。

6.智力游戏

父母可以通过游戏来让宝宝认识不同的事物，还可以在一个彩色小盒中放上色彩斑斓、样式和质地各异的物体，如小镜子、项圈、嘎吱作响的小球，并经常更换盒中的物体，然后打开盒子让宝宝看看里面有些什么。经常变换物体会让宝宝充满好奇、等着辨认盒中可能出现的小玩意儿，以此来增进宝宝的记忆力。

父母也可与宝宝面对面坐在地板上，腿伸开，四脚相对，将一个大橡皮球向他滚去，然后鼓励宝宝把球再向你滚回。宝宝喜欢容易看出结果的重复性活动，这些活动能使他更好地理解因果关系。

三、为6～9个月宝宝选择玩具的要点

1.选择套塔/套杯类玩具

可选择塑料、木制、布绒等各种材质的套塔/套杯类玩具让宝宝玩，刺激宝宝触觉的发育和手眼协调能力。

2.选择击打发声类玩具

可选择相互击打并能发出声音的塑料玩具给宝宝玩，让宝宝练习击打，锻炼宝宝的小肌肉及手指的灵活性。

3.选择锻炼宝宝爬行的玩具

通过爬行毯和一些辅助玩具，如可以滚动并带声响的玩具，吸引宝宝的注意力，帮助宝宝练习爬行，提高宝宝四肢的协调能力。

4.给宝宝照镜子

给宝宝准备一面镜子，宝宝看到镜子中的自己，认为是个“小伙伴”，对这个“小伙伴”的亲昵、友爱的反应实际上就是对他人、对周围环境的信任感和安全感的体现，这对培养宝宝的社会亲和性以及丰富宝宝的视觉体验都很有好处。

5.洗浴玩具

宝宝洗澡时，将洗浴玩具放在浴缸里，便于宝宝抓握玩耍，可以增加宝宝洗澡的兴趣，也解决了父母为宝宝洗澡的烦恼。

四、适合6～9个月宝宝的经典玩具

小熊音乐学习小书

品牌：费雪（美国）

包装盒尺寸：16.5×5×19厘米

材质：塑胶

适用年龄：6个月～3岁

认知能力开发

这是一本中英文双语书，可以用两种语言教宝宝学习知识，认识书里的小动物、形状、数字等，提高认知能力。

识别形状、识别颜色

按下封面上发光的笑脸或者打开书就能听到一段伴随音乐的故事，书里各种形状的物品以及鲜艳的颜色，可以让宝宝增强对形状和颜色的认识。

语言能力开发

每翻一页，可爱的笑脸就会变成一个新的角色让宝宝学习，还能学习短语，可以促进宝宝语言能力的发展。

宝宝学习桌

品牌：费雪（美国）

包装盒尺寸：56×13.5×40.5厘米

材质：塑胶

适用年龄：6个月～3岁

认知能力、乐感、语言能力开发

宝宝学习桌具有学习、音乐、双语、英文和玩耍5种模式，包含40首歌曲。字母型的掌上电脑可以教宝宝学习英文字母和ABC歌曲；数数电话可以教宝宝学习数字和数数；词汇入门书可以教宝宝看图说话，学习词语和句子；缤纷钢琴可以教宝宝学习音乐和歌曲。通过以上这些游戏，可以培养宝宝的认知能力、乐感以及语言能力的发展。

该款玩具也可取下桌腿放在平面上让宝宝玩耍。

宝宝学习屋

品牌：费雪 （美国）

包装盒尺寸：91.5× 23×40.5厘米

材质：塑胶

适用年龄：6个月～3岁

协调能力锻炼

宝宝学习屋有两面，分别模拟室内和室外的情景，屋门可开启，吸引宝宝爬进爬出玩耍，可以促进宝宝身体协调能力的发展。

认知能力、语言能力开发

学习屋的两面都含有丰富的学习点，可以用中英文两种语言跟宝宝互动，有学习和音乐两种模式，共有20多种带有音乐、成语和声音的小设备（门牌、闹钟、收音机等）以及40组单词、字母、数字、歌曲等知识，有助于激发宝宝的语言能力。

识别形状、识别颜色

学习屋设计有色彩鲜艳的形状块，宝宝可将形状块放进对应的位置，为了奖励宝宝，会有音乐放出，有助于教宝宝对形状和颜色的识别。

亲子游戏垫

品牌：花园宝宝（欧洲）
产品尺寸：160×180×0.5厘米
材质：PE材料
适用年龄：6个月以上

视觉能力开发

亲子游戏垫采用国际领先的一次性压模成型技术，美观舒适，呈现《花园宝宝》儿童电视节目中的人物造型及场景，色彩绚丽，刺激宝宝视觉能力的发育。

大运动动作、协调能力锻炼

亲子游戏垫采用OPP彩膜里印技术，独特的凹凸防滑设计方便宝宝在垫子上进行爬行玩耍，帮助宝宝进行大运动动作锻炼，促进协调能力的发展。

亲子互动

利用亲子游戏垫，无论是在室内还是室外进行的亲子游戏，都能让宝宝在“花园宝宝”的美好环境中自由体验，尽享爸爸、妈妈的关爱。

智趣大斑马里安

品牌：奇智奇思（K'skids）（中国香港）
包装盒尺寸：48×50×54厘米
材质：布制、棉填充等
适用年龄：6个月以上

听觉能力、视觉能力开发

这款玩具从头到脚拥有28种供宝宝探索的有趣的玩点设计，有助于宝宝认识这个世界。该玩具有可以“喀喀”转响的圆盘、沙沙作响的滚珠小球、发出“沙沙”声的卷曲耳朵、发声小喇叭等多处不同的奇妙声音，在促进宝宝听觉发育的同时，引导宝宝顺着声音去探索来源。此外，玩具上漂亮的花花镜、缤纷的花瓣、七彩的鬃毛以及斑马身体的颜色纹理，有助于促进宝宝视觉的发展。

协调能力锻炼

这款玩具还设计有造型别致的牙胶、自带的塑料挂环以及细微处不经意的小物件等，这些都会引起宝宝的注意，通过宝宝的抓、握、把玩等，提高宝宝手、眼、脑的协调能力。

亲子互动

父母还可以用它和宝宝进行亲子互动。玩具上有专门的部位可以放入宝宝的照片，可以藏起来，也可以翻开，让宝宝在玩乐的同时享受互动带来的乐趣。

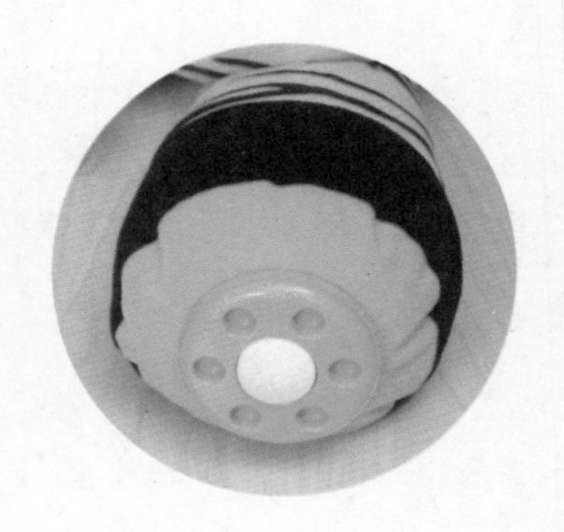

欢乐转转球

品牌：伟易达（中国香港）
包装盒尺寸：20.3×19.1×17.8厘米
材质：塑胶、电子
适用年龄：6个月以上

视觉能力、听觉能力开发、协调能力锻炼

欢乐转转球可以自己左右翻滚，配有活泼的音乐、动物的叫声、舞动的灯光等，可以刺激宝宝的视觉和听觉，激发宝宝动手及爬行，锻炼宝宝的手、腿肌肉和协调能力。

认知能力、语言能力开发

欢乐转转球具备中英文双语模式，将开关推至“中文/英文”模式上，让宝宝按动球上的4个动物造型按钮，便能发出相应的动物叫声以及相关的中文、英文单词，提高宝宝对动物的认知能力，锻炼宝宝的手指小肌肉和精细动作。宝宝按动数字“1”“2”“3”按钮，能够发出相应的声音，让宝宝跟着一起学习，可以提高宝宝的语言能力。

音乐晃晃球

品牌：星月玩具（中国）
包装盒尺寸：15.5×15.5×15.5厘米
材质：塑料
适用年龄：6个月以上

听觉能力、视觉能力开发

按下小星星，球上的4个圆形闪灯便有灯光闪烁和悦耳的音乐，4个闪灯上还有不同的动物形象，均有助于刺激宝宝的听觉能力和视觉能力的发育。

大运动动作、协调能力锻炼

将音乐晃晃球放在宝宝的前方，用闪烁的灯光和悦耳的音乐可以吸引宝宝练习爬行，促进宝宝大运动动作和协调能力的发展。

软布套塔

品牌：木马智慧（中国）
包装盒尺寸：13×13×19厘米
材质：木制、布、填充棉、响纸、密封颗粒物等
适用年龄：6个月以上

解觉能力锻炼

软布套塔是一个木制套环叠放一个软布套环，再叠放一个木制套环，以此类推。宝宝通过触摸不同材质的套环，如光滑、粗糙、软、硬、沉、轻等，可以提高触觉感知。每个软布套环里还有响纸、密封颗粒物等，可以捏响，提升宝宝的感官知觉，增加宝宝的探索欲望。

抓握能力、协调能力锻炼

套环玩具能很好地锻炼宝宝的手部动作，开始时可以不分大小顺序让宝宝随意去套，主要通过用手抓握及套的动作，提高宝宝的抓握能力和手、眼、脑的协调能力。

认识物体大小

待宝宝大一些后，可以教宝宝先套大环，再套小环，教宝宝辨认物体的大小，知道哪个是最大的、哪个是最小的，从而按大小环的排序依次完成套塔游戏。

识别颜色

红、黄、粉、蓝、绿等各种颜色的套环可以吸引宝宝的玩耍乐趣，通过多次玩耍，能够增强宝宝对颜色的识别能力。

认知能力开发、识别颜色、识别形状

该款玩具有6个可爱的小动物——小虫子、小蜗牛、小狗、绵羊、小猫、小鸟教宝宝认知，鲜艳的颜色与基础形状块可以帮助宝宝进行辨认，同时也可增强宝宝对颜色与形状的识别能力。

听觉能力开发、协调能力锻炼

敲打基础形状块时，会有灯光效果、快乐的音乐和自动跳出来的动物，满足宝宝手部动作的需要，刺激听觉，增强手眼协调能力。

情感交流

蓝色按钮左右移动，可以听到不同的歌曲，父母可配合旋律唱歌给宝宝听，通过亲子活动增加与宝宝的互动及情感交流。

认知能力、乐感开发

该款玩具非常适合宝宝用于堆积组合的想象天地，借由积木桌中可爱的动物、基础形状、阿拉伯数字、英语字母等，使宝宝在玩耍的同时，不设限地认知和学习。有趣的是当宝宝按下红色按钮，还有悦耳的音乐伴随转盘转动，可以从小培养宝宝的乐感。

小肌肉锻炼

随着宝宝的成长，让宝宝将各种积木造型在桌面上进行拼插，游戏结束后再让宝宝把所有积木收藏于内盒，这个过程对宝宝手部小肌肉的锻炼很有好处。

叻之宝123 / ABC音乐桌

品牌：邦宝（中国）

包装盒尺寸：52×37.5×8.5厘米

材质：ABS塑胶

适用年龄：6个月以上

大肌肉锻炼

跳跳椅中间的座椅可以360° 旋转，座椅下面有一块活力脚踏板，有3个可调整的高度，让宝宝在坐和站时都能灵活自如地玩耍，满足宝宝好动的天性，促进腿部肌肉的发育。

听觉能力、认知能力开发

跳跳椅配有一个多功能电子琴，按下琴键会发出动物叫声、唱出各种动物童谣，并且可以自由演奏，同时会发出五彩灯光，刺激宝宝的听觉能力，培养宝宝的认知能力。电子琴可以拆卸下来，固定在婴儿床上供宝宝玩耍。

小肌肉锻炼

跳跳椅上设计的太阳花花杆上爬着一条可爱的小虫子，小虫子的每个关节都会转动，让宝宝用手指去拨动，可以提高宝宝手指的灵活性。

视觉能力开发

转动跳跳椅上的炫丽彩球，里面的图案和彩珠会跟着旋转，刺激宝宝的视觉。乌龟造型的小镜子可以让宝宝看到自己，对于培养宝宝的社会亲和性以及丰富宝宝的视觉体验很有好处。

协调能力锻炼

跷跷板上设计的小乌龟和小鸭子可以上下摇动，同时会发出“嗒嗒”的响声，能够吸引宝宝的注意力，锻炼宝宝手部操作的协调能力。

识别形状

跳跳椅上设置有圆形、三角形、方形3种形状按钮，当按下其中一个按钮时，另外一个按钮就会升起来，吸引宝宝的注意力，培养宝宝识别形状的能力。

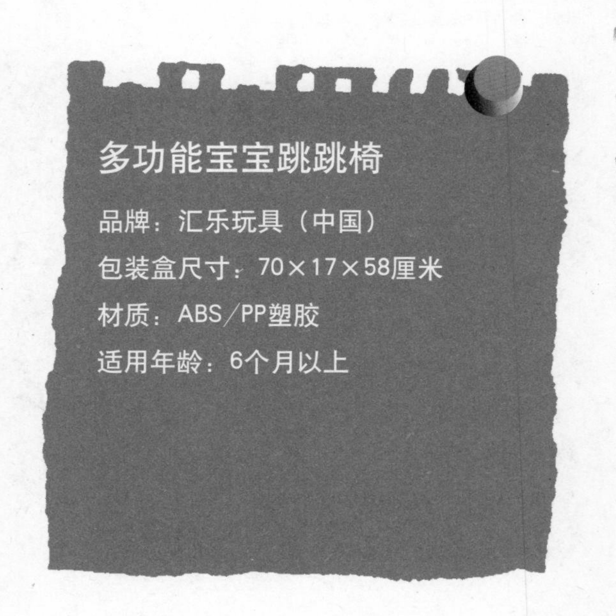

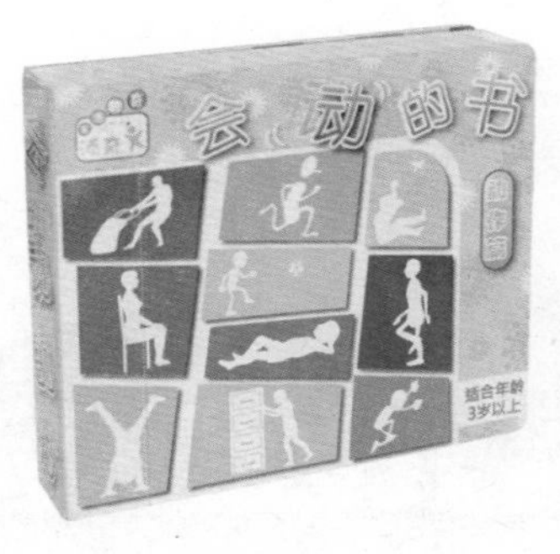

视觉能力开发

宝宝的手动一动，就可以展现如海豚跳跃、狮子捕食等各种会动的图案，从而吸引宝宝的注意力，并通过不同的视觉刺激，从小培养宝宝的细微观察力。

认知能力开发

在宝宝用手触、摸、摆弄的过程中，让宝宝探知日常生活中的各种事物，提高认知能力。

语言能力、识字能力开发

翻开书页，左面为各种词汇的中英文名称、拼音、解释及静态图案，右面配有各种词汇相对应的活动图，只要宝宝左右翻动书页，就可以清楚、形象地了解词汇所对应的整个动作的发生过程，让宝宝在玩乐中学习基本的汉字、拼音等，从小丰富词汇，有助宝宝理解力、语言表达能力的发展。

会动的书

品牌：添奇（中国）

包装盒尺寸：13.2×11.2×2.3厘米

材质：纸制

适用年龄：6个月以上

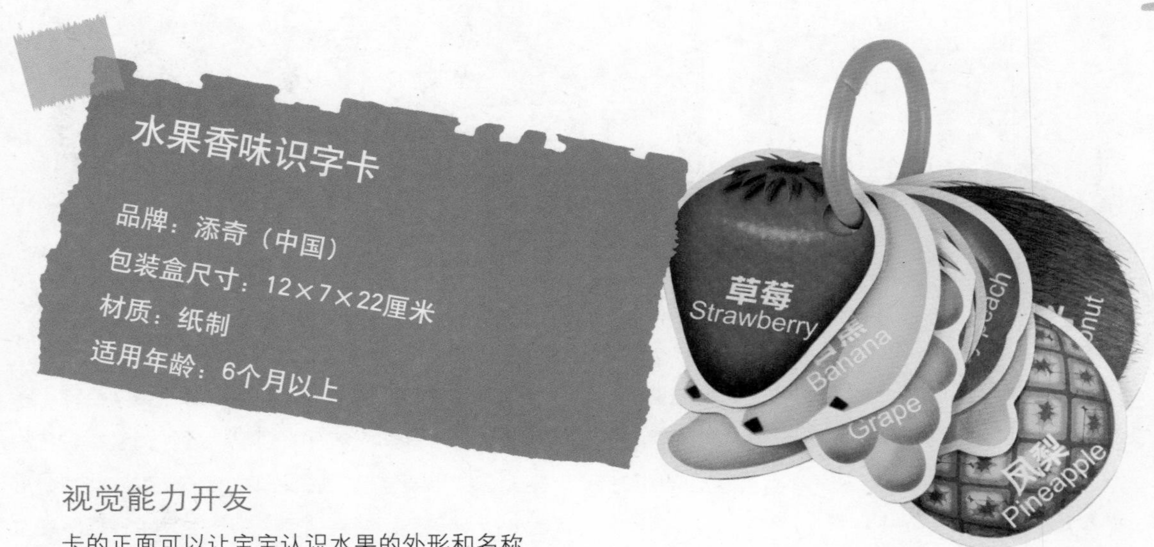

水果香味识字卡

品牌：添奇（中国）
包装盒尺寸：12×7×22厘米
材质：纸制
适用年龄：6个月以上

视觉能力开发

卡的正面可以让宝宝认识水果的外形和名称，卡的背面可以让宝宝知道水果的可食用部分和内部结构，总共有10种水果香味。父母可将各种水果香味识字卡拿给宝宝看，告诉宝宝“这是香蕉”“这是苹果”等，教宝宝认识各种不同的水果外形和内部结构，提高宝宝的视觉能力。

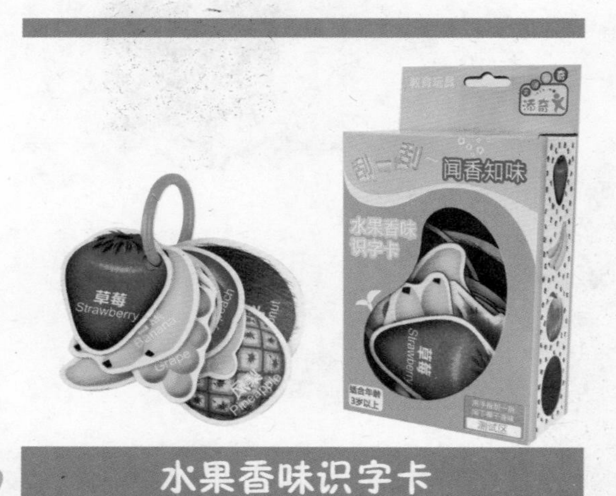

水果香味识字卡

嗅觉能力开发

用手擦拭不同的水果识字卡可食用的部分，可以闻到水果的香味，如苹果、香蕉的香味，让宝宝闻一闻，可以提高宝宝的嗅觉能力，而且也可让宝宝了解各种水果的不同香味。

识别颜色

红、黄、粉、蓝、绿等各种颜色的水果吸引了宝宝的眼球，反复让宝宝翻看卡片并告诉宝宝什么水果是什么颜色，能够增强宝宝对颜色的识别能力。

语言能力、识字能力开发

卡的正面有各种水果的中文及英文名称，待宝宝1岁多时，可以教宝宝看图说话，提高宝宝的语言能力。待宝宝2岁左右时，可以教宝宝看图识字，提高宝宝的识字能力。

动物世界

品牌：lalababy布书（中国）
产品尺寸：21×21×5厘米
材质：涤棉
适用年龄：8个月～2岁

布书里包括15种不同的动物，色彩鲜艳，图案丰富，给宝宝感观的刺激。多种不同材质的小动物充分满足宝宝的动手欲望，给宝宝带来不同的触觉感受，形象生动地向宝宝展示一个多姿多彩的动物世界，有助于提高宝宝的触觉能力、精细动作、协调能力和认知能力。

精细动作、协调能力锻炼

书中的大象鼻子可以转动，倒挂在树上的小猴子手里拿着香蕉，宝宝可以把香蕉拿下来，鳄鱼皮有纹路，狮子配有响纸，小鸟会发声，这些活动的小配件都能引起宝宝的兴趣，吸引宝宝用手去触摸玩耍，可以锻炼宝宝的动手能力，通过动手玩耍和翻动布书，还可以提高宝宝手部的精细动作和手眼协调能力。

认知能力开发

根据宝宝的成长阶段，父母可以教宝宝一一认识这15种动物，还可以将这些动物的特点及生活习性讲给宝宝听，提高宝宝的认知能力，从小培养宝宝对动物的爱心。

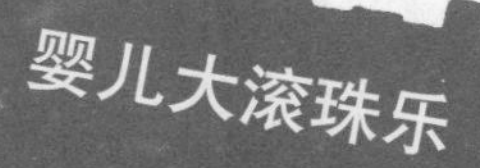

婴儿大滚珠乐

品牌：淘淘乐（Toto Toys）（中国）

包装盒尺寸：29×33×16厘米

材质：ABS塑胶

适用年龄：8个月以上

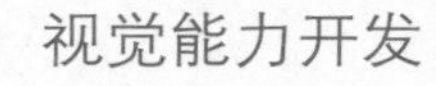

视觉能力开发

滚珠在轨道中由上而下、由左至右缓缓滚动或绕行，吸引宝宝的眼球，有助于宝宝视觉能力的提升。

小肌肉、协调能力锻炼

大滚珠乐是一款可组装的婴幼儿玩具，包括7个轨道配件和5个不同的滚珠，宝宝通过手抓不同的滚珠放入轨道，可以锻炼手部的小肌肉和手指的灵活度，有助于增强手眼协调能力。

识别颜色

红、黄、蓝、绿、透明（中间闪片翻动）5个不同的滚珠，能够吸引宝宝的玩耍兴趣，提升宝宝对颜色的识别能力。

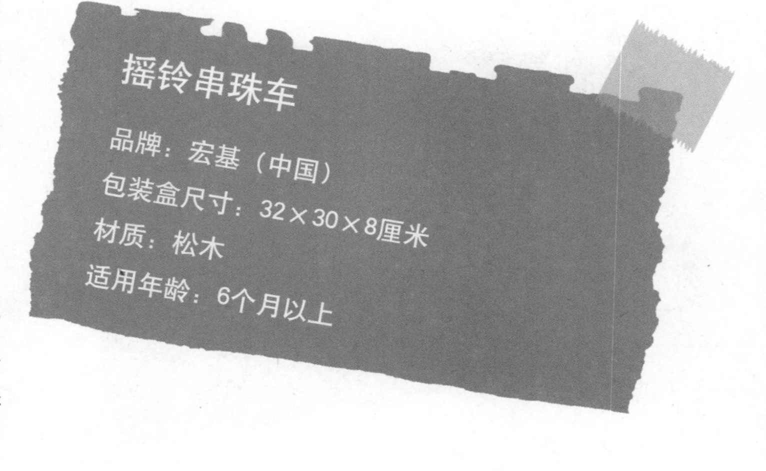

视觉能力、听觉能力开发

对3个月大的宝宝，小车上的串珠在摇动时能发出清脆的声响，吸引宝宝的注意力，可以刺激宝宝视觉、听觉的发育。

协调能力锻炼

对于8个月大的宝宝，父母可以将小车滚动出一段距离，吸引宝宝持续用手追逐小车并有意识地发展语言，增强宝宝的动作协调能力。

精细动作锻炼

让宝宝练习抓握、用手拨动串珠，可以锻炼宝宝手指肌肉和精细动作的发育，也可以作为宝宝锻炼身体的小器械，让宝宝拉住环部位做向上拉伸等动作。

语言能力开发

宝宝长到11个月时，在玩耍小车的过程中可以发展个人的语言能力。

大运动动作锻炼、识别颜色、认知能力开发

宝宝长到12个月以后，可以自己推动车子玩耍，能够增加宝宝大运动动作的锻炼。父母还可以用问答的方式，教宝宝辨认串珠及小车的颜色和数量，培养宝宝对颜色的识别，帮助宝宝建立数字概念。

乖乖小鸭

品牌：澳贝（中国）
包装盒尺寸：24.5×21.2×19.8厘米
主要材质：ABS塑料
适用年龄：6个月以上

协调能力、大运动动作锻炼

乖乖小鸭有运动模式、问答模式和声控模式。采用运动模式时，按小鸭头部的毛发部位，小鸭的脸会发光，嘴巴会一上一下地唱歌行走，将鸭蛋放进小鸭背上的入口内，小鸭会边走边生蛋，还会说话。宝宝一边爬行追逐小鸭一边把鸭蛋投入小鸭身上的洞里面，是对宝宝手眼协调能力和大运动动作的锻炼。

小肌肉锻炼

采用声控模式时，宝宝用力拍掌，小鸭听到拍手声音会自动行走并播放音乐，能够促进宝宝手部小肌肉的锻炼。

语言能力、社交能力开发

采用问答模式时，小鸭问它的蛋在哪里，当宝宝把蛋放入小鸭身上的洞里后，会播放音乐，通过这种问答和奖励的模式，能够提高宝宝的语言和社交能力。

好问爬行小蟹

品牌：澳贝（中国）
包装盒尺寸：29.5×20×10厘米
主要材质：ABS塑料
适用年龄：6个月以上

协调能力、大运动动作锻炼

小蟹会向前爬行，宝宝通过追逐小蟹，可以锻炼爬行，等宝宝会行走了，还可以锻炼行走，帮助宝宝进行协调能力和大运动动作的锻炼。

认知能力开发

爬行小蟹的小脚上有3种动物和3种物体的形状（小猫、小狗、青蛙、电话、汽车、铃铛），可以教宝宝认识它们，提高认知能力。

语言能力开发

随着宝宝的成长，可以启动问答模式，小蟹会向宝宝提问，例如：“小猫在哪里？”宝宝通过回答，体验语言的交流，锻炼语言能力。

社交能力培养

在宝宝回答问题的过程中，小蟹还会赞扬或鼓励宝宝继续努力，例如“跟我来”“你真棒”等，锻炼宝宝的社交能力。

9~12个月宝宝的玩具早教

一、9～12个月宝宝的生长发育特点

1.感官表现

视觉

宝宝的视线能随移动的物体上下左右移动，能追随落下的物体，并能辨别物体大小、形状及移动的速度，能看到小物体，能开始区别简单的几何图形，观察物体的不同形状。此时的宝宝已会看图片了，如果宝宝喜欢汽车，当大人拿出几张图片让他找汽车时，他会很快把画有汽车的图片拿出来。到1岁时，宝宝的视力可达到0.2。

听觉

这一时期，宝宝能大概听懂父母的语言，如“吃饭”“睡觉”等，开始根据听到的声音模仿语音，学习说话。

2.动作表现

在大动作方面，9个月的宝宝能够坐得很稳，并能由卧位坐起而后再躺下，能够灵活地前、后爬，能扶着床栏杆站着并沿床栏行走。10个月时，宝宝坐着时能自由地向左右转动身体，会攀栏站起，坐着的时候已能随意活动，还会到处爬，当他扶站的时候会把腿抬起来，有的宝宝已经能扶着凳子如“蟹”样横行。11个月时，宝宝可以扶着家具行走，牵一只手能走。11～12个月时，宝宝的动作有了很大进步，坐着时能自由地向左右转动身体，能独自站立，扶着一只手能走，推着小车能向前走。12个月时，宝宝能什么也不扶即独立站一会儿，部分宝宝通过练习能独走。

在精细动作方面，9个月的宝宝会模仿成人的动作，会抱娃娃、拍娃娃，双手会灵活地敲积木，会把一块积木搭在另一块上，也会用瓶盖去盖瓶口。10个月时，宝宝可以伸食指拨弄小物件或小孔，会招手、摆手等动作，手眼协调能力又进了一步，会用手剥开食品的包装袋口，取出里面的东西。11个月时，宝宝可以从杯中取出积木。11～12个月时，宝宝会用手捏起扣子、花生米等小的东西，并会试探地往瓶子里装，能从杯子里拿出东西然后再放回去，双手可以很灵活地摆弄玩具。12个月时，宝宝的小手更加灵活，可以搭两块以上积木而不倒。

3.语言表现

这一时期，宝宝进入学语萌芽阶段。9个月的宝宝知道自己的名字，叫他名字时他会答应，当他想拿某种东西时，如果父母严厉地说“不能动”，宝宝就会立即缩回手来，停止行动，这表明，9个月的宝宝已经开始懂得简单的语意了，成人和他说再见，他也会向成人摆摆手，给他不喜欢的东西，他会摇摇头。9个月的宝宝能够模仿大人发出双音节，叫“爸爸”“妈妈”等。9～10个月时，宝宝可以模仿发音，懂得成人的某些要求并做出反应，如“再见”。10个月的宝宝已经能够理解常用词语的意思，并能做一些表示词义的动作。11～12个月时，宝宝懂得某些人及物体名称，部分宝宝能有意识地叫爸爸、妈妈及说出物体名称。11～12个月的宝宝喜欢嘟嘟叽叽地说话，听上去像在交谈，喜欢模仿动物的叫声，如小狗“汪汪”、小猫“喵喵”等，能把语言和表情结合在一起，对于不想要的东西，宝宝会一边摇头一边说“不”。

4.社交表现

9个月的宝宝玩得高兴时，会咯咯地笑，并且手舞足蹈，表现得非常欢快、活泼。10个月的宝宝喜欢和成人交往，并模仿成人的举动，当他不愉快时会表现出很不满意的表情，宝宝的依恋情绪更加强烈，有时候妈妈刚一离开，宝宝就会大哭不止，看到妈妈抱别的孩子，宝宝会很生气。11～12个月时，宝宝非常乐意看到年龄相仿的小伙伴，并有一种主动接近的意愿，会互相凝视或彼此触摸。

二、9～12个月宝宝的智能训练

1.感官刺激训练

父母可为宝宝准备一些实物或图片，让宝宝挑选和指认，同时教宝宝模仿说出名称来。外出时，要经常提醒宝宝注意遇到的事物，并告诉他这是什么，让宝宝也模仿父母的话说出来，这些都可以不断提高宝宝观察事物的能力，扩大宝宝的视野，培养他对图片、文字的注意力、兴趣以及对书籍的爱好。父母可以给宝宝买一些和他的手差不多大小、纸张很厚的、不易撕破的童书，让宝宝翻着玩，培养他对文字的注意力。此外，父母要注意培养宝宝的听觉，积极为宝宝创造语言环境，使他更多地听到语言、熟悉语言并渐渐理解语言。父母可以用语言逗引宝宝活动、玩玩具、听音乐、观看周围的人物交谈，并且唱儿歌、唱歌曲给宝宝听。

2.动作训练

对于喜欢爬高的宝宝，父母可在床上放一两床折叠好的小被子让他爬着玩，但一定要注意在旁边做好保护。还可以教宝宝进行站立练习，让宝宝靠着床头或墙站立，使他一点点地减少依靠力量，逐渐让宝宝能够独自站立。当宝宝能够站得很稳时，可以让宝宝学习行走。父母拉着宝宝的双手训练其迈步，或让宝宝扶着栏杆、床边迈步走。当宝宝会独走数步后，可以在其前方放一个宝宝喜欢的玩具，训练宝宝迈步向前取，或者让宝宝靠墙独立站稳后，成人后退几步，手中拿玩具，用语言鼓励宝宝朝成人方向走去。

当宝宝能够独自迈步行走后，为了训练宝宝身体的平衡与协调能力，还可以让他推着四轮车向前走，也可以让宝宝拉着活动玩具退着走、侧身走、转弯走或跨步走。

父母还可以给宝宝准备一些彩笔和纸等，先让宝宝学会拿笔，让笔头接触到纸上，开始父母可以握着宝宝的手，帮助他在纸上画出一些东西，使他发现笔的神奇作用，然后鼓励宝宝模仿着画，让他自己乱涂乱画。无论宝宝画得怎么样，父母都要热情鼓励，让宝宝增强信心，逐渐地使宝宝自己主动涂画。

此时还可帮助宝宝做婴儿主动体操，以锻炼宝宝的腕力和臂力，锻炼腰肌、腹肌、手肌、下肢肌肉、两肘关节及手眼协调能力。

3.语言训练

平时，父母可以为宝宝选择一些构图简单、色彩鲜艳、故事情节单一、内容有趣的画册，在宝宝清醒时，一边翻画册，一边指点画面上的图像，用清晰而缓慢的语言给宝宝讲故事。可反复讲同一个故事，以加深宝宝的记忆。通过讲故事可以促进宝宝的语言发展与智力开发。

为了让宝宝建立准确的语词概念，仅仅让他指认和说出生活中的物品是很有限的，父母可以教宝宝识图，来扩展宝宝的视野，增加宝宝的知识。父母可选择一些简单、清晰的识图教材教宝宝指认，每天2~3次，每次时间不宜太长，可以一次指认几个，让宝宝留下记忆，反复练习，逐渐积累。特别要注意的是，一定要教给宝宝正确的名称，例如不要把汽车说成“嘀嘀”或“嘟嘟”等。父母要主动与宝宝对话，要善于理解宝宝要表达的意思，并耐心地教宝宝正确的发音。每次要尽量引导宝宝模仿，面对面地和他说，让宝宝看着你的口型模仿，诱导他主动发出这些音。

4.社会交往能力的培养

父母可以经常带宝宝外出活动，让他多接触丰富多彩的大自然，接触社会，从中观察、学习如何与人交往。

此外，父母每天应抽出一定时间和宝宝一起游戏，进行情感交流，积极为宝宝创造良好的语言环境，在日常生活中引导宝宝主动发音和模仿发音，通过说话与宝宝进行交流，鼓励他模仿父母的表情和声音，当模仿成功时，要亲亲宝宝，并做出十分高兴的表情鼓励他。在宝宝与人交往的过程中，应继续培养他文明礼貌的举止、言语。一个乐观向上、充满爱心的家庭气氛，将会使宝宝幸福、开朗，乐于与人交往。

5.给宝宝准备适当的玩具

此时的宝宝特别喜欢那些能发出声响的玩具和积木，如小手鼓、玩具电话、小提琴、小跳猴等，或者是能帮助全身运动发展的皮球、小车以及洋娃娃等。这个阶段的宝宝还不会一个一个地垒积木，光拿在手里敲敲打打，用嘴咬咬，沉浸于各种感触之中。但要注意不能给宝宝玩太尖的积木，以免宝宝发生危险。

父母还可以给宝宝准备一些能够跑的小汽车玩，这样既可以提高宝宝的兴趣，又可以训练他的运动能力。但要注意不要给宝宝太多的玩具，以免他一会儿玩这个，一会儿玩那个，会导致宝宝不够专心致志，不爱惜玩具。

三、为9～12个月宝宝选择玩具的要点

1.选择锻炼动手能力的玩具

这一时期，宝宝的手部动作更加灵活，运动能力增强，喜欢动手去探索和了解事物，因此适宜选择一些锻炼动手能力的玩具，满足宝宝手部动作的需要，例如小的毛绒玩具、塑料玩具、积木块等，让宝宝将这些小物件放入小盒或小篮子里，然后再把它们取出来。此外，还可以选择一些套塔、套杯类套叠玩具，让宝宝将其拆开，再套上去，不一定要求按大小次序套好，也可以让宝宝练习将套环套在自己手臂上，然后再取下等，锻炼宝宝动作的协调性。

2.选择拨珠/齿轮类玩具

这一时期，宝宝处于精细动作发展期，对细节充满兴趣，可为其选择拨珠类玩具，如计算架、金属丝串珠等，让宝宝拨来拨去。还可以选择齿轮类玩具，让宝宝练习转动，锻炼宝宝手指的精细动作和灵活性。

3.选择弹奏类玩具

选择音乐和谐悦耳的弹奏类玩具，让宝宝随意按键，发出来的声音会让宝宝兴奋，宝宝会继续按键，以此锻炼宝宝的听觉以及手眼协调能力。

四、适合9～12个月宝宝的经典玩具

齿轮音乐球乐园

品牌：儿乐宝（美国）

包装盒尺寸：12.1×45.7×33厘米

材质：塑料

适用年龄：9个月以上

视觉能力开发

拨动玩具竖板右侧的太阳形齿轮，其后面的齿轮会转动，小球会在轨道上滚动，掉入玩具平板上的转盘后旋转；当宝宝按动小鲸鱼按钮，音乐随之响起，平板上的齿轮和转盘里的小球也会随之转动。当色彩鲜艳的齿轮一个带动一个转动时，可以刺激宝宝的视觉发展。

听觉能力开发

该款玩具具有音乐模式，宝宝按动小鲸鱼的头，美妙的音乐即会响起，边玩耍边听音乐，能够促进宝宝的听觉发育。

小肌肉、精细动作锻炼

玩具平板上的齿轮可以转动玩耍，也可以取下来单独玩耍，宝宝还可以将圆球嵌入竖板上的两个圆洞中，再用手将其取下。通过转动齿轮、拨动齿轮、嵌入圆球等动作，可以充分锻炼宝宝的手部肌肉力量，促进精细动作的发育以及手眼协调能力。

多功能齿轮小车

品牌：儿乐宝（美国）

包装盒尺寸：10.8×24.1×21.6厘米

材质：塑料

适用年龄：9个月以上

小肌肉、精细动作锻炼

宝宝可以用手转动小车上的彩色齿轮使之旋转，也可以将其拆下来单独玩耍，通过动手转动和拆装齿轮，可以锻炼宝宝手指的小肌肉，促进精细动作的发展。

协调能力锻炼

宝宝可以用手推动小车玩耍，加大宝宝身体协调能力的锻炼。

视觉能力开发、识别颜色

小车在转动中，彩色的齿轮会跟着转动，让宝宝观察转动的彩色齿轮，能够刺激宝宝视觉能力的发展。同时，通过多个不同颜色的齿轮，还可以让宝宝学习辨认颜色。

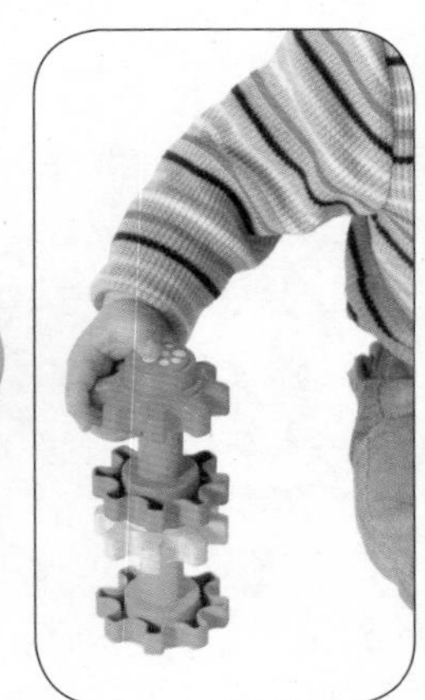

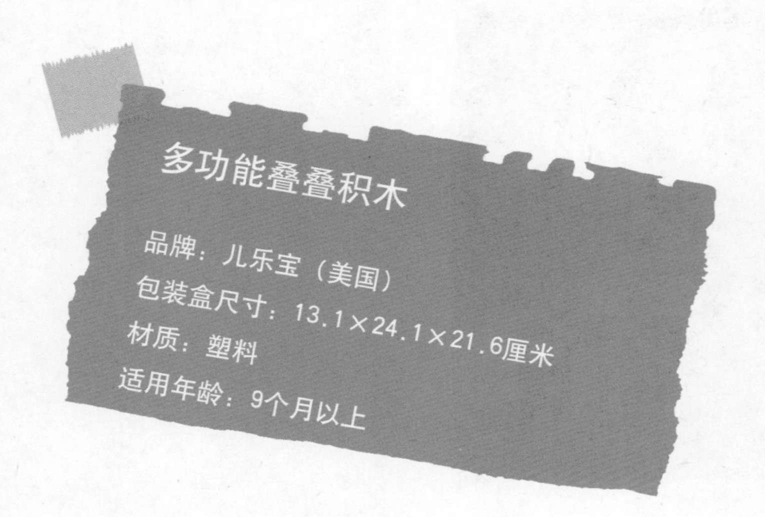

多功能叠叠积木

品牌：儿乐宝（美国）

包装盒尺寸：13.1×24.1×21.6厘米

材质：塑料

适用年龄：9个月以上

该款玩具中各种活动的方块积木具备不同的功能，可以让宝宝层层堆叠；挤压人物头型可以发出有趣的声音；小镜子、转盘、彩珠等还可进行多种不同的组合玩法，使宝宝玩起来兴趣十足。

视觉能力、听觉能力开发、触觉能力锻炼

把大小不一的方块积木交给宝宝，宝宝会用来相互敲击或不分大小地随意堆叠，这时父母不要限制他，以满足宝宝好动、好奇的需要，其实宝宝是在通过视觉、听觉和触觉探索和认知事物。

小肌肉锻炼、听觉能力开发

在最大的一块方块积木上设置有转盘、彩珠，可以让宝宝去拨动，锻炼手指的功能；此外还设置有小镜子，让宝宝照一照，可以增加视觉感觉；让宝宝用手挤压人物头型积木块，可以发出有趣的声音，刺激宝宝的听觉。

认识大小和排序

待宝宝大一些后，可以教宝宝将方块积木按照不同大小层层叠起并套进外盒，堆叠出可爱的造型，也可以按积木块的大小平放成一排，一边玩一边教宝宝认识大小和排序。

识别颜色、识别形状

方块积木本身就是方形，在积木块上还画有圆形、三角形和方形，色彩明显，待宝宝大一些后，可以教宝宝识别不同的颜色和形状。

算术能力、认知能力开发

待宝宝有了识数能力，可以利用积木块或者积木块上画着的1个圆形、2个方形、3个三角形，来教宝宝识数，培养宝宝的认知能力。

互动认知玩具

品牌：儿乐宝（美国）

包装盒尺寸：16.5×30.8×21.9厘米

材质：塑料

适用年龄：9个月以上

触觉能力锻炼

宝宝通过按动不同卡通造型的颜色块，可锻炼触觉能力。通过触觉，宝宝开始探究和了解各种事物，不同材质及形状的物体表面有助于帮助宝宝认识和记忆周围的世界。

视觉能力开发

该玩具除了设置不同卡通造型的颜色块外，还设置有两个像蝴蝶翅膀的造型，往左右两侧按动翅膀，翅膀里边的转盘和齿轮便会旋转起来，刺激宝宝视觉能力的发展。

小肌肉、精细动作、协调能力锻炼

宝宝按下去一个卡通造型的颜色块，另外一个就会弹出来，吸引宝宝不断按动，可以锻炼宝宝手部的小肌肉和精细动作的发展以及手眼协调能力。

大运动动作、协调能力锻炼

两用骑行小车可以帮助宝宝学习走路，也可以骑行，练习走步时可以让宝宝推着小车走，促进宝宝大运动动作的锻炼和身体协调能力的发展。

平衡能力、大肌肉锻炼

当宝宝能够稳稳地迈出步子时，小车便可从学步模式转换成骑行模式，让宝宝用腿和脚部的力量蹬地，运用身体的两侧同时运动，使车子前行，发展宝宝身体的平衡能力，进行大肌肉锻炼。

发声青蛙

品牌：智高（欧洲）
包装盒尺寸：14.5×18×14.9厘米
材质：塑料
适用年龄：9个月以上

大运动动作、协调能力锻炼

当开关放在发声位置上时，按动青蛙背部中间的按钮，青蛙开始爬行并发出“呱呱”的叫声。9个月左右的宝宝会爬行，大一些时会蹒跚走着去追逐，有助于促进宝宝大运动动作锻炼和协调能力的发展。

乐感开发

当开关放在音乐位置上时，按动位于青蛙背部中间的按钮，青蛙开始爬行并奏出一段音乐；当青蛙停止后，再按动那个按钮，青蛙会再次爬行并奏出音乐，可以培养宝宝的乐感。

精细动作锻炼

宝宝通过按动按钮，有利于手指精细动作的锻炼。

四合一骑行小车

品牌：智高（欧洲）

包装盒尺寸：47×64×40.5厘米

材质：塑料

适用年龄：9个月以上

平衡能力锻炼

四合一骑行小车是一款多功能小车，集摇车、推车、学步车、骑行车4项功能于一身。其中摇车功能即可前后摇动，适合9～12个月宝宝，可以锻炼宝宝的平衡能力。

亲子互动

推车功能即适合有父母陪伴的9个月～1岁半宝宝使用，是亲子互动的好帮手。

大运动动作锻炼

利用学步车功能，可帮助1岁～1岁半宝宝学习走路，进行大运动动作的锻炼。

大肌肉锻炼

骑行车功能即适合1岁半～3岁宝宝骑行，脚动前进，进行大肌肉的锻炼。电动驾驶板还可以模拟多种声音，增加宝宝的玩耍乐趣。

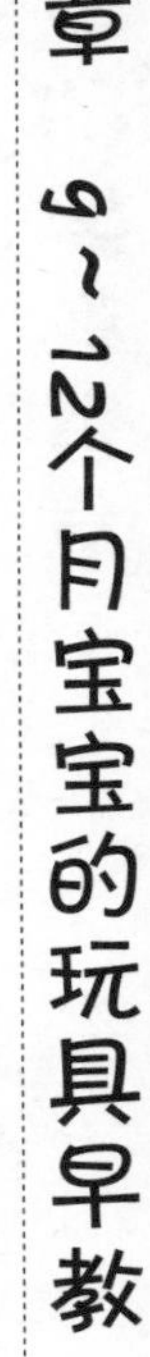

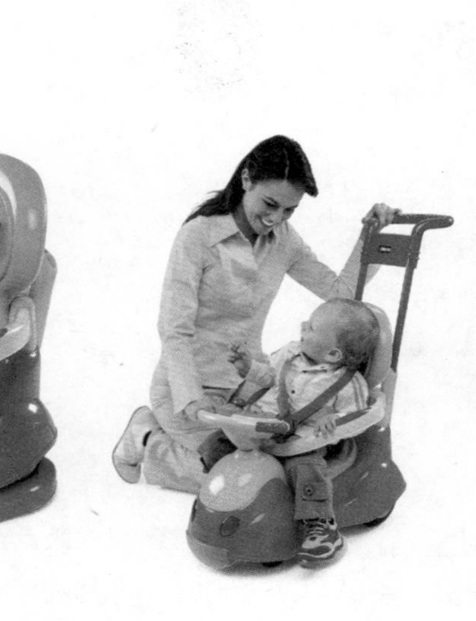

宝宝布袋推车

品牌：品乐玩具（PlanToys）（泰国）

产品尺寸：42.5×48×47厘米

材质：橡胶木

适用年龄：10个月以上

大运动动作、协调能力锻炼

这是一款可以学步的推车，推车的后轮设计了缓步器，可以根据宝宝行走的熟练程度来调节推车的速度，为宝宝学习行走提供了可靠的安全性，而且宝宝的大运动动作以及协调性得到了很好的发展，如行走、停止、转弯等。推车上的布袋可以放置任何东西，如毛绒玩具、娃娃或积木块等，增加宝宝玩耍的乐趣。

大肌肉锻炼

推车的抓杆可以根据宝宝的身高来调节高度（43.5~51厘米），对于宝宝的大肌肉发育提供了良好的支持。

听觉能力、乐感开发

推车前面的木块结构设计巧妙，当车子被推动时会发出“吧嗒吧嗒”的声音，可以发展宝宝的听觉能力。由于发出的声音是很具有节奏感的，对于宝宝的乐感也有所提高。

快乐农场书

品牌：邦马（中国）
产品尺寸：20×21×3厘米
材质：超柔软绒布
适用年龄：9个月～1岁半

动手能力、抓握能力锻炼

该布书采用超柔软绒布做成，手感舒适，适合宝宝喜欢动手的需要，经得起撕扯、揉捏、挤压等，能承受90牛顿以上拉力，不脱线，不变形，安全性好，且不怕水、不怕脏，清洗之后又是一本全新的书。

小肌肉、协调能力锻炼

尽早让宝宝接触书本，有助于宝宝在日后养成良好的读书习惯。让宝宝练习翻书，可以锻炼宝宝双手的小肌肉及协调能力。

认知能力开发

书本里有众多的花、草、昆虫角色，凡是涉及的角色，都搭配有刺绣工艺的文字，可以一边教宝宝认识花、草、昆虫的基本特征，给宝宝讲故事，还可以教宝宝认识文字，提高宝宝的认知能力。

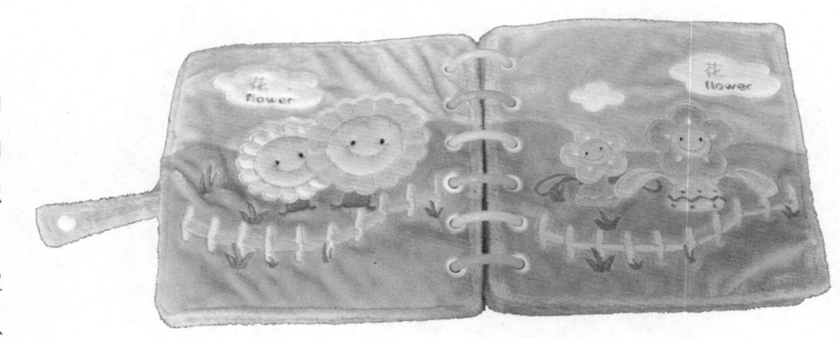

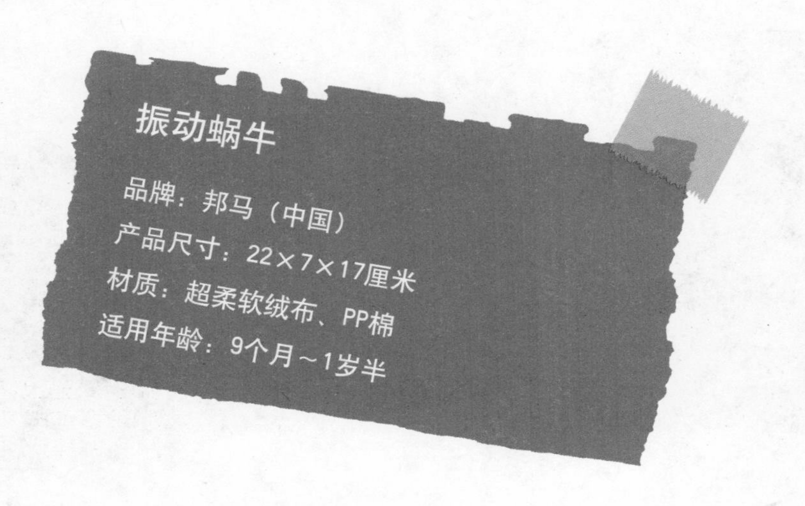

小肌肉、精细动作锻炼

该玩具内置发条振动器配件，可以让宝宝拉动引绳外部的小环扣，然后把蜗牛放在平整的台面上，在振动器的传动作用下，蜗牛会自动向前爬行，停止前进后，再拉动引绳，蜗牛又会继续爬行。宝宝通过不断拉动振动器引绳，在感受蜗牛带来的无限惊喜的同时，手部的小肌肉和精细动作也得到了很好的锻炼。

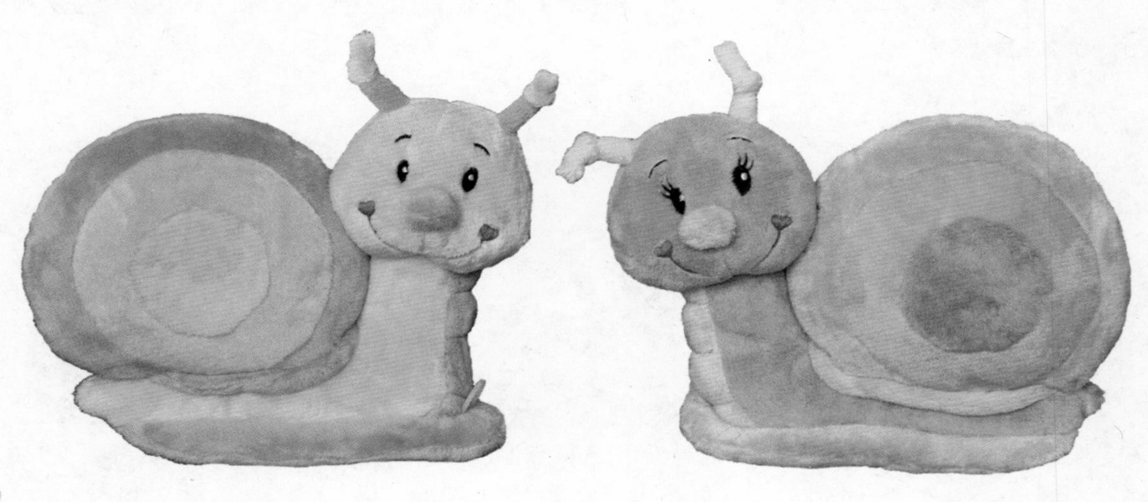

多功能学习桌

品牌：澳贝（中国）

包装盒尺寸：50×40×10厘米

主要材质：ABS塑料

适用年龄：9个月以上

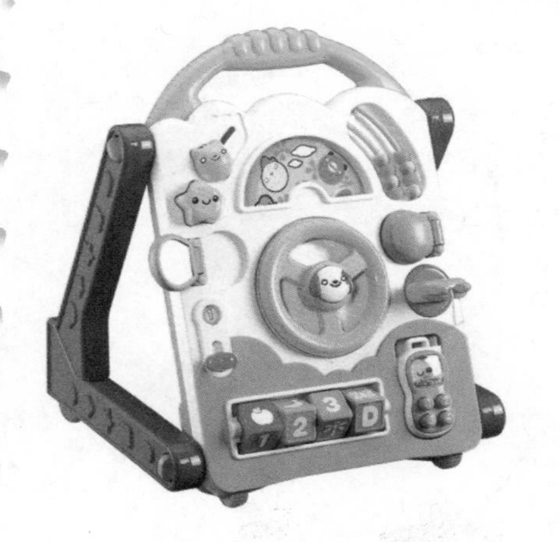

抓握能力、大运动动作锻炼

学习桌有推车模式，可以让宝宝紧握推车把手，向前行进，不仅锻炼宝宝的抓握能力，还是对宝宝推动行进的大运动动作能力的锻炼。

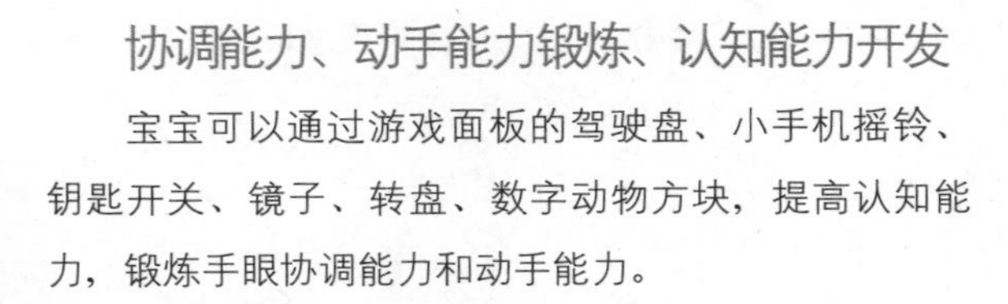

协调能力、动手能力锻炼、认知能力开发

宝宝可以通过游戏面板的驾驶盘、小手机摇铃、钥匙开关、镜子、转盘、数字动物方块，提高认知能力，锻炼手眼协调能力和动手能力。

绘画能力培养、想象力、创造力开发

游戏面板的反面是一个磁性画板，宝宝可以任意画、写，培养宝宝的绘画能力；还可以用小磁印印上各种星星和圆形，激发宝宝的想象力和创造力。

乐感开发

按下小老鼠，会播放优美的音乐，培养宝宝的乐感。

认知能力开发、识别颜色、识别形状

把积木放入对应的洞口中，会发出相应的读音，例如把小鸡塞进小鸡孔后，会发出“小鸡”的读音并发出小鸡的叫声，提高宝宝的认知能力，同时可以让宝宝辨认积木的颜色和形状。

动手能力锻炼

打开小树后面的小门，可以把积木取出来，并且按门铃有声响，激发宝宝的动手能力。

识别能力开发

按不同的琴键会发音，琴键上方相应颜色的动物头像随之伸缩，教宝宝认识不同的颜色和动物。时钟的时针与分针可以随意转动，待宝宝大一些后，可以教宝宝认识时间。

算术能力开发

该款玩具有珠算的功能，例如通过拨动珠子，可以验算2+5=7，待宝宝有了识数能力后教宝宝学习简单的数学。

音乐踏行车

品牌：澳贝（中国）
包装盒尺寸：40×57×21厘米
主要材质：ABS塑料
适用年龄：9个月以上

小肌肉、协调能力锻炼

踏行车的方向盘可以转动，让宝宝用手去拨动方向盘，可以促进小肌肉的锻炼和手眼协调能力。

乐感开发

扭动方向盘旁边的旋钮开关，会有汽车启动声响，更有悦耳的歌曲，可以培养宝宝的乐感。

大肌肉、大运动动作锻炼

在宝宝成长的不同阶段，去体验推、踏行或驾驶车子的乐趣，有助于宝宝腿部的大肌肉以及大运动动作的锻炼。

1岁～1岁半宝宝的玩具早教

一、1岁～1岁半宝宝的生长发育特点

1.感观表现

视觉

1岁后，宝宝的视力逐渐在发展，到1岁半时，视力可达到0.4左右。

其他感官发育

这一时期，宝宝有看图书、听故事的欲望，喜欢有人教他翻书、看书，并与之交流；能区别物体，一般最先认识圆形，然后能认识方形和三角形。到1岁半左右，完全可以把上述形状的名称和实图对上号，已经有了形状概念，能背数到10个数左右，通过数字卡片或数字积木，可以开始学认1～2个数字，可以自己端杯喝奶、喝水。

2.动作表现

在大动作方面，进入1周岁以后，走路是宝宝喜爱的运动。刚满周岁的宝宝在别人的帮助下可以行走了，但走得还不是很稳。到了1岁3个月左右，宝宝就可以独自行走了，但只能走很短的一段距离，而且摇摇晃晃很不稳当，这是因为宝宝走的时候全身肌肉都紧张，动作的协调性和准确性很差。这种情况到1岁半左右即可消失，此时的宝宝开始会跑，但刚开始时还不能在拐弯处奔跑。1岁3个月时，宝宝基本可以弯腰拎物再站起。1岁半时，宝宝可以扶栏上楼梯，有目标地抛球，拖拉玩具前进及后退。

在精细动作方面，宝宝的手指功能也逐渐健全起来，能够做许多精细的动作，例如可以自己拿杯子喝水，可以拿勺子吃饭，用笔乱涂抹，可以模仿大人的动作等。1岁3个月时，宝宝可以搭3块以上积木而不倒，可以将小物件放入瓶中，会翻稍厚的书，但不是一页一页地翻。1岁半时，宝宝可以搭4块以上积木而不倒，可以将小物件从瓶中倒出。

3.语言表现

进入1周岁以后，宝宝的语言进入单词句期，即一个一个词地蹦出来。1岁3个月时，会称呼爸爸、妈妈之外的亲人，听名称能够指出身体上的五官及其他一些身体细节。1岁5个月时，宝宝的词汇量增多，会说“谢谢”“再见”等词，喜欢与成人说话。1岁半时，宝宝能掌握100个左右词汇。父母应尽可能扩大宝宝的词汇量，为即将到来的语言爆发期提前做准备，可以让宝宝多说话，促使宝宝用语言而不是用手势或动作来表达。

宝宝语言发育的年龄大致相似，一般来说，满周岁的宝宝开始会说一些单词，如“爸爸”“妈妈”等，但有的语言还不是很准确，这主要是宝宝口腔的构造发育还不发达所致，父母不必着急，过一段时间自然就会好起来。1岁~1岁半这个阶段，宝宝理解语言的能力大大增加，但说出的词语却不多，而到1岁半左右时，可突然开口，说话的积极性也高了许多，此时词语大量增加，对句子的掌握能力也迅速发展。但宝宝的语言发育也有个体的差异，比如有的宝宝到2岁半以后才能讲两三个词一句的话，尽管如此，也不要逼着宝宝勉强学，如果其他各项功能发育都正常的话，父母可以经常柔和地跟宝宝多讲讲话。

4.社交表现

此时的宝宝喜欢单独玩或观看别人游戏活动，父母应有意让宝宝与同龄小伙伴一起玩，父母可参与和指导。

二、1岁～1岁半宝宝的智能训练

1.语言能力的培养

此时是宝宝语言发展的关键时期，父母首先要了解这个年龄段宝宝的特点，然后根据他的特点进行有针对性的语言能力训练。父母可以在和宝宝做游戏的过程中培养宝宝的语言能力，这样既可以增强宝宝学习的兴趣，又可以加深宝宝的记忆。

例如，妈妈和宝宝相对而坐，妈妈一边做动作一边念儿歌，让宝宝也做同样的动作，这样可以培养宝宝听指令做动作的能力，训练宝宝的语言理解能力。通过念简单的儿歌，还可以锻炼宝宝对语言节奏感的感知。

2.非智力能力的培养

主要是通过一些游戏来培养宝宝的动作、能力和一些好的习惯。例如，妈妈将彩色硬纸板剪成蘑菇状，散落在地上，“蘑菇”放得不要太集中，让宝宝在采“蘑菇”时可四处找找，训练宝宝的观察力。准备一个提篮，作为装“蘑菇”的工具，让宝宝提着篮子，将散落在地上的“蘑菇”一一拾起放在篮里，再走回妈妈身边。妈妈可参加游戏和宝宝一起拾“蘑菇”，以增加宝宝的兴趣。通过这个游戏可以锻炼宝宝走和蹲的动作，还可以培养宝宝耐心、细致的良好习惯，训练宝宝的坚持性。

3.注意力、观察力的培养

这个时期的宝宝对所有的事情都感兴趣，父母可利用宝宝的这个特点，让他多观察，以培养他的观察力和注意力。例如，妈妈事先准备一面镜子，选择一个晴天且阳光充足的时候进行游戏。妈妈拿着小镜子，站在阳光能够照射到的地方，朝家中的阴影部分晃动。可先对准家中的白墙，使光斑落在墙上，妈妈拿着镜子晃动，墙上的光斑也会随着晃动，这样能够较快地吸引宝宝的注意力。当宝宝发现墙上的光斑后，可引导他去捕捉光斑，妈妈可到处晃动，使光斑落在不同的地方，引导宝宝四处活动去捕捉光斑，并引导他观察为什么会出现光斑。这个游戏可以培养宝宝的注意力和观察力，使宝宝满怀兴趣地观察新奇的事物，同时还可以满足宝宝的好奇心，使其情绪愉快。

三、为1岁～1岁半宝宝选择玩具的要点

1.选择推行和拖拉类玩具

这一时期是宝宝蹒跚学步期，选择可以推着走的玩具和用绳拉着的玩具，可以最大限度地发展宝宝的行走技能，这类玩具可以吸引宝宝推着或拉着它走来走去，这些都不失为训练宝宝综合动作能力的好方法。

2.选择形状类玩具

选择简单的具有几何形状的积木类玩具，如圆形、三角形、方形等，有意识地培养宝宝对形状的概念，让宝宝在游戏中逐渐认识形状。

3.选择发展语言和认知能力的玩具

抓住宝宝正在咿呀学语和记忆力发展较快的时期，可以结合宝宝的智力发展，随时进行认知和语言能力的培养，凡是接触到的玩具或日常用品都要说给宝宝听、指给宝宝看，用语言为他描述和表达。父母还可以选择带有声音的动物玩具、交通工具、图书等，通过实物和成人的语音刺激，促进宝宝语言和认知能力的发展。

四、适合1岁～1岁半宝宝的经典玩具

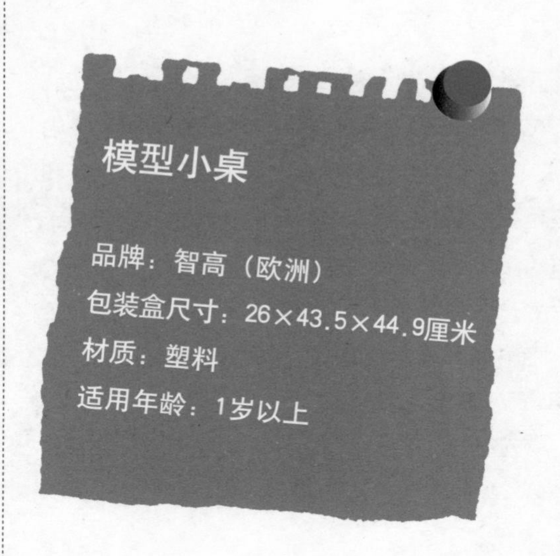

精细动作、小肌肉、协调能力锻炼

该模型小桌有两用功能：桌子的A面可以搭建积木，提供了10个积木搭建块，可以教宝宝动手搭建简单的形状；桌子的B面包含多种玩耍功能，如果按压蘑菇，小蜗牛就会围绕着草地移动，如果按压绿叶，可爱的蟋蟀就会跳动，毛毛虫也会移动。这些都有助于宝宝手指的精细动作、小肌肉以及手眼协调能力的锻炼。

认知能力开发

桌子B面上设计的各种小动物以及蘑菇、绿叶等，都能发出有趣的声音或动物的逼真叫声，满足了宝宝探究事物的兴趣，发展了宝宝的认知能力。

听觉能力开发、协调能力锻炼

桌子B面上设计有电子琴，可以锻炼宝宝的听觉能力和手眼协调能力。移动瓢虫开关，翻动音乐转换页有3种玩耍形式：第一页独立弹奏音乐；第二页每次按下按键有不同的曲调；最后一页按下任意按键，宝宝可随意按动键盘。按动花形部分，可以听到音符和小提琴、钢琴等各种旋律。转动键盘旁边的圆柱形，还可改变旋律的节奏。电子琴可以从桌面上取下，系在床上，它的带子可以调整。

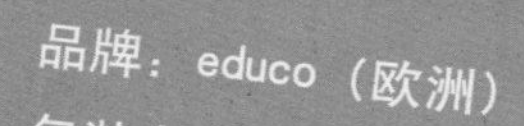

彩虹渐变堆塔

品牌：educo（欧洲）
包装盒尺寸：21×11×12厘米
材质：实木
适用年龄：1岁以上

小肌肉、精细动作锻炼

9种不同颜色的花朵和星星形状的积木堆放在一起，形成美丽的彩虹。积木上独特的开孔设计需要宝宝对准木桩角度才能放入，是锻炼宝宝小手灵活性、精细动作的好办法。

识别形状、识别颜色

可以先让宝宝随意地在木桩上把积木混合着堆砌起来，再教宝宝按照形状及渐变颜色堆砌，使宝宝在游戏中逐渐增强对形状和颜色的识别能力。

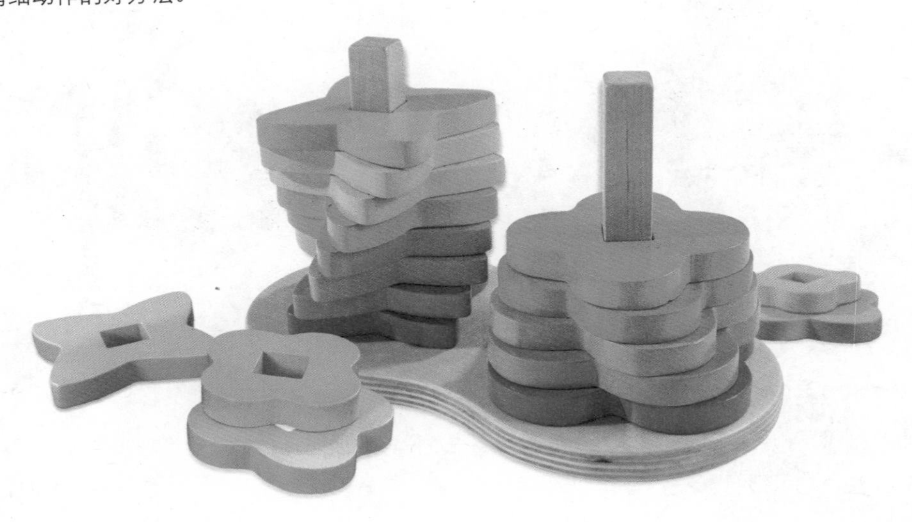

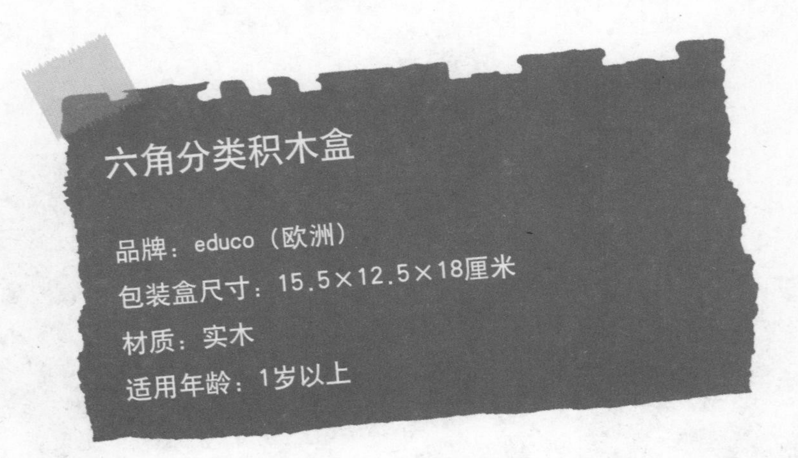

精细动作锻炼

教宝宝拿起不同形状的积木块，找到积木盒上相同形状的位置，将积木块放入，可以锻炼宝宝小手的精细动作。

听觉能力开发

每块积木里都有彩色小珠子，摇动时可以发出清脆的声音，锻炼宝宝的听觉能力。

识别形状、识别颜色

六角分类积木盒的6个侧面是几何形状孔洞，分别与6种不同颜色和形状的积木块一一对应，宝宝可以根据颜色和形状的不同，把6块积木块从六面体的孔洞中放入，再通过伸缩绳把积木块拿出来继续游戏，锻炼宝宝对形状和颜色的识别能力。

早旋律敲琴台

品牌：educo（欧洲）
包装盒尺寸：30×15×18厘米
材质：实木
适用年龄：1岁以上

小肌肉、精细动作锻炼

宝宝用小榔头敲击红、蓝、绿三色彩球，锻炼宝宝的小肌肉和手腕的灵活性。

听觉能力开发、协调能力锻炼

敲击彩球后，球落在木琴上会敲击出动听的旋律，可以锻炼宝宝的听觉能力，还可以让宝宝直接敲击木琴，既锻炼听觉能力，又可以锻炼动作的协调性。

识别颜色

三色彩球设计可以使宝宝在游戏中逐渐增强对颜色的识别能力。

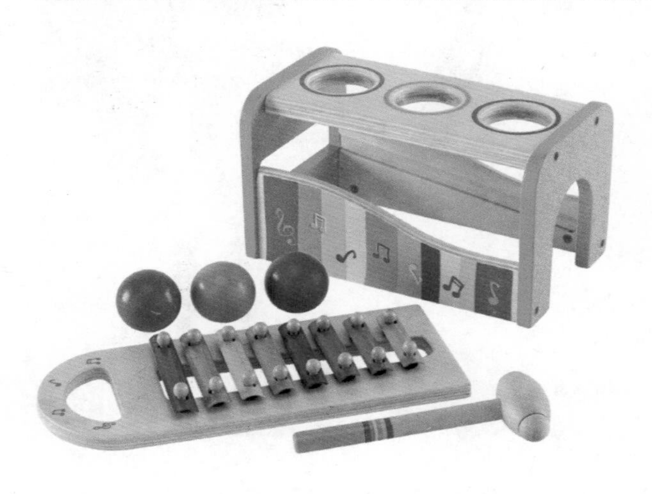

积木桶

品牌：爱松（欧洲）
包装盒尺寸：19.3×19.3×16.8厘米
材质：木制
使用年龄：1岁以上

精细动作、协调能力锻炼

开始时宝宝只是随意堆搭，没有形状和造型，但要鼓励宝宝，同时还要让宝宝练习将积木放到积木桶里，这些都是锻炼手部精细动作和手眼协调能力的好方法。待宝宝大一些后，动作会逐渐熟练，会搭建出漂亮的城堡和造型来。

识别形状、识别颜色

积木由多种颜色组成，积木桶上方的盖子上设计有形状孔，可以让宝宝根据积木的形状，从盖子上的形状孔中将积木慢慢地放进积木桶内，同时教宝宝认识几何形状和颜色，培养宝宝辨认各种形状和颜色的能力。

动手能力锻炼、想象力、创造力开发

共有50块积木，可以激发宝宝的动手兴趣，培养宝宝合理组合搭配的意识，发挥想象力与创造力，用形状各异的积木去搭建自己设计的城堡和造型。

可爱小喇叭

品牌：TOLO（欧洲）
包装盒尺寸：16.5×10×18厘米
材质：塑料
适用年龄：1岁以上

视觉能力开发

鲜艳的颜色能吸引宝宝的注意力，刺激宝宝视觉的发育。

听觉能力开发

可爱小喇叭能发出3种不同的声音，刺激宝宝听觉的发育。

协调能力锻炼

喇叭上有一个非常适合宝宝抓握的手柄，重量很轻，便于宝宝玩耍。如果宝宝想要把玩具放到嘴边吹出声音来，需要调动身体各部位，要有很好的协调性，喇叭才能发出声音。

识别颜色

喇叭的每个部分都由不同颜色组合而成，红、黄、蓝、绿各种颜色都是宝宝喜欢的纯色，可以培养宝宝认识颜色。

可爱小木琴

品牌：TOLO（欧洲）

包装盒尺寸：29×18×22厘米

材质：塑料

适用年龄：1岁以上

听觉能力、乐感开发

可爱小木琴有8个不同的音符片，用两根小槌来敲击，能发出美妙的声音；还有8个琴键，可用手指操作。宝宝通过感受敲击不同音符片和用手弹奏所发出的声音，能够刺激听觉发育；通过识别不同的声音，可以让宝宝对音乐有初步的了解，培养良好的乐感。

协调能力、抓握能力、精细动作锻炼

在玩耍过程中，宝宝慢慢就能抓住小槌准确地敲出不同的音符，或用手指弹出美妙的音乐，提高抓握能力以及手、眼、脑的协调能力，锻炼手部的精细动作。懂音乐的父母，还可以教宝宝敲出或弹出完整的曲子。

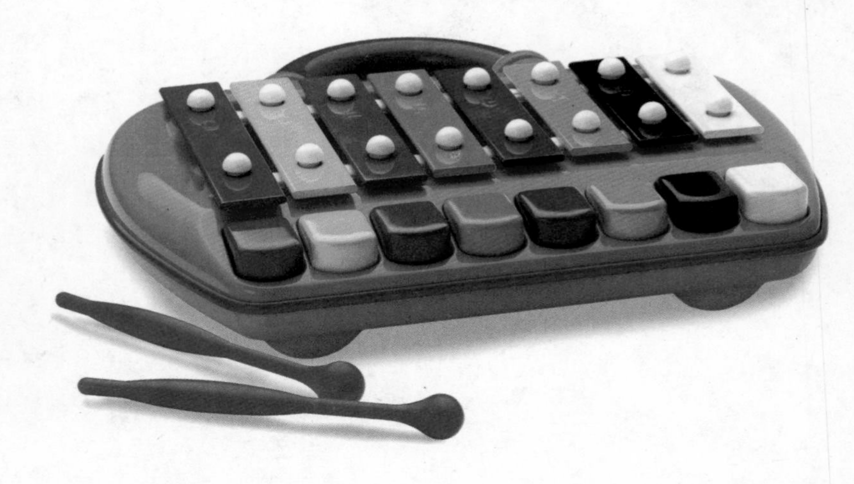

识别颜色

红、黄、蓝、绿等8种颜色的音符片和按键，能够刺激宝宝的视觉发育，同时能让宝宝识别不同的颜色。

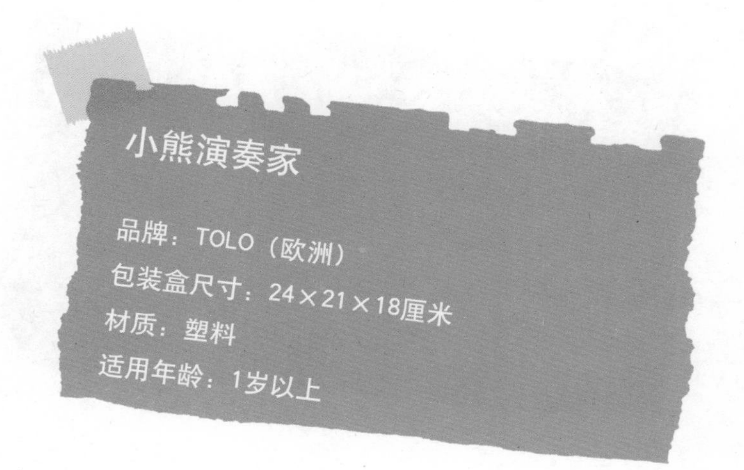

小熊演奏家

品牌：TOLO（欧洲）
包装盒尺寸：24×21×18厘米
材质：塑料
适用年龄：1岁以上

听觉能力、乐感开发

该款玩具有5首经典的古典音乐段落，每个按键都有相应的音乐，演奏音乐时小熊会翩翩起舞。拨动小熊左边的黄色按钮可以转换音乐模式，让宝宝自己演奏美妙的音乐，可以极大地促进宝宝的听觉能力和音乐感觉。

协调能力、精细动作锻炼

宝宝要想听自己喜欢的音乐或演奏出自己风格的音乐，就要用手去按按键，这些都需要宝宝手、眼、脑的相互配合，从而锻炼宝宝手部的精细动作和协调能力。

音乐手提盒

品牌：TOLO（欧洲）

包装盒尺寸：27×8×20厘米

材质：塑料

适用年龄：1岁以上

触觉能力锻炼

每个动物都能单独取下来玩，也可成为宝宝手中的摇铃。放在手里玩耍时，能够锻炼宝宝的触觉能力。

听觉能力、乐感开发

将音乐手提盒上的黄色按钮调整到中间的音乐模式上，按动按键则会播放相应的音乐，锻炼宝宝的听觉能力和乐感，“OFF”为关闭模式。

认知能力开发

音乐手提盒的每个按键都有相应的动物造型，将黄色按钮调整到右边的动物模式上，按动按键则会发出相应的动物叫声，有助于宝宝认识这些动物和分辨各种动物的叫声。

可爱手风琴

品牌：TOLO（欧洲）
包装盒尺寸：29×13×18厘米
材质：塑料
适用年龄：1岁以上

听觉能力、识别能力开发

可爱手风琴可以让宝宝认识乐器，增加宝宝的常识，拉伸时可以让宝宝了解手风琴发出的声音，促进宝宝的听觉能力。

协调能力锻炼

宝宝每次拉伸时所用的力量不同，手风琴发出的声音也会不同，需要宝宝手、眼、脑的协调一致。

精细动作锻炼

手风琴有一端圆盖可以旋转，能够发出不同的音调，吸引宝宝去玩耍，从而锻炼宝宝手部的精细动作。

可爱小爵士鼓

品牌：TOLO（欧洲）
包装盒尺寸：22×18×18.5厘米
材质：塑料
适用年龄：1岁以上

听觉能力、识别能力开发

可爱小爵士鼓是双面鼓设计，能分成两个鼓，也可以组合成一个玩具，而且两面敲击所发出的声音不同，能够锻炼宝宝的听觉能力和识别声音的能力。

协调能力、抓握能力锻炼

在玩耍过程中，宝宝能够逐渐准确握住鼓槌，敲击出美妙的鼓声，提高宝宝的抓握能力和手、眼、脑的协调能力。

大运动动作锻炼

两个鼓槌可插于鼓的两侧，可以滚动玩耍小鼓，宝宝在追逐滚动的鼓时，能够进行大运动动作的锻炼。

快乐小鸭队

品牌：欧博士（欧洲）
产品尺寸：11×8×9厘米
材质：塑料
适用年龄：1岁以上

精细动作锻炼

把小鸭子放在水里玩耍时，会发出“嘎嘎”的叫声，因为鸭子的下面有感应器。宝宝肯定会好奇，鸭子不放在水里也会发出“嘎嘎”声吗？那就需要宝宝的手准确地摸到感应点，才能有惊喜哦!

亲子互动、认知能力开发

快乐小鸭队是几个小鸭子组成的，父母可以和宝宝一起游戏，进行亲子互动，同时给宝宝讲有关鸭子的习性等常识，增强宝宝的认知能力。

社交能力培养

宝宝可以跟几个小朋友一起玩耍，拓展社交能力。

喷水艇

品牌：欧博士（欧洲）
包装盒尺寸：21×14×16.5厘米
材质：塑料
适用年龄：1岁以上

乐感开发

这是一款陪伴宝宝洗澡的玩具，解除了父母为宝宝洗澡的烦恼。喷水艇可以让宝宝一边洗澡一边玩耍，放在水中还会唱歌，宝宝一边洗澡一边听音乐，有助于乐感的形成。

识别颜色

该款玩具主要以黄、蓝两种颜色组成，颜色分明。蓝色的小兔子、黄色的鱼形喷水艇能够吸引宝宝的玩耍乐趣，便于培养宝宝对颜色的识别能力。

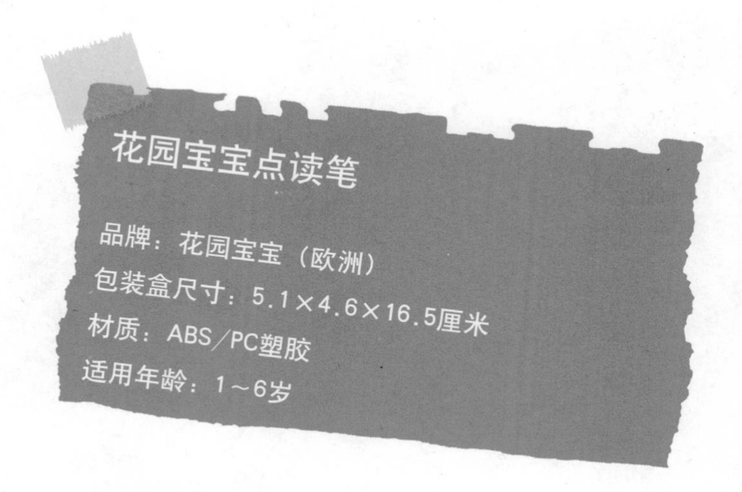

视觉能力、听觉能力开发

花园宝宝点读笔是采用国际先进的OID隐形码技术，使图书可以发声，点到哪里读到哪里。所有设计内容都是根据《花园宝宝》电视节目中儿童喜爱的卡通形象等编排的图片、文字、故事、音乐，让宝宝以游戏、互动方式进行学习和训练，不断刺激视觉、听觉等感官来丰富宝宝的体验。

认知能力、语言能力开发

通过丰富的图画、声音、音乐融为一体的有声图书，可以培养宝宝的阅读兴趣，达到提高认知能力的目的，从中还可以让宝宝学语言、讲故事，锻炼和发展宝宝的语言能力。

乐感开发

除了配套的儿童有声图书外，花园宝宝点读笔独创的睡眠故事和音乐功能，让宝宝在动听的故事或音乐的伴随中，愉快、轻松地进入梦乡，有效提升宝宝的睡眠质量，同时培养宝宝的乐感。

多功能学习火车

品牌：伟易达（中国香港）
包装盒尺寸：61×40.6×41.8厘米
材质：塑胶、电子
适用年龄：1～3岁

大运动动作锻炼

火车头可以作为宝宝的手推车，让宝宝推着走，帮助宝宝练习学步、掌握平衡，进行大运动动作锻炼。

大肌肉、协调能力锻炼

火车头挂上车厢后，宝宝坐在火车后座，用双脚撑地前行，小火车即变身为宝宝的脚踏车，可以锻炼宝宝腿部肌肉及身体的协调能力。

小肌肉、精细动作锻炼、乐感开发

按1～5数字键，会有欢快的音效、闪烁的灯光及动听的乐曲，能够培养宝宝的乐感。火车头顶部有通孔，按动上面的小动物，会有汽笛的鸣叫声，这些都可以使宝宝的手指小肌肉和精细动作得到锻炼，同时提高手眼协调能力。

识别颜色、识别形状

火车上装有26个字母积木块，均是方形并由红、黄、蓝、绿几种颜色组成。做游戏时，可以让宝宝从积木中将红色的挑出来，告诉宝宝这是什么颜色和形状，待宝宝熟悉后，再辨认其他颜色。

认知能力、语言能力开发

积木块的正面是字母，背面是各种图案。将字母积木块放在火车头侧面的卡槽中，可以教宝宝该字母的发声、以该字母开头的日常物品单词的发声及意思（中英文双语）。火车头的侧面有翻书卡，按动任一图片，都会发声（中英文双语），可以教宝宝学习图片上对应的单词，提高宝宝的认知能力和语言学习能力。

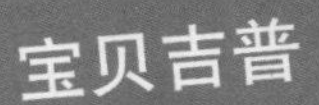

宝贝吉普

品牌：伟易达（中国香港）
包装盒尺寸：30×21.5×18厘米
材质：塑胶、电子
适用年龄：1岁以上

该款玩具可以作为推拉玩具玩，还有学习模式和音乐模式两种游戏模式。

大运动动作、协调能力锻炼

作为推拉玩具玩耍，让学步的宝宝练习走路，锻炼宝宝的大运动动作及协调能力。

识别形状、识别颜色

吉普车上有圆形、心形、三角形、正方形、五角星形5种形状的洞口，让宝宝填入相应的形状积木，可以培养宝宝对形状的识别能力。同时，每块形状积木都有不同的颜色，还可以教宝宝识别颜色，也可以先让宝宝认识车头上面的红色、绿色、黄色，为增强宝宝的记忆，可以给宝宝讲解红、黄、绿3种颜色作为交通信号灯的作用。

乐感、认知能力、语言能力开发

采用音乐模式，让宝宝欣赏5种不同风格的音乐，增强宝宝的乐感。待宝宝大一些后，可以用学习模式进行学习。学习模式是中英文双语交替的模式，可以让宝宝对比学习中文和英文，提高语言能力。

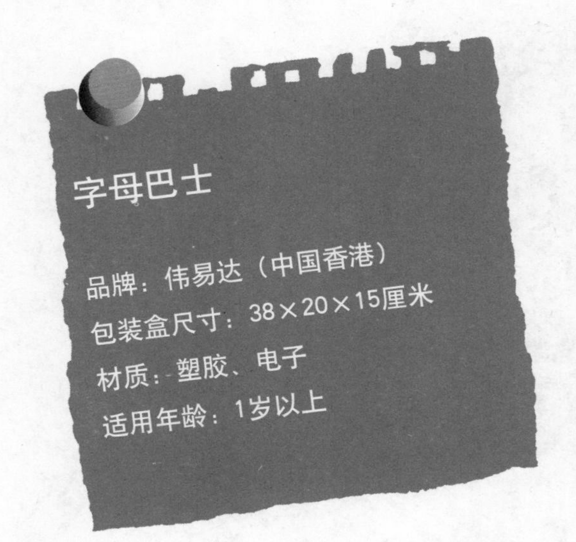

字母巴士

品牌：伟易达（中国香港）

包装盒尺寸：38×20×15厘米

材质：塑胶、电子

适用年龄：1岁以上

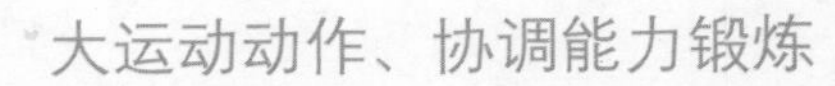

大运动动作、协调能力锻炼

这款玩具可以作为推拉玩具玩，让学步的宝宝练习走路，锻炼宝宝的大运动动作及协调能力。

乐感、认知能力开发

可以调整不同的模式，在动听的歌曲声中，将宝宝带到校园、动物园、火车站等场景，培养宝宝的乐感，让宝宝对社会环境有基本的认知。此外，多种动物音效还会给宝宝带来未曾体验到的奇趣，提高宝宝的认知能力。

精细动作锻炼、语言能力、算术能力开发

字母巴士的车身上有26个字母及1~10数字键，宝宝可以用手按动它，锻炼手部的精细动作。按动字母和数字键，可发出相应的声音，教宝宝学习26个字母和以此字母开头的常用单词，还可以学习10个数字，提高宝宝的语言能力和算术能力。

认知能力开发、记忆力培养

可爱、仿真的厨房用具会成为宝宝认识生活、熟悉厨房用品的生动教材，父母可以教宝宝认识这些日常用品，说出常见物品的名字，让宝宝去指认，对简单的问题做出回答等，培养宝宝的认知能力和记忆力。

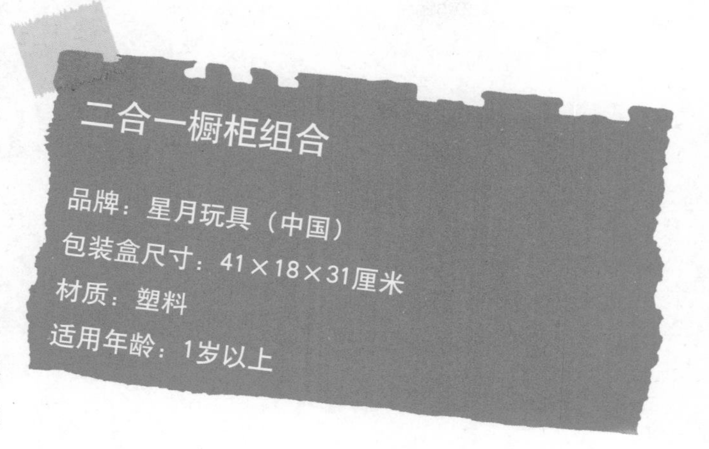

二合一橱柜组合

品牌：星月玩具（中国）

包装盒尺寸：41×18×31厘米

材质：塑料

适用年龄：1岁以上

角色扮演

待宝宝大一些后，厨房用具还可以成为宝宝进行角色扮演的工具，满足宝宝模仿大人做饭、做菜的好奇心理和角色扮演的兴趣，从小培养宝宝爱劳动的好习惯。

百变立人

品牌：木马智慧（中国）
包装盒尺寸：8.5×8.5×22.7厘米
材质：木制
适用年龄：1岁以上

抓握能力、协调能力锻炼

这是一款套环玩具，能很好地锻炼宝宝的手部动作，通过抓握及套的动作，发展宝宝手、眼、脑的协调统合能力。

识别颜色、识别形状

百变立人由圆形、半圆形及圆柱形等几何形状积木块及红、黄、绿颜色组成，可以让宝宝在进行“套”的游戏时，对颜色和形状进行认知。这些最基本的游戏可以使宝宝既得到锻炼，又享受游戏带来的快乐与成就感。

想象力、创造力开发

百变立人里有一个小玩偶的笑脸，宝宝在套环时可以发挥想象，拼出各种各样姿势的小人儿，提高宝宝的想象力和创造力。

十档小算盘

品牌：木马智慧（中国）
包装盒尺寸：24.5×21×8厘米
材质：木制
适用年龄：1岁以上

精细动作锻炼

这是一款拨珠算数的游戏玩具，可以让宝宝学习拨珠，练习食指拨珠子的精细动作。

识别颜色

红、黄、蓝、绿等各种鲜艳的颜色使算盘珠更清晰，便于宝宝识别颜色。

算术能力开发

待宝宝大一些后，可以练习手口一致地点数1～100，并可以进行简单的加减运算等，引导宝宝了解多与少、数与量的对应关系。

精细动作、协调能力锻炼

该款玩具既可以让宝宝进行数字镶嵌，也可以进行房屋的组装与拼拆，这个过程即是对宝宝手部精细动作和手眼协调能力的锻炼。

动手能力锻炼

培养宝宝自己动手学习拆装房屋，游戏可分难易程度，根据不同年龄的宝宝有不同的玩法。小宝宝学会形状镶嵌即可，再难一点儿可进行数字镶嵌；大一些的宝宝可进行较难的房屋组装与拼拆游戏，逐渐增加游戏的难度。

认知能力开发

这是一款练习10以内数字认知的镶嵌玩具，房屋上的镂空部分只有找到相应的数字才能嵌入其中，可以借此教宝宝认知10以内的数字。

语言能力开发

可爱的数字、彩色的房屋、可以推拉的门和窗户，情景游戏贯穿于宝宝的玩耍过程中，可以激发宝宝说话的兴趣，发展宝宝的语言能力。

拖拉小牛

品牌：木马智慧（中国）
包装盒尺寸：21×17.5×10.5厘米
材质：木制
适用年龄：1岁以上

大运动动作锻炼

拖拉小牛是一款既可以在手中把玩，又可以拖拉的玩具。拖拉的绳子就是小牛的尾巴，宝宝拖拉小牛的尾巴向前走，而小牛回过头来看着宝宝，生动的形象提升了宝宝行走的兴趣，有助于宝宝大运动动作的锻炼。

小肌肉锻炼

小牛身上有珠子，摇动时会发出“哗啦哗啦”的声音，珠子设计成牛奶瓶等不同形状，还有可爱的小草图案，增加了游戏的趣味性。宝宝可以用手抓珠子，用手指拨珠子，对手部小肌肉进行锻炼。

缤纷游乐园

品牌：童梦园（中国）
包装盒尺寸：38×15.50×27.50厘米
材质：塑料
适用年龄：1岁以上

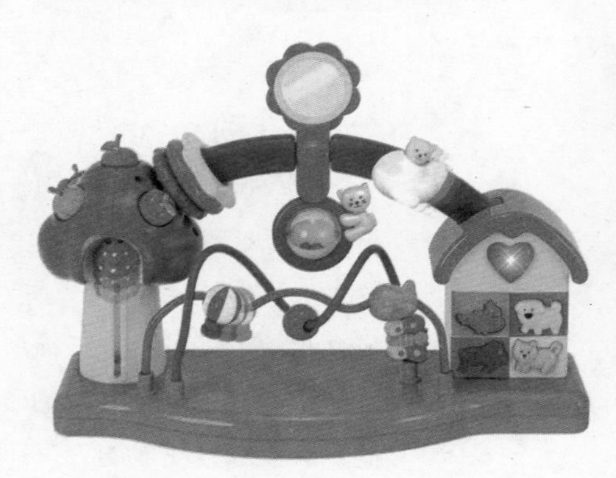

协调能力、小肌肉、精细动作锻炼

彩色的套环、转动的拨浪鼓、飞行的飞机以及装有彩珠的丝线迷宫，吸引宝宝用手指拨动和玩耍，不知不觉中锻炼宝宝的手部肌肉、精细动作以及手眼的协调能力。

乐感开发

按下树上的各色水果，会奏出动听的音乐；按下小房子上方的心形按钮，会点亮公园的灯光，同时响起优美的音乐，培养宝宝的乐感。

认知能力开发

按下小房子下方的4个动物按钮，会发出不同动物的叫声，让宝宝认知各种动物。游乐园里的树、各种水果、小瓢虫、小房子等刺激宝宝的视觉感官，能够增强宝宝的认知能力。

小熊火车头学步车

品牌：童梦园（中国）
包装盒尺寸：56×27×36厘米
材质：塑料
适用年龄：1岁以上

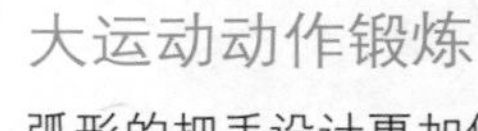

大运动动作锻炼

弧形的把手设计更加便于宝宝用手抓握。宝宝推动小车前行，能够加强大运动动作的锻炼。

大肌肉锻炼

宝宝坐在驾驶座上，用脚用力蹬地，小车便会向前行走，增加宝宝腿部大肌肉的锻炼。

认知能力开发、精细动作锻炼

按动小熊可发出时钟“叮当”的走时声，教宝宝认知时钟声响；按动狮、象、虎、猴上方的按钮，小动物便会弹跳出来，发出动物的叫声，教宝宝认知各种动物；驾驶盘的喇叭会鸣响汽笛，教宝宝认知火车头的汽笛声；拨动驾驶盘上的指针，火车会发出蒸汽的声响；火车头前面的钟表盘，可以教宝宝学习看时间。

协调能力锻炼

转动齿轮上的黄色按钮，可以看到齿轮通过相互咬合在转动，锻炼宝宝手眼的协调性。

音乐诺亚方舟

品牌：童梦园（中国）
包装盒尺寸：40.5×21×21.5厘米
材质：塑料
适用年龄：1岁以上

识别形状、识别颜色、认知能力开发

诺亚和他的所有动物朋友如何都能登上方舟呢？这可需要宝宝动动脑筋呢！首先，要把诺亚准确地放到驾驶员的位置，按动诺亚的头部，方舟才会发出逼真的汽笛声和水声。9种小动物要按照设定好的不同形状和颜色放到指定的位置，以此可以帮助宝宝学习辨别形状和颜色。按动小动物，它便会发出不同的叫声，可以教宝宝认识各种动物并与它们交朋友。

协调能力锻炼、乐感开发

宝宝可以用玩具一侧彩色的键盘谱写自己的乐章，也可以按动方舟尾部的蓝色按钮，欣赏节奏明快的曲调，培养宝宝的音乐感和手眼协调能力。

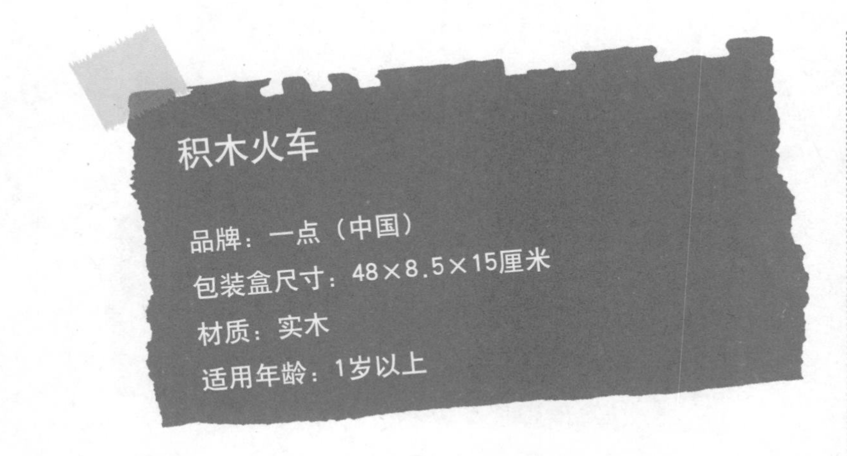

积木火车

品牌：一点（中国）

包装盒尺寸：48×8.5×15厘米

材质：实木

适用年龄：1岁以上

这是一款可以拆装组合的积木火车，一个火车头带两节车厢，由多块积木拼砌而成。宝宝可以动手自己拼，也可以拆着玩，或在地上拖着小火车做游戏。

精细动作、协调能力锻炼

火车上有固定的木桩，让宝宝拿起积木块，将积木块上的圆孔对准木桩往上套搭。开始时，宝宝不能很准确地将积木套在木桩上，但通过反复练习，宝宝就能顺利地完成这个动作，锻炼了手部的精细动作和手眼的协调能力。

识别形状、识别颜色

待宝宝大一些后，可以教宝宝认识不同的几何形状和颜色。小火车由红、黄、蓝、绿等颜色和圆柱形、正方形、半圆形等形状体组成，可以教宝宝按积木形状进行分类，或教宝宝先把正方形的积木挑出来，引导宝宝辨认形状；还可以教宝宝按颜色进行分类，或教宝宝先把红色的积木挑出来，以此来引导宝宝辨认颜色。

想象力、创造力开发

不必让宝宝按固有的造型来拼装，可以让他充分发挥想象力和创造力，任意拼装出各种造型来；还可以尝试让宝宝把不同形状的积木分别套在不同的位置上，看一看有什么不同。

苹果的故事

品牌：lalababy（中国）

产品尺寸：20×20×5厘米

材质：涤棉

适用年龄：1～4岁

动手能力锻炼

故事书的封面有带拉震器的虫子，内页有活动的种子、小铲子、苹果、响纸、玩具镜等，可以吸引宝宝，让宝宝自己动手，培养动手能力。

精细动作训练

通过玩耍各种活动的小配件，可以促进宝宝精细动作的发展。

认知能力、想象力、创造力开发

通过让宝宝参与苹果的栽培、生产过程，启发宝宝去认识农作物的生长并引发多种联想，这些联想能够激发宝宝的想象力和创造力。此外，根据宝宝的认知能力，父母可以调整使用方法，编出各种故事版本与宝宝互动。

语言能力、社交能力开发

活动的小配件增强了趣味性、互动性、参与性，通过互动的方式，以轻松活泼的手法，向宝宝灌输各种生活细节及品格方面的知识，培养宝宝的语言能力和社交能力，让宝宝能在“学中玩”，在“玩中学”。

奇妙杯

品牌：葆婴（中国）
包装盒尺寸：10×10×14厘米
材质：PP塑料（聚丙烯）
适用年龄：1岁以上

精细动作、协调能力锻炼

奇妙杯共有从小到大12个杯子，杯子的边缘容易抓握，边缘的锯齿形状可以有效地刺激手掌，有利于宝宝早期精细动作的训练。为了让宝宝把12个杯子摞叠成一个塔，可以从2～3个杯子开始，当宝宝能够把2～3个杯子摞在一起或套在一起，他的能力和自信心都有所增长之后，再增加杯子的数量，这个过程对宝宝手部的精细动作和手眼协调能力都有所帮助。

认识物体大小

父母可以在一张大纸上，沿着每个杯子的边缘画出一个圆圈，让宝宝把每个杯子和适当的圆圈对应；还可以让宝宝把奇妙杯按大小顺序一字水平排开，然后再按顺序竖直摞成一个塔形，锻炼宝宝认识物体大小的能力。

算术能力开发

所有的杯子都有正确的容积，容积和杯子的大小成比例。可以让宝宝用1号杯装沙子（水或豆子）去填满2号杯，或用1号杯的东西去填满3号杯、4号杯，用两个杯子去填充另外一个杯子等，引导宝宝哪个杯子需要使用两个不同的杯子填满，或者哪个杯子需要使用两次同一个杯子才能填满，教宝宝认识简单的数字，让宝宝在游戏中轻松学数学，培养算术能力。

大运动动作、平衡能力锻炼

这是一款拖拉玩具，可以让宝宝在玩耍的同时爱上学步，练习走、跑等大动作，提高宝宝运动神经的灵巧性及平衡能力。

小肌肉、动手能力锻炼

该款玩具由若干可拆卸的部分构成，宝宝可以自行安装，有助宝宝手部小肌肉的发育，提高动手能力。

认知能力、语言能力开发

在玩耍过程中，父母可以向宝宝讲述关于企鹅、北极熊、极地的话题，让宝宝学习相关的知识，增强保护动物和环境的意识，同时促进宝宝的语言表达能力。

智育启蒙妙妙屋

品牌：汇乐玩具（中国）
包装盒尺寸：21×19.5×22厘米
材质：ABS塑胶
适用年龄：1岁以上

识别颜色、听觉能力、乐感开发

妙妙屋的屋顶一侧设置有琴键，6个不同颜色的电子琴键可以弹奏不同的乐曲，按下每个琴键有不同的音乐；还设置有4种乐器琴键，按动不同的乐器会发出不同的音调，既能教宝宝识别不同的颜色，又能培养宝宝的音乐技能和听觉能力。

认知能力开发、协调能力锻炼

妙妙屋的屋顶另一侧设置有语音学习英文字母、单词、字母歌功能，翻动书页，妙妙屋会播放英文字母歌；按下梅花按键，会读出相应书页上的英文字母和英文单词。声、图、乐和趣味性于一体的妙妙屋，可以培养宝宝的认知能力，通过翻动书页和按动按键，还可以提高宝宝的手眼协调能力。

小肌肉锻炼、语言能力、认知能力开发

妙妙屋前后左右4个面具有不同的功能：推动踩着单车的小二郎，会播放《读书郎》儿歌；按下四方窗，可以学习数字；推动甜甜姐姐，可以学习唱歌；按下浇花男孩的头部，跟着按下门铃，门随之打开，再按下男孩的头部，可以听故事；推动阿姨，可以教宝宝讲卫生。该款玩具让宝宝在玩耍中便能接受启蒙教育，学习知识，锻炼语言能力。宝宝的手指通过不断地按动各种开关，手部的小肌肉也能得到锻炼。

钓鱼游戏

品牌：宏基（中国）
包装盒尺寸：26×26×3厘米
材质：椴木夹板
适用年龄：1岁以上

钓竿上有小磁铁，海洋生物板上有磁石。当钓竿移动到海洋生物板上时，在钓竿上的正极和海洋生物板上的负极在磁力的作用下吸在一起，就能把海洋生物钓起来。

专注力培养、小肌肉、大肌肉、协调能力锻炼

钓鱼看似简单，但开始时宝宝肯定把握不准，可以教宝宝手握紧钓竿，将钓竿上的小磁铁对准海洋生物板，待吸住海洋生物板后，再把钓竿抬起，将海洋生物钓上来。经过反复练习，宝宝的专注力会得到加强，动作会越来越灵活，手部的小肌肉、臂部的大肌肉及手眼协调能力会得到很好的锻炼。

亲子互动、社交能力培养

父母可以和宝宝一起玩，也可以让宝宝和小朋友一起玩，增加游戏的乐趣和互动性，增强宝宝的社会交往能力。

算术能力开发

在玩的过程中，可以教宝宝练习数数，数数谁钓的海洋生物多，培养宝宝的算术能力。

认知能力开发

玩的过程中，可以教宝宝认识海洋生物，培养宝宝对海洋生物的认知能力。

拖拉小动物

品牌：木玩世家（BENHO）（中国）
产品尺寸：15×8×15厘米
材质：西南桦、中密度纤维板
适用年龄：1岁以上

大运动动作、协调能力锻炼

1岁的宝宝正在练习走路，可爱的小动物们前进时身体一上一下的起伏状态与腹部的小铃铛发出的清脆铃声，能够吸引并鼓励宝宝一直向前走，锻炼宝宝的运动能力与协调能力。

认知能力、语言能力开发

父母可以将小动物当做主人公，讲述一些简单的小故事，让宝宝在与小动物们玩耍的同时，提高认知能力，提升语言能力，增进与父母的交流。

识别颜色

红色、粉色、蓝色、绿色等鲜艳的颜色能够吸引宝宝玩耍，在玩耍中培养宝宝对颜色的识别能力。

1岁半～2岁宝宝的玩具早教

一、1岁半～2岁宝宝的生长发育特点

1.感观表现

视觉

2岁时，宝宝的视力可达到0.5左右。

其他感官发育

交给宝宝笔和纸，宝宝会在纸上涂抹，可以初步体会信手涂鸦的乐趣，从中获得对色彩和线条的感知。这时的宝宝开始学着用手指表示“1”和“2”，父母可以有意识地教宝宝“1”和“1块饼干”、“2”和“2块饼干”的对应关系，宝宝开始有了对数的理解和判断力的最初萌芽。

2.动作表现

在大动作方面，1岁9个月时，宝宝可以扶栏下楼梯、踢球。2岁时，宝宝走路已经很稳了，可以双足并跳，能够跑，还能自己单独上下楼梯。这个阶段，宝宝喜欢大运动的活动和游戏，如跑、跳、攀爬、踢球等。

在精细动作方面，1岁9个月时，宝宝可以搭5～6块积木，用笔画直线。2岁时，能搭6～7块积木，喜欢一页一页连续翻书，会用蜡笔在纸上模仿画垂直线和圆圈，能用一只手拿小杯子熟练地喝水。

3.语言表现

这一时期，宝宝进入双词句阶段。1岁7个月～1岁8个月时，是宝宝的语言爆发期，宝宝的词汇量不断丰富。到2岁时，宝宝能掌握300个左右词

汇，会说自己的名字，会说简单的句子，会唱一些儿歌，看图片时能准确地说出图片中所画物体的名称，喜欢问“这是什么”“那是什么”等，有极强的求知欲，记忆力也很强，父母应珍惜这个宝贵时期，多教宝宝说完整的句子。

4.社交表现

此时的宝宝会帮忙做事，如学着把玩具收拾好，开始和其他小朋友一起游戏，游戏时能模仿父母更多的细节动作，想象力增强。

二、1岁半～2岁宝宝的智能训练

1.记忆、思维和创造力的培养

1岁以后的宝宝开始有了思维和创造的萌芽，记忆是以机械记忆为主的，父母可以根据这些特点来安排一些游戏，以培养宝宝的记忆、思维和创造力，使其健康地发展。例如，妈妈可以自己画一些简单的图，也可以找现成的图剪成小卡片来让宝宝学习，找出两张完全相同的图片让宝宝配对。或者让宝宝在一堆图片中抓起一个小狗图片，然后又在一大堆图中找到另一个小狗图片，当宝宝开始认汉字和数字时，可把写有字的卡片混入图片当中，让宝宝玩卡片配对游戏，以此可以培养宝宝的识图能力和思维力。

2.数学能力的培养

例如，妈妈准备两盘饼干、两盘豆豆、两盘糖块，盘里放的东西要有明显的区别。妈妈指着两盘饼干、两盘豆豆、两盘糖块问宝宝：“这是什么？”宝宝回答后再让他比多少，指着两盘饼干问：“哪盘多？哪盘少？”宝宝用“多的”“少的”来回答，妈妈再进一步对宝宝说：“给爸爸送一盘多的，给妈妈送一盘少的。”让宝宝具体操作，看看他是否理解多的、少的，在宝宝送东西时

要让他说“多的”“少的”。通过这个游戏可以训练宝宝区别多少，锻炼宝宝的观察力和判断力。

3.2岁宝宝的素质发展测试

生长发育测试：2岁时，宝宝的体重约为出生时的4倍，约12千克，身长约为85厘米，头围约为48厘米，胸围约为50厘米，已经超过了头围。此时的宝宝已经能够自如地独立行走，还可以连续跑3～4米，在跑的时候能够转向和转身；能够双脚同时跳离地面2次以上；能一手扶栏杆自己上下楼梯；能不扶物体向2～3个方向踢球；能钻过略低于自己身高的洞穴，爬上高度为身高一半的物体；能举手过肩将球抛出约1米，并会朝2～3个方向抛球；会骑三轮车。这时手的动作也已经很发达了，如会搭4～8块积木，会穿1～3个珠子，能一页页翻书看，能一只手端杯从一处走到另一处。

认知能力测试：此时宝宝的认知能力也有了很大的进步，会认1～2种颜色和1～2种形状，能集中注意力看图片、听故事约2分钟，能记住几周前发生的事情或见到的东西，能按指示完成简单任务，能口头数数1～5，出现了想象的萌芽，如这时的宝宝出现了“想象性恐惧”——怕黑、怕动物、怕独处等。

语言能力测试：此时的宝宝已经掌握了300个左右的词汇，能说出常见物品的名字50个左右，能连贯地说出2～3个字组成的句子，如“妈妈抱”“去玩喽”等；会用代词“我”，会说少量的复合句，如“哥哥来，这里来”；能听懂成人的话，并用单词句（3～4个字）回答问题；会背两句5个字的儿歌或古诗，会要求成人讲故事，并说出讲的是什么人、什么事。

情绪和社会行为测试：此时的宝宝特别喜欢模仿成人的行为，如打电话等；依恋母亲，怕见生人，会害羞；出现嫉妒心理，不喜欢妈妈抱别的孩子；较任性，认“死理”，常常说“不”；希望引起同伴的注意，常因抢同样一个玩具而发生争执；开始有同情心，看见同伴哭，会表示难过；能说出几种常见物品的用途，能说出父母及家人的名字。

生活自理能力测试：可以自己用勺吃饭，自己端杯喝水；能向大人示意有大小便，并能稍加控制大小便；会收拾和整理玩具，能独自玩耍10～20分钟；在成人帮助下学着自己洗手和洗脸，能帮大人拿拖鞋、搬小凳、倒果皮等。

艺术能力测试：会用笔尖朝下画出笔道，能模仿成人用手拍出节奏，会唱出1～2句歌词或一首歌的某个小节。

三、为1岁半～2岁宝宝选择玩具的要点

1.选择镶嵌类玩具

选择用各种形状的积木块填入相对应的形状孔洞中的玩具，能够进一步发展宝宝对各种形状的认知以及对对应关系的理解，促进宝宝手部的肌肉发育，培养观察力和记忆力，锻炼手的准确性和协调性。

2.选择串珠类玩具

父母可以为宝宝选择串珠类玩具，手把手教宝宝穿珠子，这是一种精细动作，能够培养宝宝的专注力和手眼协调能力。

3.选择锤盒类玩具

宝宝的肌肉能力和粗动作在此阶段有所发展，会出现敲打行为。父母可以为宝宝选择敲打游戏台、敲敲船等玩具，锻炼宝宝的动作准确性、协调性，进行肢体运动的锻炼。

4.选择便于识别颜色的玩具

如简单的游戏拼图、简单的建筑模型或小火车、小卡车、小木偶等玩具，将涂有红色、黄色和蓝色的积木块让宝宝去辨认，通过游戏，让宝宝逐渐能够识别颜色。注意颜色最好是纯色，且不宜过多。

5.选择积木类玩具

通过堆搭积木，可以促进宝宝的手眼协调能力；根据积木的颜色让宝宝把玩具分类，可以锻炼宝宝的颜色分类能力；根据积木的大小给玩具排队，可以教宝宝懂得大小的概念，锻炼排序能力。

四、适合1岁半～2岁宝宝的经典玩具

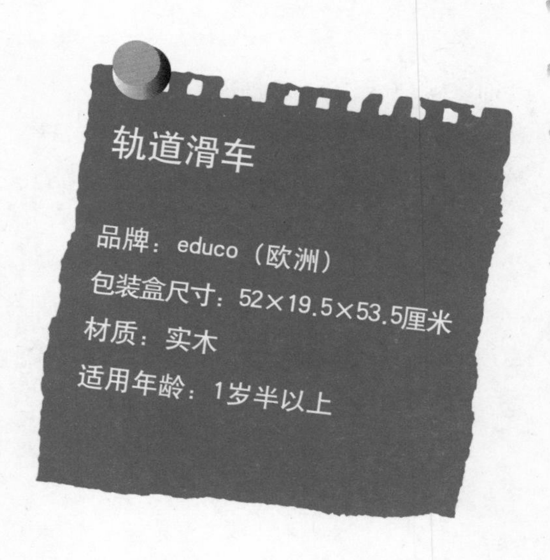

小肌肉锻炼

宝宝将小车放在轨道起点，小车便会依靠重力顺着轨道滑行至终点。这个动作可以锻炼宝宝的小肌肉和手腕的灵活性。

社交能力培养

该款玩具共有4辆小赛车，可以两辆小车同时玩，宝宝和小朋友或者和父母一起玩的同时，能够增强宝宝的社会交往能力。

想象力、创造力开发

小车的车轮是圆的，可以滚动滑行，那么其他物品（如球体）是否可以代替小车产生不同的玩法呢？以此激发宝宝的想象力和创造力。

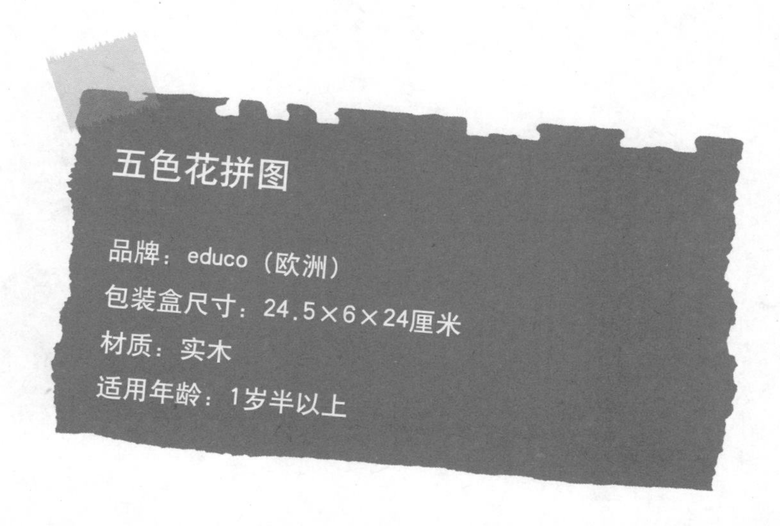

识别形状

该款拼图像一朵盛开的五色花，花朵上放置着不同形状的积木，有三角形、圆形等5种形状让宝宝去认识，并让宝宝在花盘上找到相同的形状放入，培养宝宝对形状的识别能力。

识别颜色

红、黄、蓝等各种颜色的积木使宝宝在游戏中逐渐增强对颜色的识别能力。

精细动作锻炼

通过让宝宝拿起不同形状的积木，再准确地放入一一对应的位置，使宝宝手部的精细动作得到锻炼。

视觉能力开发

拼图中央设计的迷你小镜子能够帮助宝宝认识自己，培养宝宝的社会亲和性，对丰富宝宝的视觉体验很有好处。

保时捷

品牌：必格（欧洲）
包装盒尺寸：70×31×43厘米
材质：塑料
适用年龄：1岁半以上

大肌肉锻炼

宝宝坐在车座上，两手握住方向盘，双脚放在地上用力向后蹬，车子即可运行，有助于宝宝腿部大肌肉的锻炼。

协调能力锻炼

车子行进中，宝宝要用两手握住方向盘来控制车子的行进方向，可以锻炼宝宝手、眼、脑的协调能力。方向盘正中有可以按响的喇叭，超宽的橡胶降噪轮胎耐磨性强，室内玩耍噪声小。

JoJo探险手电筒

品牌：欧博士（欧洲）
包装盒尺寸： 19.2×10×19厘米
材质：塑料
适用年龄：1岁半以上

抓握能力锻炼

JoJo探险手电筒是个小兔子的造型，其后背部有一个弧形空心设计，便于宝宝玩耍时抓握，从而锻炼宝宝的抓握能力。

乐感、语言能力开发

当宝宝提着手电筒走时，会有音乐和说话声，让宝宝不寂寞，就像有个朋友在身边一样，不仅培养宝宝的乐感，还有助于宝宝的语言能力发展。

认知能力开发

JoJo探险手电筒也是宝宝到处探险的必备工具，可以提高宝宝对这个世界的探索欲望，也可使宝宝认识到手电筒的功能及作用。

城堡木球

品牌：品乐玩具（PlanToys）（泰国）

产品尺寸：18.3×18.3×21.5厘米

材质：橡胶木

适用年龄：1岁半以上

小肌肉、协调能力锻炼

这是一款很有趣的敲击类玩具，当宝宝手握小木槌敲击红色的部件，城堡里的木球就会弹起，接着绕城堡一周后回到原位，宝宝反复敲击，木球就会反复滚动，这样宝宝的手部肌肉便得到很好的锻炼。通过敲击的动作，宝宝的手眼协调能力也会有很大提高。

听觉能力开发

该款玩具的独特设计可以使木球滚下来时发出“咯噔咯噔”的声音，对于宝宝的听觉能力也有所帮助。

识别颜色

该款玩具是由红、黄、蓝、绿、橙几种鲜艳的颜色组成，这几种颜色都是很常见的颜色，宝宝在玩耍的过程中有利于更好地识别颜色。

132

迷你消防车

品牌：品乐玩具（PlanToys）（泰国）
产品尺寸：8.5×15.5×11.5厘米
材质：橡胶木
适用年龄：1岁半以上

认知能力开发

消防车的云梯可以升起或放平，还可以进行360°旋转，在旋转时会发出摩擦声，就像真的消防车一样。父母可以帮助宝宝认识消防车的功能，增强宝宝的认知能力。

角色扮演

宝宝在玩耍消防车时，会把自己想象成这款车的驾驶员，会根据他所了解的这个角色的行为在扮演中表达出来，对加强宝宝的消防意识具有教育意义。

语言能力开发

宝宝在玩耍的过程中，通常会根据情景讲故事，会主动和父母沟通，会把自己玩耍的内容告诉父母，就像讲故事一样。有时宝宝也会提出问题，父母要回答问题，或是父母来提问，让宝宝来回答，发展宝宝的语言能力。

跳舞短吻鳄

品牌：品乐玩具（PlanToys）（泰国）
产品尺寸：9.5×24.5×10厘米
材质：橡胶木
适用年龄：1岁半以上

大运动动作锻炼

跳舞短吻鳄的前端有一根绳子，宝宝可以通过拉动绳子拖着玩具走，锻炼全身的肌肉。鳄鱼还会发出有节奏的、清脆的“吧嗒吧嗒”声，增添宝宝走路的兴趣，完善行走能力。

协调能力锻炼

在宝宝玩耍的过程中，父母可以给予引导指示——向前、左转、右转或停止，锻炼宝宝的身体协调能力。

小肌肉锻炼

该款玩具不仅可以拖拉玩耍，还可以让宝宝抓在手上玩耍，锻炼宝宝手部小肌肉群和手腕的灵活性。

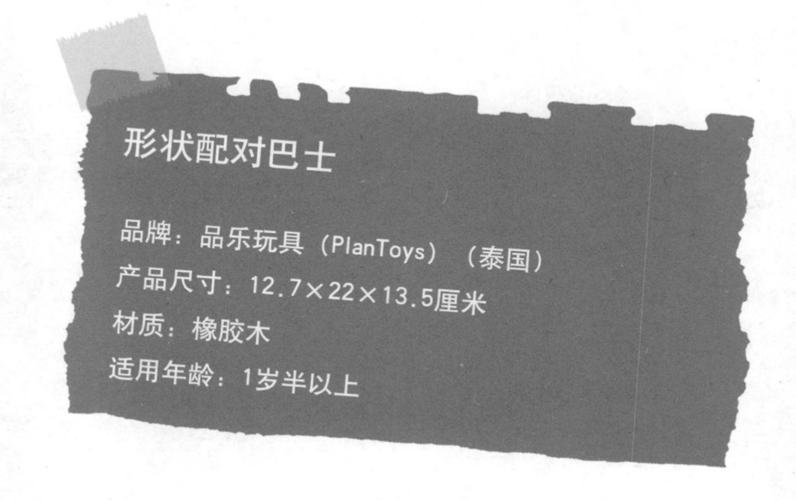

大运动动作、协调能力锻炼

该玩具的车头部分有一根绳子，宝宝可以通过拉动绳子拖着玩具走，进行全身运动，增强动作的协调能力，增添走路的兴趣。

识别形状

该款玩具看似简单，其实会教宝宝认识三角形、方形和半圆形3种不同的形状。父母每拿起一块积木，就可以告诉宝宝这是什么形状，教宝宝寻找巴士身上对应的形状孔，将积木块填入，最后这些积木块会从巴士的后面滑出。通过反复练习，可以培养宝宝对形状的识别能力。

识别颜色

3种形状的积木块分别用红、蓝、绿3种颜色表示，加上巴士的黄颜色，色彩非常鲜明，方便宝宝对颜色的识别。游戏中宝宝拿起任意一块积木时，可以告诉他这是什么颜色，增强宝宝对颜色的识别能力。

精细动作锻炼

通过让宝宝拿起不同形状的积木块，再准确地放入巴士上一一对应的位置，可以锻炼宝宝手部的精细动作。

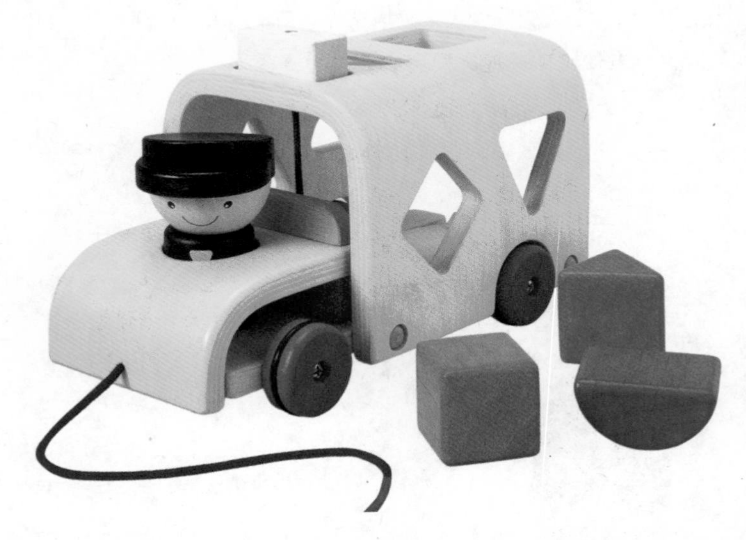

换装小熊

品牌：奇智奇思（K' skids）（中国香港）
包装盒尺寸：28×38.5×10厘米
材质：涤纶、聚脂纤维
适用年龄：1岁半以上

精细动作、协调能力锻炼

这款换装小熊有两套不同的小熊服装——柔软、可爱的睡衣和配有鞋子的牛仔服，衣服换起来非常方便，穿起来也不麻烦。牛仔服上有拉链和大大的扣子，拉链上有一个大大的填充棉五角星，容易操作，方便宝宝抓握，配套的鞋带很厚实，对于1岁半以上宝宝来说，正是对周围事物喜欢抓、摸、揉的时候，这款换装小熊正可以锻炼宝宝的手指精细动作和手眼协调能力。

动手能力锻炼、生活技能培养

父母可以先引导宝宝玩，教他如何拉拉链、系鞋带、换睡衣时先把睡衣套上去再把手和尾巴掏出来等。小熊的衣服都比较宽松，降低了宝宝给小熊穿脱衣服的难度。在这个过程中，宝宝不仅可以锻炼动手能力，还可以学会从演练转化为“实战”，让1岁半以上的宝宝试着自己穿脱衣服、系鞋带等，增强生活自理能力。

角色扮演

白天，小熊要穿戴整齐，跟小朋友一起玩；晚上，换上睡衣的小熊告诉宝宝该睡觉了，宝宝的生活中多了一位贴心的好伙伴。在和小熊的互动中，宝宝可以享受扮演不同角色的乐趣。

智慧球

品牌：台湾智高（中国台湾）
包装盒尺寸：15.1×15.1×15.1厘米
材质：ABS塑胶
适用年龄：1岁半以上

小肌肉、精细动作、协调能力锻炼

球体上有12个形状孔，对应的有12块形状块，父母可以与宝宝一起玩，教宝宝如何把形状块对准球体上的形状孔准确地进行投放，有助宝宝手指小肌肉和精细动作的发育，提高动作的协调性。

识别形状、识别颜色

球体由红、黄两色组成，形状块由红、黄、蓝、绿4种颜色组成，另有圆形、半圆形、正方形、三角形、梯形、扇形等12种不同的形状块。为了让宝宝在游戏中逐步认识多种形状与颜色，可以先训练宝宝的观察力，让宝宝把红色的形状块挑出来，再进行其他颜色的分类，之后找球体上相对应的形状与颜色的形状孔投放进去，慢慢地宝宝就能学会辨认不同的形状与颜色了。

动感驾驶室

品牌：童梦园（中国）
包装盒尺寸：34×29×19厘米
材质：塑料
适用年龄：1岁半以上

协调能力锻炼、认知能力开发、角色扮演

该款玩具设有不少电子操作功能：转动车钥匙会发出打火声；换挡时会亮起车灯，同时发出引擎转动声；按动救护车、消防车以及飞机图形的按钮，会发出相应的鸣叫声；车上还装有可以取出的电话，按电话键可以听到模拟的电话铃声；音乐按键可以听到动听的音乐；还有可以调校的倒后镜、栩栩如生的风挡刮水器等。父母可以一样一样地教宝宝认识，让宝宝掌握更多的知识，并让宝宝动手操作，锻炼宝宝的手眼协调能力，同时还可以让宝宝体验角色扮演的乐趣。

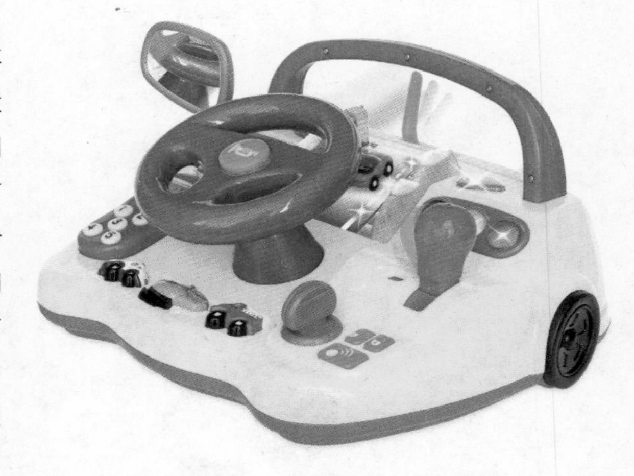

敲敲船

品牌：葆婴（中国）
包装盒尺寸：37.5×21×20厘米
材质：ABS塑料、PVC塑料
适用年龄：1岁半以上

大肌肉锻炼

每个宝宝都喜欢敲击动作所带来的满足感。敲敲船在设计上注重安全与坚固，当宝宝把球敲入洞中时，上半身尤其是上肢的大肌肉能够得到很好的锻炼。

协调能力锻炼

父母可以教宝宝把4个球一一放在洞口上，瞄准这些球，用小锤进行敲击，当球落入洞口、经过一段滑行后，从船的底部洞口滚出并滚下斜坡时，看宝宝是否能抓握住这些球或堵住小洞，不让球滚出，锻炼宝宝的手眼协调能力。

识别颜色

父母将同一种颜色的球放在同颜色的洞口上，告诉宝宝都是什么颜色，让宝宝对颜色有一个对应的概念。再将不同颜色的球放在不同颜色的洞口上，如红色的球放在蓝色的洞口上，问宝宝颜色是否一样，并让宝宝换成相同的颜色，促进宝宝对颜色的识别能力。

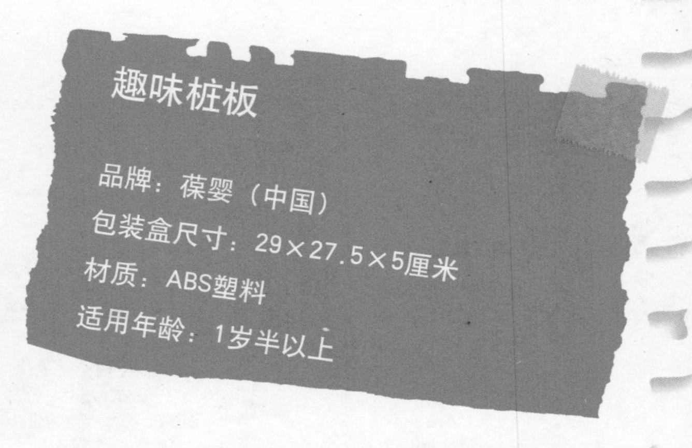

视觉能力开发

趣味桩板包括了25种不同形状、5种颜色鲜艳的塑料桩子，在透明的星形桩子中还有各种颜色的小珠子，可以提高宝宝的视觉能力。

精细动作锻炼

父母可以教宝宝把彩色桩子插入游戏板的孔中，或者教宝宝用绳子把桩子一个个穿起来，还可以让宝宝把桩子摞叠起来，随着宝宝摞叠高度的增加，宝宝的精细动作会更加稳定和准确，更有成就感。

识别颜色

该款玩具漂亮的颜色令宝宝非常感兴趣，是认识颜色的好帮手。父母如果想确认宝宝是否真正认识某种颜色，可以让宝宝把所有这种颜色的桩子都挑出来，并说出这是什么颜色。

识别形状

从圆形、方形、三角形开始，把不同形状的桩子放在宝宝手里，让他感知不同的形状；还可以将桩子的形状描画在纸上，让宝宝找到相同形状的桩子，与之一一对应，逐步增加宝宝对形状的认知。

算术能力开发

通过形状及颜色分类、模式模仿、点数、数的组合和分解等游戏，帮助宝宝发展算术能力，这是学习算术之前的重要辅助活动之一。

想象力、创造力开发、动手能力锻炼

由于桩子之间有突起，可以令搭建的效果比普通积木更为牢固。父母可以引导宝宝搭建各种空间关系的“建筑”，由此激发宝宝的想象力和创造力。

趴趴狗彩色画写板

品牌：爱氏（中国）
产品尺寸：23×17.5×5厘米
材质：塑胶（ABS、PC、TPE）
适用年龄：1岁半以上

想象力、创造力开发

彩色画写板可用画笔任意写画，环保又方便，重新再画一幅图时，只需轻轻移动画写板下方的黄色钮沿滑轨来回擦拭，画板即可干净如初。可让宝宝尽情发挥想象，在学习中体会更多乐趣!

小肌肉锻炼

彩色画写板对宝宝手部小肌肉的锻炼很有好处，通过画画，可以提高宝宝手的灵活性。

绘画能力培养

开始时，宝宝画出的图案可能非常不规则、不好看，父母要耐心指导并帮助完善图案，让宝宝建立信心，培养宝宝的视觉空间智能，训练宝宝的绘画能力。

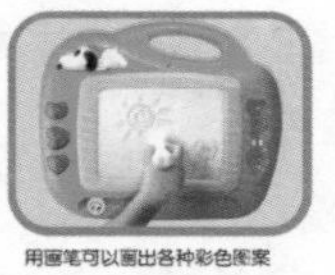

用画笔可以画出各种彩色图案

用印章可轻松印出相应形状

来回移动擦拭，就能把板上的图案擦干净，然后再重新画写

喜羊羊健身架系列

品牌：爱氏（中国）

包装盒尺寸：60×48×15厘米

材质：塑胶（ABS、PC、TPE）

适用年龄：1岁半以上

听觉能力、视觉能力开发

喜羊羊健身架是专为宝宝设计的带音乐的健身架。可爱的喜羊羊卡通造型色彩丰富，能充分调动宝宝的好奇心，只要扭一下开关，摇铃就会随音乐盒慢慢地旋转，并连续播放轻柔的乐曲。摇铃及音乐盒发出的声音能帮助宝宝分辨声音、识别方向，让宝宝的听觉、视觉得到全方位的锻炼。

触觉能力锻炼

不同材质的物体表面能帮助宝宝发展触觉能力，更好地认识和记忆周围世界。

识别颜色

可爱的喜羊羊卡通造型及其他水果摇铃色彩鲜艳，有助于宝宝早期对颜色的感知，促进脑部更快发育。

小肌肉、协调能力锻炼

健身架以抓、握、转、拉等手部游戏帮助宝宝锻炼手部肌肉，培养手眼协调能力。

四边形八宝箱

品牌：宏基（中国）

包装盒尺寸：22×22×22厘米

材质：松木

适用年龄：1岁半以上

四边形八宝箱是款多功能组合玩具，它上面配有铁丝串珠，四面配有迷宫游戏面板、动物认知面板、几何形状面板和时钟学习面板。

想象力、算术能力开发

串珠面板有高低弯曲的复杂路径，可以让宝宝练习拨动珠子，感知空间变化，建立空间立体概念，激发宝宝的空间想象力，教宝宝数数。

小肌肉、精细动作锻炼

迷宫游戏面板上有手柄，宝宝可以按设计好的路线推动手柄行走，有助于宝宝手部小肌肉的发育和精细动作的锻炼，发展平面思维概念。

协调能力锻炼、记忆力培养

动物面板上有4个动物拼图块，可以先教宝宝认识不同动物，然后将动物拼图块分别取下来，让宝宝练习将动物拼图块分别准确地安装到对应的空洞上，强化宝宝的记忆力和动作的协调能力，同时帮助宝宝建立事物关系的概念。

识别形状、识别颜色

形状面板上有圆形、方形、三角形和六边形4个基本形状孔，父母可以教宝宝认识形状和颜色，拿出任意一个形状块，让宝宝找到相应的形状孔并穿过去，加强对形状的识别。4个形状块颜色鲜艳，在教宝宝识别形状的同时，也可引导宝宝对颜色进行辨认。

认知能力开发

时钟学习面板上有形象的时钟图案，可以教宝宝学习认识1~12个阿拉伯数字，学习认识时间，通过钟表知道时间的概念。

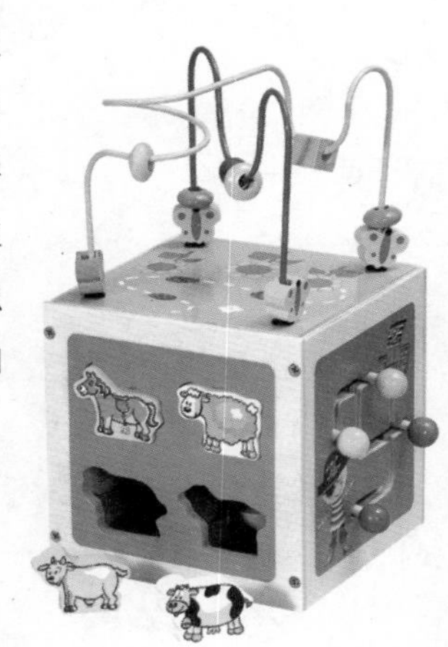

巴斯光年三轮车

品牌：好孩子（中国）
产品尺寸：94×48×91厘米
材质：塑料
适用年龄：1岁半～3岁

该车既可做推行车，又可做骑行车，推杆可控制前轮方向，前扶手有两档调节并可拆开，宝宝乘坐更方便，车头配有迪士尼卡通形象——巴斯光年玩具，伴有音乐和闪灯，巴斯光年玩具手臂可多角度转动。车身配有防紫外线遮阳篷，方便宝宝玩耍。

乐趣体验

做推行车时，父母负责掌握车子的行进方向和速度，宝宝坐在车里面，体验坐车的乐趣。

大肌肉、协调能力、平衡能力锻炼

做骑行车时，宝宝要练习自己掌握车子的行进方向和速度。通过蹬脚踏板，可以锻炼宝宝腿部大肌肉的运动能力，同时，身体的协调能力及平衡能力也会得到很好的锻炼和加强。

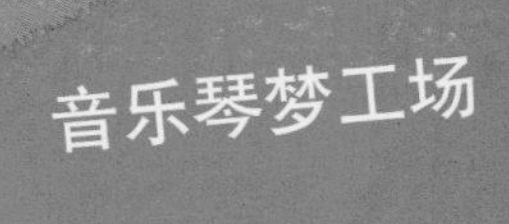

音乐琴梦工场

品牌：澳贝（中国）
包装盒尺寸：34×20×16.6厘米
主要材质：ABS塑料
适用年龄：1岁半以上

乐感、想象力、创造力开发

该款玩具有插卡学弹奏模式，配有两张卡片，插入正反两面可播放不同歌曲，播放完毕后宝宝可跟着琴键的闪光，学习弹奏歌曲。采用不插卡模式时，宝宝按琴键有音乐声响，可以让宝宝自己创作乐曲，既可以培养宝宝的乐感，又可以鼓励宝宝充分发挥想象力和创造力。

认知能力开发

按下乐器按钮会发出不同的乐器音乐，拍打小鼓会有鼓声和不同的声效，可以让宝宝认识多种乐器和音效。

社交能力培养

电子琴可以把宝宝创作的歌曲录制下来，然后再回放，让宝宝与小朋友们一起欣赏自己创作的歌曲，可培养宝宝的社交能力。

阶梯对比积木

品牌：木玩世家（BENHO）（中国）
包装盒尺寸：21×21×7厘米
材质：西南桦、椴木夹板
适用年龄：1岁半以上

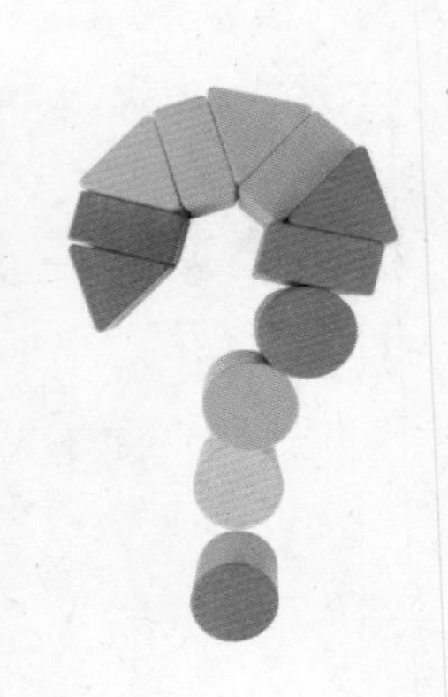

精细动作、协调能力锻炼

这是一款改良的蒙氏教具，有4种颜色、4种形状的高低积木，游戏中，可锻炼宝宝手部的精细动作和手眼协调能力，让宝宝的左右手同时得到练习。刚开始做的时候，可以任宝宝随意摆放，没有高低顺序可言，父母不要过于干涉，只是让宝宝在抓握积木的时候，注意观察并感觉各种形状，能够放入相对应的位置上即可。

识别颜色、识别形状

游戏中，可以先让宝宝将4种颜色及4种形状的积木分开摆放，然后一组一组地进行镶嵌，有利于培养宝宝对颜色和形状的识别能力。待宝宝熟练后，再练习按照不同的形状和颜色及高低次序，将积木镶嵌到对应的位置，并且可以将各种形状进行拼搭，搭建出各种造型来。

认识大小

父母可以慢慢地让宝宝懂得高低、长短、大小的概念，将相同形状和颜色的积木按照长短顺序摆放好，让宝宝按从小到大的次序进行镶嵌，学会排序。

拼图转转乐兔

品牌：骅威（中国）
产品尺寸：23.5×8.5×25厘米
材质：ABS塑胶
适用年龄：1岁半以上

乐感开发

这是一款电动拼图玩具，转动小兔子胸前的拼图板块能发出灯光以及音乐，音乐可以给宝宝带来愉悦的心情，还可以培养宝宝的乐感。

观察能力培养、动手能力锻炼

通过转动拼图板块，可以拼成3副不同的图案。通过拼图，可以培养宝宝观察事物的能力以及动手操作能力。

2～3岁宝宝的玩具早教

一、2～3岁宝宝的生长发育特点

1.感观表现

视觉

到2岁半时，宝宝的视力可达到0.6左右。到3岁时，宝宝的视力可达到0.7左右。

其他感官发育

这一时期，宝宝能模仿画圆形、十字形，进入绘画的萌芽期；通过练习，可知道长短、上下、前后以及多少的概念，有了初步的时间概念，如今天、明天、昨天、上午、下午等。

2.动作表现

在大动作方面，2岁时，宝宝能双脚立定跳远15厘米左右。2岁半时，宝宝能立定跳远20厘米左右。2岁～2岁半时，宝宝能用脚尖比较自如地在一条直线上走，拐弯时能保持平衡不绊倒，可以不扶任何物体单脚站立3～5秒。2岁7个月～2岁10个月时，宝宝学会骑脚踏三轮车，能完成前后滚翻等难度大的动作。3岁时，宝宝的各项运动能力都有所发展，能单足站立片刻，能单足跳着走，跑步较熟练，两脚可以交替上楼梯，会拍球、抓球和滚球。2岁时的宝宝走路已经很稳当了，可以控制身体重心的移动，行走的速度比较平稳。到3岁左右，宝宝行走的动作会更加协调，全身紧张的状况已经完全消失，但由于肌肉力量不足，宝宝控制自己肢体的能力有限，所以走路仍然显得有点蹒跚，如果路上有障碍物，宝宝还是不能很轻松地避开。

在精细动作方面，2岁的宝宝双手已有些气力，而且灵活多了，可以用剪刀剪纸，会用手把球抛出去，还可以自己穿鞋、脱衣，会转动门上的把手。2岁1个月～2岁3个月时，宝宝的手部动作更加灵活，能用勺子自己吃饭。2岁半时，宝宝能搭8块积木，会搭桥。2岁～2岁半这一时期，宝宝会模仿画垂直线、横线、画圆，能拿起细小的物体，会脱鞋，会熟练地翻书页。2岁半～3岁时，宝宝会用积木、大积塑拼搭或插成某种物体，会扣衣扣、穿袜子和简单的衣裤，开始学习用剪刀，可以用剪刀剪开纸张，能画一些简单的图形，还可以画出人的身体结构，但比例还不是很协调。到3岁时，宝宝的手眼协调能力不断加强，专注时间逐渐延长。这个年龄的宝宝有的已经会骑小三轮车，有的还会踢球、荡秋千、滑滑梯等。

3.语言表现

2岁～2岁半时，宝宝通过练习，能够区分你、我、他，能够记住家人的称谓，能说出常见物品的名称和用途，词汇量发展迅速。2岁半时会约600个词，会使用七八个词组成的句子进行简单的叙述，会完整地背诵一些儿歌且发音基本正确。到3岁时，宝宝的语言理解能力进一步增强，除了简单句以外，通过练习，宝宝已能说一些带关联词的复合句，并能表述出它们的名称和用途，掌握的词汇达1100个左右，能说出姓名、性别，能背诵更多儿歌，发展到进一步提出“是什么”“在哪儿”“怎么样”等更深刻的问题，求知欲更加强烈。2～3岁的宝宝可以说完整的句子，但发音不清，父母要在平时和宝宝做游戏的过程中，教他正确的发音，提高宝宝的语言表达能力。3岁左右，是宝宝口语发展的重要时期，这时候，宝宝的语言以令人难以置信的速度发展起来，但由于神经系统发育还不够完善，发音器官和听觉器官的调节、控制能力还相对较差，所以存在着发音不清晰、不准确的现象。

4.社交表现

2岁～2岁半时，宝宝可以和同伴一起玩简单的游戏，会相互模仿，有模糊的角色装扮意识，能初步意识到他人的情绪，开始表达自己的情感。2岁半～3岁时，宝宝更喜欢情感交流活动，能和同龄小朋友分享，如把玩具分给别人，和同伴或家人一起玩角色游戏，如过家家游戏等。

二、2～3岁宝宝的智能训练

1.语言能力的培养

儿歌注重对人、事、物的具体描绘，突出其形象感、色彩感和动作感，很适合宝宝认识和理解的特点，而且儿歌语言讲究顺口、自然、押韵，读起来也易于上口，因此宝宝特别愿意反复听、反复说，从中增强记忆和理解，也学到规范而又完整的语言，提高说话能力。

父母还可以为宝宝布置一些游戏情境引导宝宝说话，例如为宝宝过生日，妈妈拿着玩具中的一个布娃娃对宝宝说："祝贺宝宝生日快乐，送你一个布娃娃！"也可以一次送两样礼物，同时教宝宝学会接受礼物并说："谢谢！"然后，可以让宝宝给妈妈过生日，让他拿着一束花送给妈妈并说："祝贺亲爱的妈妈生日快乐，送您一束花！"这样，既可以教宝宝学用数量词，学讲祝贺生日的话，又可以训练他的语言表达能力，丰富宝宝的词汇量。

2.非智力能力的培养

主要包括感情、动作、品质、能力等综合能力的培养，例如：

父母和宝宝握右拳放在耳边，假装打电话，父母可引导宝宝介绍自己，如父母先问："你是谁？"引导宝宝说出自己的姓和名，然后父母问宝宝："你几岁了？""告诉我，爸爸、妈妈的名字。"父母也可以要求宝宝说出自己是"女孩"还是"男孩"。这个游戏可以加深宝宝对自己的认识，促进其自我意识的发展，还可以锻炼宝宝的语言表达能力。

3.注意力、观察力的培养

2～3岁的宝宝对一些具体形象的事物有了很深刻的印象，父母可以在此基础上培养宝宝的观察力和注意力，进行一些游戏，例如：

父母事先让宝宝看一些有关动物的电视节目或者带宝宝到动物园去参观，以便宝宝对一些动物有初步的印象，而为做游戏打下基础。然后，父母准备几张动物图片，妈妈可以先拿出一张大象的图片，让宝宝仔细观察1分钟后，妈妈问："大象大不大？大象的鼻子是什么样的？"接着，可以告诉宝宝："大象是陆地上最大的动物，大象的长鼻子有很多用途。"随后再让宝宝观察一些其他动物，通过一系列的观察、提问，宝宝就会对所看到的动物有一个更加深刻的印象。在这一过程中，宝宝既锻炼了观察力，也提高了注意力，而且还丰富了知识。

4.记忆、思维和创造力的培养

通过对宝宝记忆、思维和创造力的培养，可以开发宝宝的智力，使宝宝变得更加聪明。

例如，父母准备一小块木头、一小块铁和一小块泡沫塑料和几块手绢，让宝宝看过后，用手

绢分别把木头、铁、泡沫塑料包起来，然后让宝宝掂一掂、说说是什么。如果宝宝猜不出来，父母可以继续启发，问：“哪块重？哪块轻？什么东西重呀？”只要宝宝说出哪块重或者轻以及重或轻的东西是什么，父母就要表扬他并让他把东西放在桌上，打开手绢，看看里面到底是什么，以证实猜测，加深印象。感知事物的一两个特征以及推测事物的性质是思维的过程，宝宝需要想象、记忆和猜测。这个游戏可以训练宝宝的手臂对重量的感知判断力，培养他的记忆力和思维力。

5.基础智能培养

2～3岁的宝宝已经可以单独做很多事情了，父母可以在此基础上加强宝宝的动手能力，丰富宝宝的社会常识等，从而培养其基础智能。

例如，父母包饺子时，可以让宝宝拿一块小面团也学着包饺子，教他学妈妈的样子先将面团搓圆，用手掌压扁，或者将搓圆的面团再搓成条，让他用一根筷子当擀面杖，将面条擀成片，这样做可以训练宝宝手的精细技巧。

6.数学能力的培养

数学能力在宝宝智力发展中占有非常重要的地位，直接影响着宝宝智力的发展和整体智力结构的建构。父母可以和宝宝一起进行一些游戏，以培养宝宝的数学能力，例如：

父母先准备好5个不同的小动物玩具，比如小兔、小狗、小猫、小鸭和小象，还要准备1块布。父母用神秘的语言对宝宝说：“今天有几个小动物来我们家做客，你想知道它们是谁吗？”然后拿出小动物，散放在桌子上，让宝宝确认动物的名称。“今天小动物要和我们玩排队的游戏，咱们来给小动物排好队吧！”父母指导宝宝把小动物排成一横排，分别从两个不同的方向引导宝宝准确地说出某个动物排在第几位，然后用手指着从左数起，并问宝宝：“请你告诉我，从这边数，小兔排在第几呀？”让宝宝回答并指出小兔所在的位置，然后换个方向让他说出动物的位置，父母用不同的提问方式让宝宝学会从不同的方向确认动物的准确位置。还可以把小动物排成列的形式，再让宝宝确认动物的位置。

7.如何引导宝宝玩玩具

（1）利用玩具开发宝宝的智力。宝宝玩玩具可以分为3个阶段——向往阶段、认识阶段、厌弃阶段。父母要掌握宝宝玩玩具的规律，正确引导，才能收到理想的效果。通常，宝宝在向往阶段，对玩具会有浓厚的兴趣，父母应在此时热情指导，以开拓宝宝的观察力、想象力，于玩耍中汲取各种科

学知识，进而促进宝宝的逻辑思维能力发展，使之心灵手巧。如指导宝宝玩各种积木，从最初的认识颜色、几何图形到按图搭物，逐渐启发宝宝想象搭建故乡的著名建筑、名胜古迹、各种车辆、马路、公园、动物园等，使宝宝领悟周围事物与几何图形的关系，继而激发宝宝的想象力和热爱生活的情感，在玩耍中汲取空间和结构力学知识。

（2）指导宝宝正确使用玩具。买来新玩具后，父母可以做一些讲解示范，教宝宝正确的使用方法，如娃娃怎么抱（不能拎头拎脚，以免把娃娃弄坏，可以说娃娃要弄疼、弄坏的）、发条青蛙不能拧过头（否则发条会断）、电动玩具的电池用后要取出、电动汽艇如何下水启动、翻跟斗的小猴朝顺时针方向转才翻得快、小汽车如何启动等，宝宝遇到困难时要给予帮助。

（3）丰富宝宝的知识、经验。父母要经常引导宝宝看图书、图片，带宝宝去公园游玩，或者参加各项儿童活动、看电影等，丰富宝宝的生活，扩大眼界，这样宝宝通过玩具会产生联想，游戏的内容会更加丰富，并联想到丰富的现实生活。这样不仅使这些玩具有了生命与更丰富的内容，而且也增添了宝宝的生活乐趣，发展了对动物的认知。

另外，还要教导宝宝爱护玩具，不要一次给宝宝过多的玩具，以免使宝宝见异思迁、分散注意力，使他日后做其他事也不专心。

三、为2～3岁宝宝选择玩具的要点

1.选择拼搭或拼插类玩具

拼搭或拼插类玩具是2岁以上宝宝非常喜爱的玩具之一，通过积木、插件拼搭或拼插出来的造型，能够使宝宝很有成就感，增加游戏的兴趣，并可培养宝宝的观察力、记忆力以及思维能力，发展宝宝的精细动作，锻炼手眼协调能力。需要注意的是，对于2岁～2岁半宝宝，要选择简单一些的拼搭或拼插类玩具，形状、图案不要太复杂，颜色要鲜明，积木块、插件不宜过多，待宝宝熟练后再增加。对于2岁半～3岁宝宝，可以选择复杂一些的拼搭或拼插类玩具，最好是比2岁半以前的形状更加多一些或者更加丰富一些，以进一步锻炼宝宝的协调能力，促进手部小肌肉的发育，发展宝宝的想象力和创造力。

2.选择识数类玩具

选择计算架、串珠、数字形状积木等玩具，在游戏中教宝宝去认识数字，懂得数量的关系。

3.选择锻炼手工能力的玩具

为了让宝宝的双手更加灵活、协调自如，可以选择

画写板、沙滩类玩具等，锻炼宝宝动手操作的能力，从中让宝宝充分施展想象力和创造力，进行任意创意。

4.选择模拟类玩具

比如电话玩具可以让宝宝学习给别人打电话，时钟玩具可以教宝宝认识时间等，增强宝宝对模拟实物的认知能力，同时锻炼宝宝的语言能力和社会交往能力。

5.选择培养技能的玩具

比如专门设计有拉链、鞋带等的毛绒玩具，或者身上有完整衣服、裤子的仿真娃娃等，可以让宝宝练习拉拉链、系鞋带、帮娃娃穿衣服、扣扣子等，从中学会自己的事情自己做，增强宝宝手的灵活性及动手能力。

6.选择角色扮演类玩具

让宝宝在玩过家家游戏的过程中模仿大人照顾孩子，学会照料、关心别人，有助于和小朋友之间和睦相处，发展语言能力，培养与小朋友在一起游戏的乐趣，丰富宝宝的生活经验，培养独立生活的能力。

7.选择促进语言和认知能力的玩具

抓住宝宝语言发展的关键期和敏感期，结合宝宝的智力发展，进行认知和语言能力的培养，如选择识字架、电动玩具、图书卡、语音娃娃等，通过这些玩具，让宝宝学习语言，增强认知能力。

8.选择乐器类玩具

培养乐感和兴趣，陶冶性情，发展审美能力。通过乐器类玩具，可以锻炼宝宝手指的灵活性以及手眼协调能力。

四、适合2～3岁宝宝的经典玩具

巴布工程师产品系列

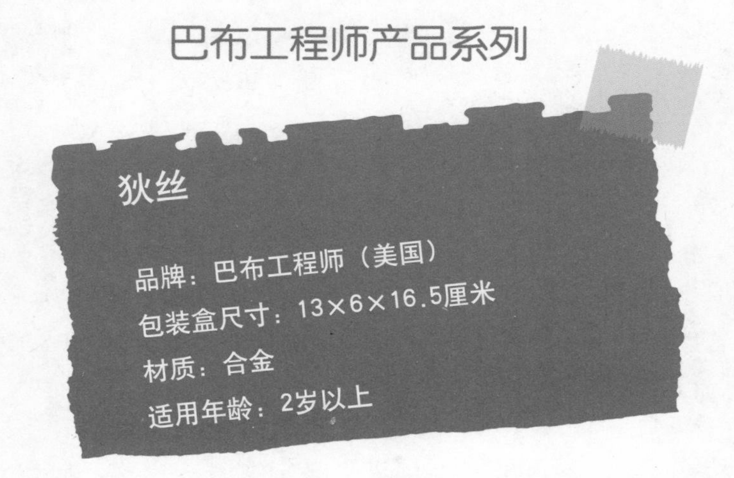

识别颜色

该款玩具完全按照《巴布工程师》动画片角色形象制作，宝宝一眼就能分辨出狄丝在动画片中的角色。鲜艳的橘色和动画片中狄丝的颜色一样，刺激宝宝对颜色的辨别能力。

精细动作锻炼

狄丝是款水泥车造型玩具，中间的水泥桶能翻转，尾部还配有磁石，能和小货车自由连接，拥有灵活的轮子，宝宝既可以随意推行玩耍，也可以锻炼宝宝手部的精细动作。

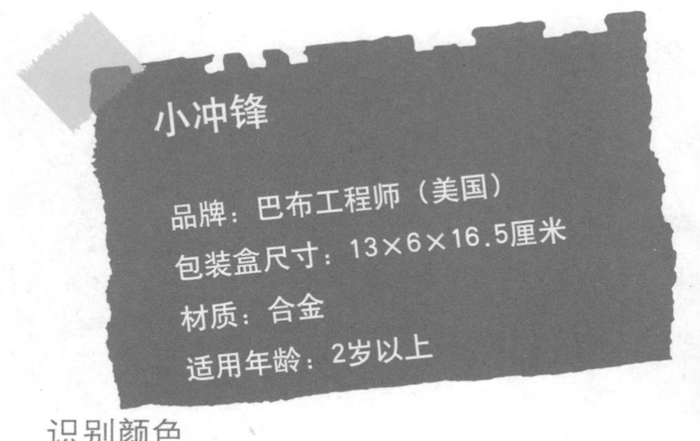

小冲锋

品牌：巴布工程师（美国）

包装盒尺寸：13×6×16.5厘米

材质：合金

适用年龄：2岁以上

识别颜色

小冲锋是《巴布工程师》动画片中的角色，鲜艳的蓝色可以使宝宝在玩耍中加强对颜色的辨别能力。

精细动作锻炼

小冲锋是款越野车造型玩具，后部连接着车厢，轻轻一按车厢的盖子，巴布的工具箱就能翻出来，小车的尾部还配有磁石，能和车厢连接起来，拥有灵活的轮子，宝宝可以随意推行，锻炼宝宝手部的精细动作。

罗迪

品牌：巴布工程师（美国）

包装盒尺寸：13×6×16.5厘米

材质：合金

适用年龄：2岁以上

识别颜色

罗迪是《巴布工程师》动画片中的角色，鲜艳的蓝色可以使宝宝在玩耍中加强对颜色的辨别能力。

小肌肉、协调能力锻炼

罗迪配有一节塑胶钢筋，内藏有磁石，罗迪能够用吊臂将塑胶钢筋吸起来。罗迪的吊臂能够伸缩，可以360°自由旋转，灵活的轮子让它能够自由行走。宝宝在操作玩耍中可锻炼手部小肌肉和动作的协调能力。

PBI 迪布

品牌：巴布工程师（美国）
包装盒尺寸：23×10×16.5厘米
材质：塑胶
适用年龄：2岁以上

识别颜色

迪布是《巴布工程师》动画片中的角色，鲜艳的黄色可以使宝宝在玩耍中加强对颜色的辨别能力。

听觉能力开发

推动迪布，它的水泥搅拌桶会随着速度的快慢而转动，并发出“咔嗒咔嗒”的声音，刺激宝宝的听觉能力。

PBI 思库

品牌：巴布工程师（美国）
包装盒尺寸：23×10×16.5厘米
材质：塑胶
适用年龄：2岁以上

识别颜色

思库是《巴布工程师》动画片中的角色，鲜艳的黄色可以使宝宝在玩耍中加强对颜色的辨别能力。

认知能力开发

思库是款铲车造型玩具，让宝宝用手按下思库车顶上的红色按钮，它的铲子会抬起来，通过玩耍，可以使宝宝了解铲车的功能，提高认知能力。

PBI 罗迪

品牌：巴布工程师（美国）
包装盒尺寸：23×10×16.5厘米
材质：塑胶
适用年龄：2岁以上

识别颜色

这款塑胶材质的罗迪，比合金材质的尺寸更大些，色彩鲜艳，可以使宝宝在玩耍中加强对颜色的辨别能力。

协调能力、认知能力开发

罗迪是款吊车造型玩具，让宝宝用手按下罗迪的吊臂底座，它的吊臂就会升起来，吊臂能够360°自由旋转，并且能够自由地拉伸。通过玩耍，可以使宝宝的动作协调能力得到锻炼，同时可使宝宝了解吊车的功能，提高认知能力。

PBI 罗利

品牌：巴布工程师（美国）
包装盒尺寸：23×10×16.5厘米
材质：塑胶
适用年龄：2岁以上

识别颜色

罗利是《巴布工程师》动画片中的角色，鲜艳的绿色可以使宝宝在玩耍中加强对颜色的辨别能力。

精细动作锻炼、认知能力开发

罗利是款压路机造型玩具，按下车顶上的按钮，便会自动向前走。罗利是鸟儿最好的朋友，主要工作是让路面变得平整、光滑。通过玩耍，可以使宝宝的精细动作得到锻炼，同时可使宝宝了解压路机的功能，提高认知能力。

PBI 小冲锋

品牌：巴布工程师（美国）
包装盒尺寸：23×10×16.5厘米
材质：塑胶
适用年龄：2岁以上

识别颜色

这款塑胶材质的小冲锋，比合金材质的尺寸更大些，其鲜艳的蓝色可以使宝宝在玩耍中加强对颜色的辨别能力。

协调能力锻炼

小冲锋喜欢赛跑，热衷在崎岖的道路上越野奔驰，是巴布最喜欢驾驶的车辆。由于车轮可推行转动，宝宝可以任意推动车子玩耍，锻炼宝宝手部操作的协调性。

电动工具收纳箱

品牌：巴布工程师（美国）
包装盒尺寸：30×10×28厘米
材质：塑胶
适用年龄：2岁以上

认知能力开发、动手能力锻炼

工具箱内含有扳手、一字螺丝刀、老虎钳、水泥刀等各类工具，完全仿照《巴布工程师》动画片中巴布使用的工具来定制，可以让宝宝认识常用的工具。箱子内含有的各种工具，按照现实工具的比例生产，各种螺丝和塑料木条可随意拼接。另外，还有电动钻机一把，按下扳机钻机就能启动，钻头会伴随着钻机声开始转动，而且钻头部分还能发出光来。钻机扳机后部有一个灰色的保险挡，拉动它可以在空挡、控制钻机左转和右转的三挡功能中进行选择，锻炼宝宝的动手能力。

角色扮演

宝宝可以扮演梦寐以求的巴布，在角色扮演的过程中体验巴布的团队合作精神。

变身巴布13件套装

品牌：巴布工程师（美国）

包装盒尺寸：64×13×29厘米

材质：塑胶

适用年龄：2岁以上

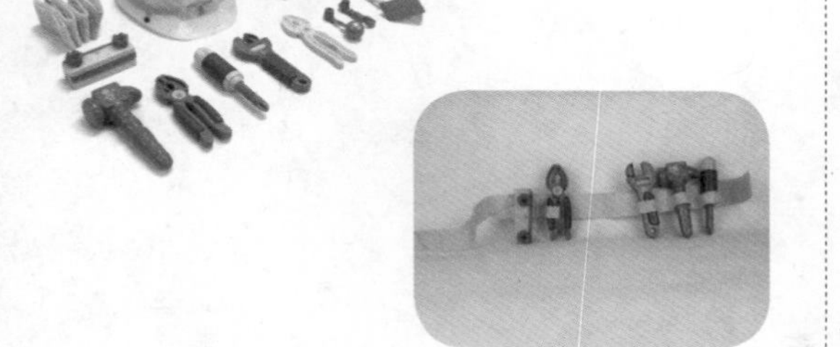

认知能力开发

通过玩耍，可以让宝宝认识常用的工具，比如锤子、老虎钳、十字螺丝刀、调节扳手、标尺等，还提供了1根工具腰带和巴布工程师专用的安全帽，宝宝可以戴上巴布的安全工程帽，把所有的工具插在工具腰带上过一把小巴布的瘾。

动手能力锻炼

该款套装除了多种工具，还包括两辆玩具车——罗迪（蓝色吊车）和思库（黄色铲车），宝宝可以自由选择为它们换上不同的配件。黄色的思库铲车拥有开路雪铲和货运铲斗两种工具可供选择，蓝色的罗迪吊车拥有吊钩、抓斗以及撞城锤3种工具，轻轻一转按钮，便可卸下和更换工具，操作简单、方便，更换起来非常容易。同时，罗迪和思库还具有PBI系列的手按功能，按下车顶，思库的前铲会抬起来，而且思库身后的铲斗也能自由地拉伸；按下罗迪吊臂的底座，它的吊臂就像动画片里一样会升高。

角色扮演

拥有了这款变身巴布13件套装，宝宝可以将自己变身成为巴布工程师，体验角色扮演的乐趣。

城市动物园

品牌：乐高（Lego）（欧洲）
包装盒尺寸：58.2×48×9.1厘米
材质：ABS塑胶
适用年龄：2~5岁

抓握能力锻炼、识别形状

积木颗粒比较大，专门为宝宝设计，宝宝能够很好地抓握，并且通过抓握颗粒来形成对不同形状体的认识。

识别颜色

红、黄、蓝、绿等各种颜色的形状积木块与积木盒上的颜色是对应的，方便宝宝对颜色的识别。游戏中，宝宝拿起任意一块积木时，父母可以告诉他是什么颜色，并让宝宝去寻找积木盒上相同的颜色，激发宝宝对颜色的识别能力。

认知能力开发

该款玩具包含老虎、长颈鹿、棕熊等12只动物，各种各样的动物有利于开拓宝宝的视野，父母可以在宝宝抓握每种动物时告诉他动物的名字。玩具中独特的情景模拟可以让宝宝对生活有一定的感官认识。

想象力、创造力开发

该款玩具是一款情景玩具，包含一定的情景故事，宝宝可以根据自己的想象来设计独特的情景，有助于激发宝宝的想象力和创造力。

温馨家庭

品牌：乐高（Lego）（欧洲）

包装盒尺寸：48×37.8×11.2厘米

材质：ABS塑胶

适用年龄：2～5岁

识别颜色

红、黄、蓝、绿等各种颜色的形状积木块与积木盒上的颜色是对应的，方便宝宝对颜色的识别。游戏中，宝宝拿起任意一块积木时，父母可以告诉他是什么颜色，并让宝宝去寻找积木盒上相同的颜色，激发宝宝对颜色的识别能力。

亲子互动

该款玩具包含爸爸、妈妈等小人仔，烘托着一片温馨的场面，通过父母给宝宝讲述，可以让宝宝对“家庭”形成感官认识，有助于宝宝的健康成长。

角色扮演、语言能力开发

该款玩具的房间里有床、睡袋、浴缸、厨房，室外有秋千等精致配件，还可以用推车推着小婴儿散步，可以让宝宝投入丰富的角色扮演游戏中，并鼓励宝宝用语言讲述温馨小屋里的故事，培养宝宝的语言能力。

动手能力锻炼、想象力、创造力开发

宝宝可以充分发挥自己的想象来动手拼插、搭建自己的小屋，搭建自己喜欢的场景。该款玩具为宝宝提供了充足的想象空间，有助于宝宝的智力开发。

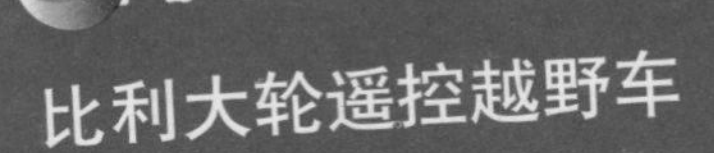

比利大轮遥控越野车

品牌：智高（欧洲）

包装盒尺寸：18.6×37.9×21.2厘米

材质：塑料

适用年龄：2岁以上

认知能力开发

比利大轮遥控越野车可以向4个方向移动（前行、后退、左转、右转），越野车加速时，前车灯闪动，马达会发出启动声，倒车时后车灯闪动，同时发出倒车警报声，让宝宝了解马达发出的启动声和警报声，对越野车有个基本认知。

协调能力锻炼

宝宝可以通过按动遥控器上的按钮，使用遥控器来观察汽车运行的方向。向左或向右转动方向盘，越野车也会随之转换方向，可以锻炼宝宝手、眼、脑的协调能力。

海底迷宫

品牌：educo（欧洲）

包装盒尺寸：30×28×5厘米

材质：实木

适用年龄：2岁以上

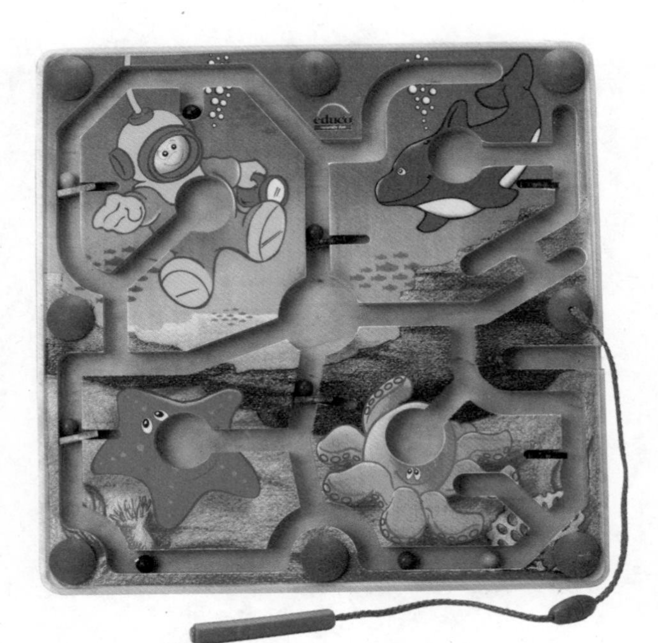

认知能力开发

海底迷宫玩具由底盘迷宫图案、磁性棒、彩色珠子组成，游戏时利用磁性棒吸引钢珠（有密封）在迷宫内游走。游戏前，可以规定好起点和终点，宝宝利用磁性棒牵引珠子从起点出发，走向终点。通过游戏，可以让宝宝了解海洋生物，培养宝宝对海底世界的形象认知能力。

专注力培养、协调能力锻炼

宝宝手握磁性棒吸引钢珠运动，全神贯注地注意钢珠的运动轨迹，可以有效地培养宝宝的专注力和锻炼手眼协调能力。

奇幻小火车

品牌：educo（欧洲）

包装盒尺寸：42×9×18厘米

材质：实木

适用年龄：2岁以上

动手能力、小肌肉锻炼

奇幻小火车由可拆卸的三段组成，增加了可玩性，也可增强宝宝的动手能力。宝宝通过对积木的堆砌，手部的小肌肉可得到锻炼。

想象力、创造力开发

小火车积木块的不规则设计让堆砌更有挑战性，要使积木之间曲形线条完美地结合，让小火车看起来更加美观，就需要宝宝动脑，发挥宝宝的想象力和创造力。

叮叮车

品牌：花园宝宝（欧洲）
包装盒尺寸：32×15×7厘米
材质：ABS塑胶
适用年龄：2岁以上

叮叮车是《花园宝宝》动画片里的衍生产品，它的造型像是滑稽的小火车，由大小、形状不同的车型组成，第一节车厢一般是汤姆布利柏三人和玛卡·巴卡坐的，第二节车厢是小点点和小豆豆们坐的，第三节车厢一般是依古·比古和唔西·迪西坐的，最后一节车厢则一般没人坐，像一个空屋子。该款玩具带给宝宝玩耍乐趣的同时，可以帮助宝宝进行小肌肉的锻炼和大运动动作的锻炼。

小肌肉锻炼

叮叮车需要宝宝用手旋转发条，车子才能启动行进，每旋转一次发条，都是对宝宝手部肌肉的一次锻炼。

大运动动作锻炼

叮叮车上发条后便会行进，吸引宝宝去追逐，帮助宝宝进行大运动动作的锻炼。

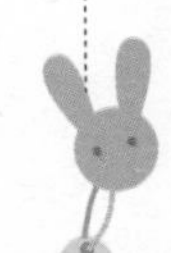

旋转组合

品牌：品乐玩具（PlanToys）（泰国）

产品尺寸：8×8×13厘米

材质：橡胶木

适用年龄：2岁以上

精细动作、协调能力锻炼

该款玩具有2根旋转螺杆和6个旋转配件，6个旋转配件造型不一，可任意旋转连接组成不同造型，锻炼宝宝手指的灵活性。让宝宝通过双手将6个彩色的旋转配件旋转到螺杆上，可以锻炼宝宝手部的精细动作和手眼协调能力。

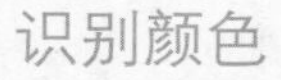

识别颜色

旋转螺杆采用的是木材本色，6个配件的颜色很鲜艳，分别是绿色、黄色、蓝色、红色、橙色、紫色，宝宝在玩耍的过程中可以对颜色加以识别。

想象力、创造力开发

旋转组合的配件造型不一，宝宝可以通过自己动手组合成各种不同的造型，激发想象力和创造力。

跳跳跳游戏套装

品牌：奇智奇思（K'skids）（中国香港）

包装盒尺寸：58×45×10厘米

材质：布制、棉填充等

适用年龄：2岁以上

大肌肉、小肌肉、协调能力锻炼

这款跳跳跳游戏套装包含青蛙篮筐、3只小青蛙、6片有数字的荷叶，篮筐可以挂在墙上，也可以系在家里的任何地方，宝宝可以将荷叶随意组合成不同造型，按数字或颜色跳到篮筐处，然后将小青蛙投入篮筐得分，或者宝宝站在一定的距离对准投向篮筐。通过跳跳跳游戏，可以锻炼宝宝的大、小肌肉，发展手眼协调能力。

认知能力开发、识别颜色

荷叶上有从1到6的阿拉伯数字，有着6种不同的颜色，宝宝可将颜色及数字随意组合成不同的形状，游戏中宝宝不仅可以认识数字，还可以认识不同的颜色。

亲子互动、社交能力培养

父母可参与其中，指导宝宝或者和宝宝进行比赛，投中篮筐者获胜。宝宝顺利地完成这项游戏后，会有成功的收获和喜悦。也可以让宝宝和小朋友们一起玩，培养宝宝的社会交往能力。

六合拼图

品牌：learning mates（中国）
包装盒尺寸：22.01×34.93×19.05厘米
材质：塑胶
适用年龄：2岁以上

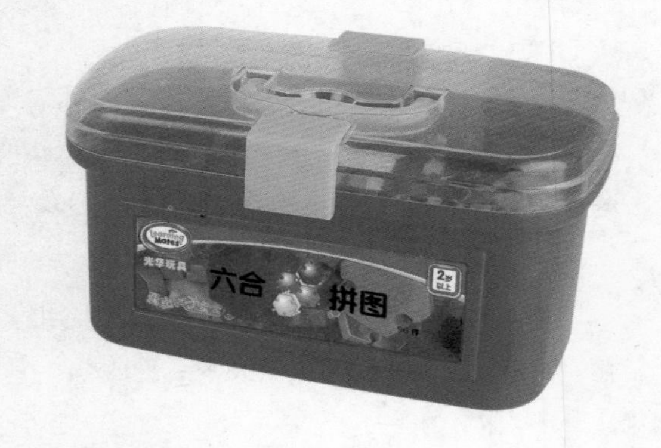

动手能力、协调能力锻炼

六合拼图由96块六边形拼块组成，另配有20张拼装图卡。独特的六边形拼块上大下小、凹凸镶嵌接口，既便于宝宝拼图，又保证拼好的图形不会因其他外力因素被破坏掉。宝宝在拼插图案时，可由简到难，通过拼插各种彩色图案，激发宝宝的动手能力，锻炼宝宝的手眼协调能力。

识别颜色、专注力培养

六合拼图一共有8种颜色，不仅吸引宝宝，更可以培养宝宝辨认颜色的能力。父母同宝宝在亲子互动时，可以和宝宝一起玩“颜色回家”的游戏，把相同颜色的拼块放在一起，提高宝宝的专注力。

想象力、创造力开发

20张拼装图卡可以拼出人物、风景、动物等图案，当宝宝可以完成20张拼装图卡上不同的造型图案后，父母可以鼓励宝宝按照自己的想法任意拼插，激发宝宝的想象力和创造力。

小小建筑师

品牌：learning mates（中国）
包装盒尺寸：24.4×15.1×9.0厘米
材质：塑胶
适用年龄：2岁以上

小肌肉、动手能力、协调能力锻炼

这是一款组装玩具，每套包括15个菱形拼块积木，如用两套玩具则可拼装更多款式的图形。游戏手册中配备的各种图案让宝宝可以从最简单的认识零件开始，各零部件之间可以无限创意组装搭配。通过拼搭游戏，宝宝手指的小肌肉可以得到锻炼，同时培养宝宝的动手能力和手眼协调能力。

识别颜色、识别形状、认识物体大小

小小建筑师颜色鲜艳，立体造型多样化，宝宝通过玩耍可以辨认颜色、形状和大小。独特的菱形设计方便宝宝抓握，在游戏中激发兴趣。

想象力、创造力开发

该款玩具有20种以上的不同造型图、15个零件的不同搭配，十分适合拓展宝宝的想象力和创造力。宝宝既可以按照创意小册子去拼各种平面的、立体的、复合的造型，也可以按照自己的想法创造专属造型。

拖车兄弟

品牌：葆婴（中国）
包装盒尺寸：20×11×21.5厘米
材质：ABS塑料
适用年龄：2岁以上

听觉能力开发

拖车兄弟玩具由3个倾卸卡车组成，有可以倾倒的方形车斗，车斗开启时会发出有趣的机械声音，声音的大小与卡车的大小相匹配，随着卡车形状从小到大而不断提高，大的倾卸卡车比小的卡车声音大，可以促进宝宝的听觉能力，有助于宝宝感知声音的大小。

精细动作锻炼

车头处设计有挂钩，可以与车尾的挂环相连接，挂钩和挂环可以旋转改变角度，方便宝宝用手进行连接。卡车的装卸功能还可以让宝宝完成倾卸和填充的工作，有助于促进宝宝精细动作的发展。

大运动动作锻炼

利用卡车彩绳的拖拉游戏，可以让宝宝进行大运动动作的锻炼，更增添了游戏的乐趣。

认识物体大小

3个拖车分大、中、小三号，宝宝可以比较大、中、小，或者从大到小有次序地排列和摞叠，从而认识物体的大小。

社交能力培养

卡车可以组合在一起成为车队，也可以分开单独游戏。车轮设计得非常顺滑，独特的助力设计让宝宝只要轻轻推动车子就可以滑行很远。父母可以有意让宝宝与其他小朋友一起玩拖车滑行比赛游戏，看看谁的车跑得快，增加宝宝与其他小朋友间的接触，提高宝宝的社交能力。

城市积木系列

动手能力锻炼

2岁以上的宝宝对周围的世界有着很强的好奇心，尤其是对于所生活的环境，如购物、生活、休闲、游乐园、港口、科技园等。让宝宝自己动手进行堆高、延长、围拢等搭建活动，可以培养宝宝的动手能力。

城市积木——购物

品牌：木马智慧（中国）

包装盒尺寸：53×25.5×5厘米

材质：木制

适用年龄：2岁以上

城市积木——生活

品牌：木马智慧（中国）

包装盒尺寸：53×25.5×5厘米

材质：木制

适用年龄：2岁以上

城市积木——休闲

品牌：木马智慧（中国）
包装盒尺寸：53×25.5×5厘米
材质：木制
适用年龄：2岁以上

想象力、创造力开发

宝宝在搭建积木的过程中可以更好地认识城市中的建筑和环境，并发挥自己的想象力，创造出属于自己的“城市”，既满足了宝宝玩耍的天性，又能帮助他更加整体地认知这些熟悉的场景。这几个场景可以同时玩，通过这样的游戏培养宝宝的规划能力和整体观念。

语言能力开发

宝宝进行情景性游戏可以发展口语表达和人物的对话，增加词汇量，发展语言组织能力。

社交能力培养

几个小朋友一起游戏时，可以培养宝宝的社会交往能力，进而增加宝宝的情景实践再现。

城市积木——港口

品牌：木马智慧（中国）
包装盒尺寸：53×32×8厘米
材质：木制
适用年龄：2岁以上

城市积木——科技园

品牌：木马智慧（中国）

包装盒尺寸：53×32×8厘米

材质：木制

适用年龄：2岁以上

城市积木——游乐园

品牌：木马智慧（中国）

包装盒尺寸：53×32×8厘米

材质：木制

适用年龄：2岁以上

城市积木系列——六款合一

建筑积木

品牌：木马智慧（中国）
包装盒尺寸：23×3.5×36厘米
材质：木制
适用年龄：2岁以上

小肌肉锻炼

这是一款富有情景的积木拼插玩具，由房屋、车、灌木以及男孩、女孩组成，每个房子的屋顶是可以拆卸的。宝宝在组装玩具、安装或拆卸屋顶时，可以锻炼手部的肌肉及力度。

语言能力开发

宝宝在情景游戏中，可以再现生活场景，加强人物的对话，发展口语表达能力，增加词汇量，发展语言组织能力。

社交能力培养

宝宝可以通过有人物、有生活场景的互动情景场面，和小朋友或父母一起进行情景搭建游戏，培养社会交往能力，进而增加宝宝的情景实践再现。

想象力、创造力开发

让宝宝把不同的房子、灌木、车、人物随意拼摆，可以锻炼宝宝的想象力和创造力。

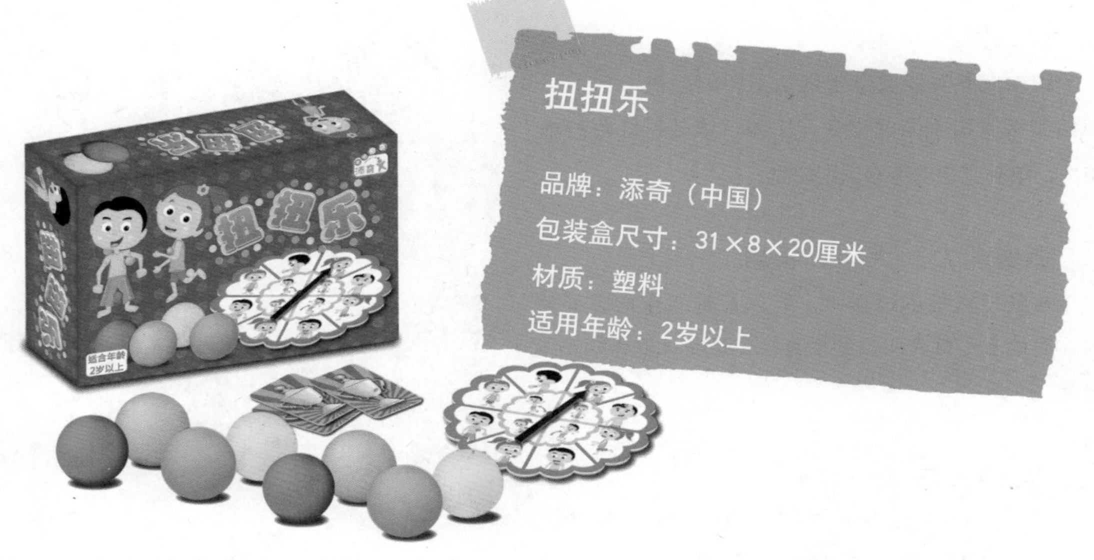

扭扭乐

品牌：添奇（中国）

包装盒尺寸：31×8×20厘米

材质：塑料

适用年龄：2岁以上

大肌肉、协调能力锻炼

宝宝需要转动一次转盘，然后根据转盘上的指示把球夹在相对的位置上，再做出转盘上所指的跳跃动作，如果球没有掉下来，宝宝就可以得到一个奖杯。在游戏的过程中，让宝宝用手臂、大腿、脖子等夹住彩球，不让彩球掉下，可以锻炼宝宝的自我控制力，让宝宝在玩乐中增加身体四肢等各部位肌肉的锻炼，促进身体的协调能力，有利于宝宝感觉运动技能的提高。

社交能力培养

宝宝可以和几个小朋友同时玩并进行比赛，满足宝宝的自我表现欲和成就感，同时有助于提高宝宝的社会交往能力。

第一步
（膝盖间夹球）

第二步
（向前跳三步）

打桩台

品牌：优木（中国）
包装盒尺寸：26.5×15×12厘米
材质：橡胶木、荷木
适用年龄：2岁以上

识别颜色

该款玩具可以教宝宝辨认不同的颜色，父母可以给宝宝发出不同的指令，比如“请敲打红色的木桩”，培养宝宝的色彩识别能力。

抓握能力、大肌肉锻炼

在敲打木桩的过程中，可以锻炼宝宝的抓握能力，有助于手臂大肌肉的发育，促进肢体动作技巧的发展。

协调能力锻炼

该款玩具采用杠杆联动原理，敲下一个木桩，对应的木桩将升起，可以让宝宝体会作用力和反作用力的物理原理，促进手眼协调能力。宝宝可以左右手互换敲打，锻炼双手的灵活性，同时锻炼左右脑协调发展。

算术能力开发

通过该款玩具，可以培养宝宝的算术能力，比如父母说“请敲打3个木桩”，请宝宝按指令做，以此提高宝宝对数的概念。

叻之宝音乐电话

品牌：邦宝（中国）

包装盒尺寸：24.5×24.5×14.3厘米

材质：塑料

适用年龄：2岁以上

认知能力开发

该款玩具外形融合电话和汽车的概念，既是一辆可推动玩耍的小汽车，又是功能丰富、玩法多样的有趣玩具，设计了3种模式的玩法：在学习模式中，电子书上有可爱的动物图案，揭页有对应的动物叫声，像奇趣的动物王国；数字按键有钢琴的功能，数字对应音符，吸引宝宝创作；在音乐模式中，揭页会听到动物们的歌声，带给宝宝惊喜。

乐感开发

数字按键提供了9首美妙的音乐，可以激发宝宝想象、创造的灵感。在联想模式中，按下按键有儿童音乐小调。

小肌肉锻炼

面板上的算盘珠子吸引宝宝用手拨动，可以增加宝宝手部小肌肉的锻炼。

社交能力培养

在听筒上设计了一个开关，对着听筒讲话有扩音效果，宝宝一定会很喜欢和父母交流。

大象认知架

品牌：木玩世家（BENHO）（中国）

包装盒尺寸：30×12.5×30厘米

材质：橡胶木

适用年龄：2岁以上

认知能力开发

分布在架子上的有25个三角体，每个三角体的三面分别为英文大小写字母、相应的词组及图案，三角体还可自由灵活翻动。父母可以教宝宝认识英文字母的大小写，让宝宝把图形与单词结合起来练习，图文并茂，有利于提高宝宝的认知能力。

语言能力、识字能力开发

让宝宝认识三角体上的图形及相对应的单词，可以结合实物练习，加深记忆，还可让宝宝练习每个单词的发音和拼写，提高宝宝的识字能力和语言能力。

无敌小镇城市积木

品牌：木玩世家（BENHO）（中国）
包装盒尺寸：54×53.6×9.5厘米
材质：西南桦
适用年龄：2岁以上

认知能力开发、识别颜色

无敌小镇系列玩具融入了许多中国元素，在带给宝宝玩耍乐趣的同时，潜移默化地渗透中国传统的历史符号，让宝宝认识中国式的房屋建筑。色彩鲜艳的积木块能牢牢吸引宝宝的目光，并培养其对于色彩的辨别能力。

想象力、创造力开发

该款玩具总共能同时搭建出13幢色彩丰富的房屋，配合附带的小车与树木，宝宝能充分发挥想象力，规划、搭建出一座属于自己的积木小城市，还可与无敌小镇系列中的其他玩具相搭配，例如火车轨道套装、交通工具套装与神奇故事游戏垫等，为宝宝营造一个相当丰富的游戏空间。

动手能力锻炼、社交能力培养

搭建积木的过程能锻炼宝宝的动手能力，并且可和多名小朋友一起玩耍，加强交流，培养宝宝的社会交往能力。

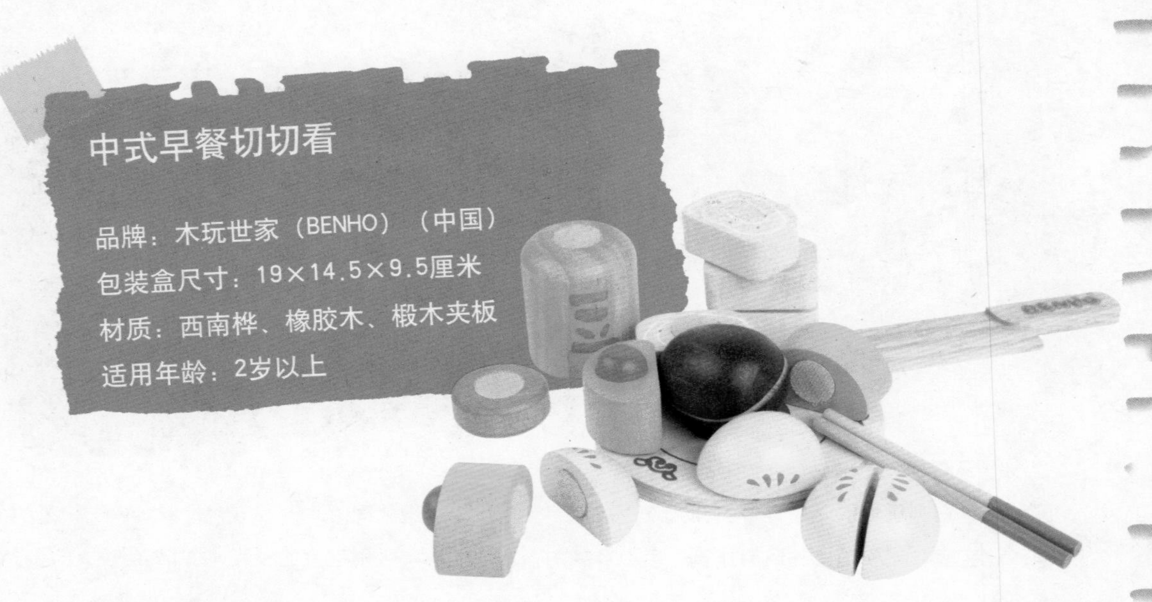

中式早餐切切看

品牌：木玩世家（BENHO）（中国）

包装盒尺寸：19×14.5×9.5厘米

材质：西南桦、橡胶木、椴木夹板

适用年龄：2岁以上

认知能力开发、动手能力锻炼

宝宝有了属于自己的中式早餐切切看玩具，可以使宝宝加深对日常生活中各类食品的认识，锻炼宝宝的动手能力，体验动手做早餐的乐趣。

角色扮演、社交能力培养

切切看玩具是过家家游戏中必不可少的道具之一，中式早餐切切看可与木玩世家其他玩具系列互配，供多个宝宝一起玩角色扮演游戏，不仅能让宝宝在互相帮助中更快地找到解决问题的办法，而且能使宝宝学习怎样与别人相处。

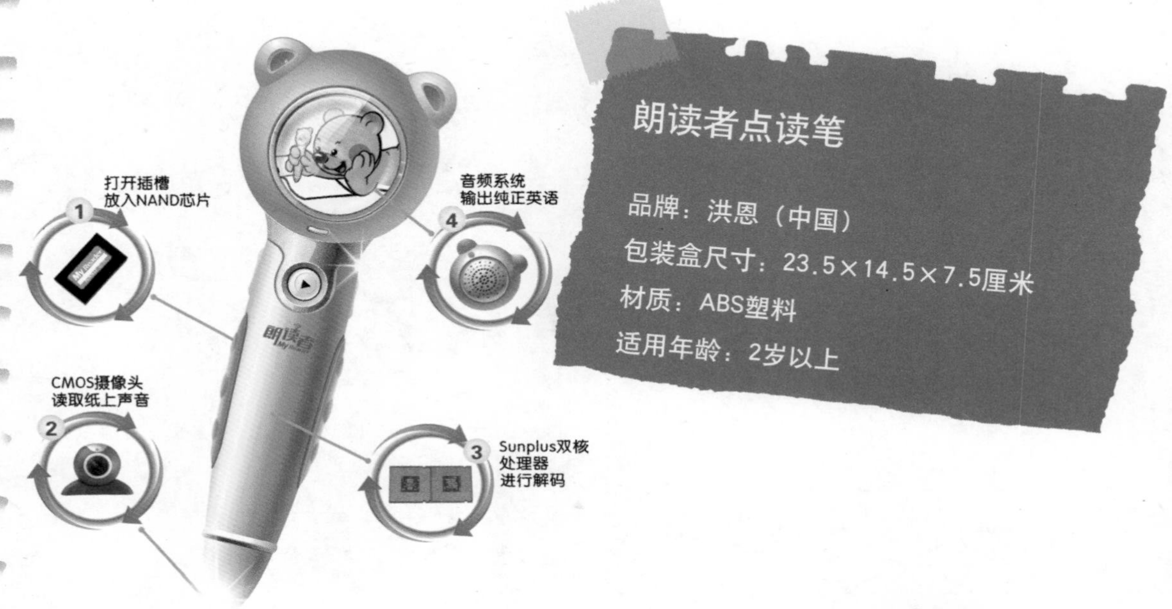

听觉能力开发

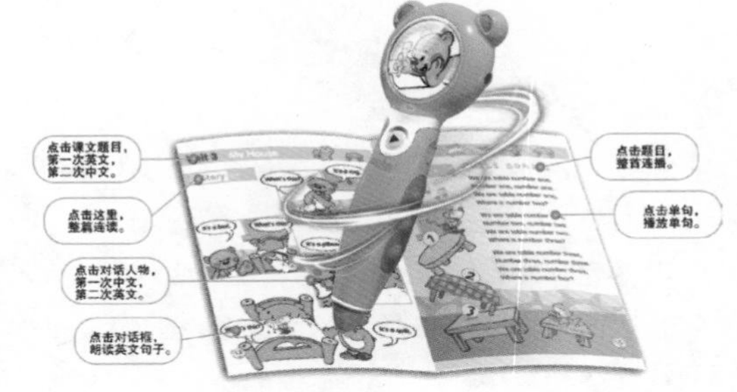

朗读者点读笔配套有声读物均根据宝宝的心理特点、认知水平进行设计，有英语、汉字、国学、数学、故事、百科等多种学科，满足宝宝的系统学习需要。朗读者点读笔可以不选书、不选页、即点即读，操作非常简单，不仅可以实现普通点读笔点读句、段、篇的功能，还可以逐字、逐词点读，声音大小适中，可以提高宝宝的听觉能力。

认知能力、语言能力开发

该款点读笔旨在通过调动宝宝的兴趣，不用父母强迫，以玩的方式让宝宝在不知不觉中学习，从小培养宝宝学习是快乐的意识。在配套有声读物里隐藏着丰富多彩的随机游戏设计，每次点读都有新的发现，让宝宝百玩不厌，且能很快掌握许多知识。朗读者点读笔的发音均是中文、英语标准发音，可以教宝宝在阅读中识字、识词，提高宝宝的认知能力和语言学习能力，有助于宝宝的大脑发育，为提高宝宝的学习能力打下良好基础。

3～4岁宝宝的玩具早教

一、3～4岁宝宝的生长发育特点

1.感观表现

视觉

到4岁时，宝宝的视力可达到0.8左右。

其他感官发育

这一时期，宝宝能够分辨红、黄、蓝、绿等常见颜色，能辨认上、下、前、后方位，认识圆形、方形、三角形，能较准确地辨别各种声音，能通过手接触更多的物体，从而知道物体的凉、热、软、硬等特征，能分辨物体的大小和远近，能区分白天和黑夜。

2.动作表现

在大动作方面，到4岁时，宝宝已能到处任意活动，能跳高、跳远、走独木桥、两脚交替上下楼梯，会独脚站立5秒钟左右，会投掷，能抛接球，能玩大型的器械。

在精细动作方面，到4岁时，宝宝已能自己洗脸、洗手，自己穿脱衣服和鞋袜，脑功能及小肌肉发育日趋完善，手指变得更加灵活，可以使用筷子、扣纽扣、画简单的图形、折纸、剪贴，基本能自己如厕。

3.语言表现

到4岁时，宝宝学会连贯地表达自己的思想，其语音逐渐正确，词汇逐渐丰富，掌握词汇达1600个左右，会讲长一些的故事。

4.社交表现

这一时期，宝宝喜欢和同伴在一起，在活动中逐渐学会交往，会与同伴共同分享快乐，并获得了

领导或服从其他小朋友的经验。此时，宝宝开始有嫉妒心，能感受到强烈的愤怒与挫折，有时还喜欢炫耀自己所拥有的东西。在集体活动中，宝宝也了解并懂得了一些与人交往、相处与合作的方式。

二、如何让3～4岁宝宝学习社会交往

3～4岁宝宝的社会心理更加明显，对同伴关心的程度增加了，逐渐能和同伴一起协调地进行游戏，也表现出某种程度的同情心，不怕生人，沉湎于交往，有协作精神，极端好奇，而且认真，现实和幻想常常混在一起，坚强，活泼，朝气蓬勃，热衷于社会性活动。

方法举例:

宝宝和小伙伴们一同在妈妈的帮助下制作小风车，这样可以从中培养宝宝宽容待人的品格。其他的方法比如带宝宝去邻居家串门、与别的有宝宝的家庭一同去郊游、见到他人主动打招呼等，从中培养宝宝的文明行为、一般社会礼仪、同情他人与帮助他人的习惯，此外还可以有意识地培养宝宝认路标、观察四季变化等习惯。

三、为3～4岁宝宝选择玩具的要点

1.选择操作性强的玩具

宝宝到了三四岁，便进入了幼儿期，动作发展还不够协调，因此父母宜为其选择能促进动作发展的玩具，如仍然可以选择各种形状、颜色的串珠，但随着宝宝年龄的增长，此时选择的串珠可比3岁以前更加小一些，串珠上的孔也可以更小一些。父母还可以为宝宝选择橡皮泥，让宝宝动手操作，捏出各种形象、造型来。宝宝通过自由运用双手，可以进一步锻炼双手的精细动作与协调性，增强动手操作的能力。

2.选择生活用品类玩具

如娃娃屋、厨房类玩具，丰富宝宝的生活经验，满足宝宝与生俱来的好奇心，以好玩、有趣的方式吸引宝宝探索周围的环境，培养宝宝掌握各种生活常识，养成爱劳动的好习惯，增加与父母、家人的情感。

3.选择运动型玩具

这一时期，宝宝的户外活动明显增多，也特别愿意到外面去玩，可以给宝宝准备三轮车、脚踏车、电瓶小汽车、球类等运动型玩具，增加宝宝大肌肉的锻炼和大运动动作的练习，增强动作的协调性及平衡能力。

四、适合3～4岁宝宝的经典玩具

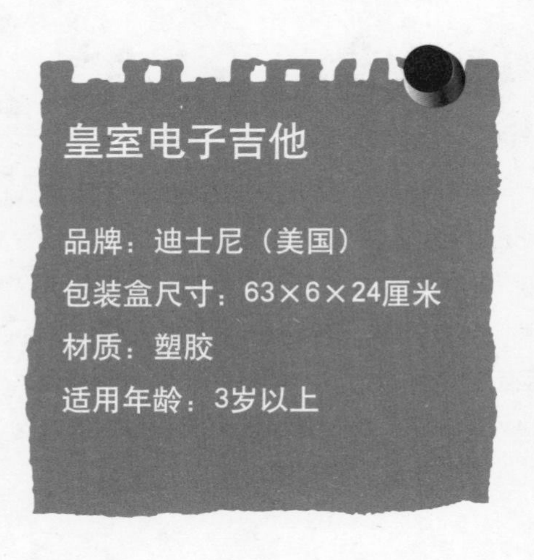

皇室电子吉他

品牌：迪士尼（美国）

包装盒尺寸：63×6×24厘米

材质：塑胶

适用年龄：3岁以上

认知能力开发

该款玩具有吉他模式和音乐模式两种功能，可以教宝宝认识吉他、学习如何使用，感受弹奏吉他的乐趣。

精细动作锻炼、想象力、创造力开发

打开开关“on/off”后，按下吉他键“Rhythm”可进入吉他模式，宝宝可以拨动吉他弦，加强手指精细动作锻炼，充分发挥想象力和创造力，创造自己的音乐。选择吉他上方的“Guitar Rift 1、2、3”伴奏键或吉他下方的余音键，可以尝试4种不同的伴奏模式带来的演奏效果。

听觉能力、乐感开发

打开开关“on/off”后，按下播放键“Be Our Guest”可进入音乐模式，开始播放音乐Be Our Guest。 宝宝可以选择吉他上方的“Guitar Rift 1、2、3”伴奏键或吉他下方的余音键，尝试4种不同的伴奏模式伴随这首歌一起演奏的效果，锻炼宝宝的听觉能力及乐感。

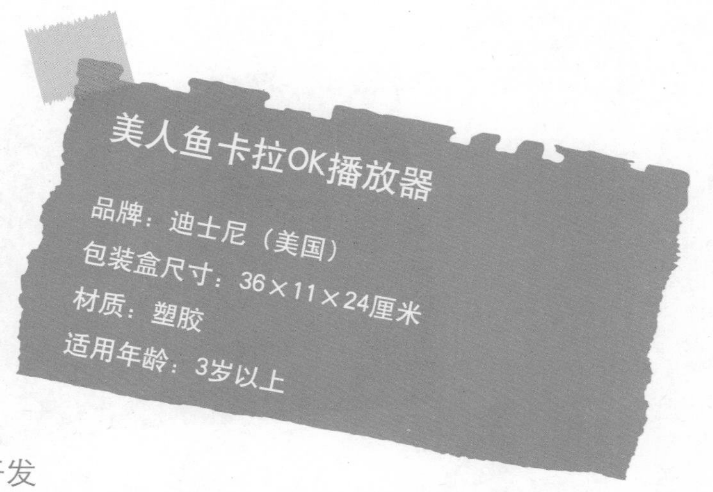

美人鱼卡拉OK播放器

品牌：迪士尼（美国）

包装盒尺寸：36×11×24厘米

材质：塑胶

适用年龄：3岁以上

听觉能力、乐感开发

美人鱼卡拉OK播放器可播放5首迪士尼歌曲和9首美妙的旋律，另配有精美的麦克风和歌曲小册子，可以让宝宝尽情欢唱最喜欢的迪士尼歌曲。宝宝可以按住麦克风上的小海星，跟着播放器唱歌，发展听觉能力，培养乐感。

精细动作锻炼、认知能力开发

按动播放器上的小海星键，可放入模拟光盘；按动play键，可播放迪士尼歌曲；按动调节键，可调节到宝宝喜欢的歌曲。这些都是在帮助宝宝锻炼手指的精细动作，提高认知能力，通过听、唱歌曲学习到更多知识。

小仙子幻彩厨房

品牌：迪士尼（美国）
包装盒尺寸：71×21×49厘米
材质：塑胶
适用年龄：3岁以上

认知能力开发

大花朵的厨房顶衬托着小仙子的主题画，勾勒出与众不同的梦幻厨房。南瓜型水壶会发出烧开水的仿真声音，花朵做的杯碟摆满了灶台，精美的甜点和糕饼、叶子做的托盘秤以及储物柜、小烤箱等，可以让宝宝一边玩耍一边认知和识别。

动手能力锻炼、角色扮演

小仙子幻彩厨房中的模拟烤箱以及各式餐具，能够促动宝宝“下厨房”模仿大人做饭、做菜，充分享受角色扮演的乐趣。

小肌肉锻炼

麦昆与莎莉造型创意黏土是迪士尼“汽车总动员”系列产品，将黏土揉搓开，放在独特的压模工具上压制，风干后即可成型，还可以上色，宝宝可以亲手打造个性十足的创意黏土工艺品。宝宝在将黏土放入模板制作模型前，要充分揉搓黏土，通过对黏土多次揉、捏、搓、握，可以充分锻炼宝宝的手部肌肉。

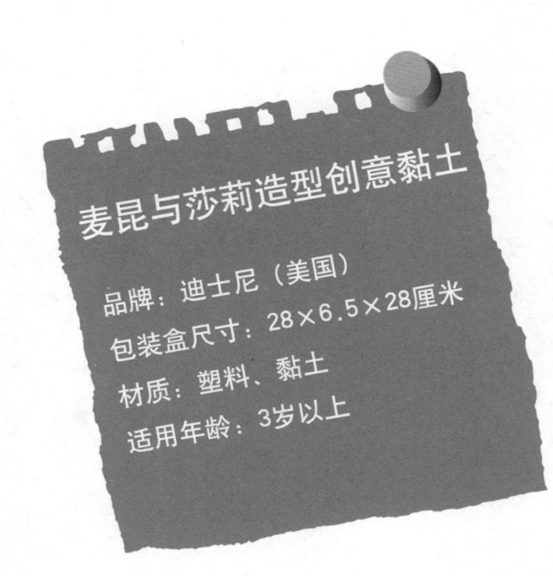

识别颜色

红色、蓝色的黏土，黑色、红色、黄色等颜料，可以引起宝宝的玩耍乐趣，并能在玩耍过程中增强宝宝对颜色的识别能力。

精细动作、协调能力锻炼

黏土通过压模制作出来后，要用塑料小刀对黏土模型进行修饰，使用颜料对其部位进行上色，可以锻炼宝宝的精细动作和协调能力。

动手能力锻炼

这是一款DIY（自己动手做）玩具，在玩耍的过程中，每个步骤都能调动宝宝动手的兴趣，能够充分提高宝宝的动手能力。

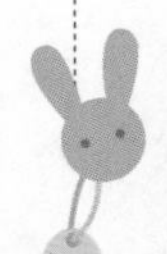

米奇造型农场组合彩泥

品牌：迪士尼（美国）

包装盒尺寸：47.5×31.5×7.5厘米

材质：塑料、彩泥

适用年龄：3岁以上

小肌肉锻炼

米奇造型农场组合彩泥是迪士尼“米奇家族”系列产品，最新开发的立体彩泥模具可以做出能挤奶的奶牛、会长毛的绵羊等模型，另外还配有其他特色模具——剪刀、牛奶桶，让宝宝享受剪羊毛、挤牛奶的无限快乐。在玩彩泥时，要让宝宝先进行揉搓，通过对彩泥多次揉、捏、搓、握，可以充分锻炼宝宝的手部肌肉。

精细动作、协调能力锻炼

彩泥用模具压模出来后，宝宝要小心地把多余的边去掉，进行修饰，可以使用塑料小剪刀剪羊毛，用小工具挤牛奶等，这些都能锻炼宝宝的精细动作和协调能力。

动手能力锻炼

这是一款DIY（自己动手做）玩具，在玩耍的过程中，每个步骤都能调动宝宝动手的兴趣，能够充分提高宝宝的动手能力。

认知能力、想象力、创造力开发

在宝宝做出想象的物体时，父母可以鼓励他利用这些物体来玩角色扮演游戏，讲有关剪羊毛、挤牛奶的故事，既让宝宝创造性地做出一些色彩缤纷的小动物，又能通过讲故事丰富想象力，同时提高宝宝的认知能力。

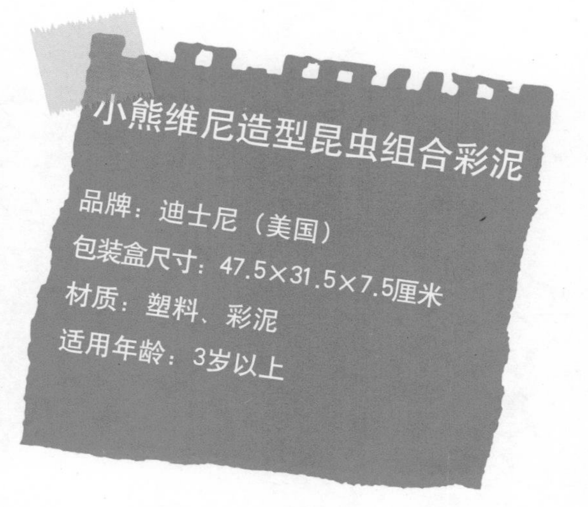

小肌肉锻炼

小熊维尼造型昆虫组合彩泥是迪士尼“小熊家族”系列产品，只要将彩泥在各种可爱的模具里一按、一压，瓢虫、蜈蚣、乌龟、水母、章鱼、蜘蛛等全部出现在农场里，让宝宝充分享受当“农场主”的乐趣。在玩彩泥时，要让宝宝先进行揉搓，通过对彩泥多次揉、捏、搓、握，可以充分锻炼宝宝的手部肌肉。

精细动作、协调能力锻炼

彩泥用模具压模出来后，宝宝要小心地把多余的边去掉，进行修饰，可以使用塑料小剪刀剪东西，这些能够锻炼宝宝的精细动作和协调能力。

认知能力开发

宝宝可以用立体模型制作出各种小昆虫，从而认识不同的昆虫，了解大自然，提高认知能力。

动手能力锻炼

这是一款DIY（自己动手做）玩具，在玩耍的过程中，每个步骤都能调动宝宝动手的兴趣，能够充分提高宝宝的动手能力。

想象力、创造力开发

在宝宝做出想象的物体时，父母可以鼓励他利用这些物体来玩角色扮演游戏，比如用捏出来的东西讲一个故事，通过讲故事丰富宝宝的想象力，帮助宝宝提高自信心和自我创作的满足感。

芭比仙子的秘密之芭比

品牌：芭比（美国）

包装盒尺寸：28×7×33厘米

材质：塑料、化纤

适用年龄：3岁以上

动手能力、协调能力锻炼

在芭比电影《仙子的秘密》中，芭比本色出演一位出席新片首映礼红地毯秀的电影明星，经过一番时尚改造之后，芭比从“电影明星”化身为“仙子”。让宝宝拉一下绳子便可将裙子提起来，露出仙子短裙；按一下蝴蝶型按钮，则会露出闪亮的仙子翅膀。宝宝动动手便会完成芭比翅膀的变化，让芭比变身成美丽的仙子，从中锻炼宝宝的动手能力、动作协调能力。

角色扮演、创造力开发

通常，小女孩会将芭比视为自己的好朋友，或者和芭比一起扮演电影中的角色、自己设计情景等。通过角色扮演游戏，可以加强宝宝的创造力。

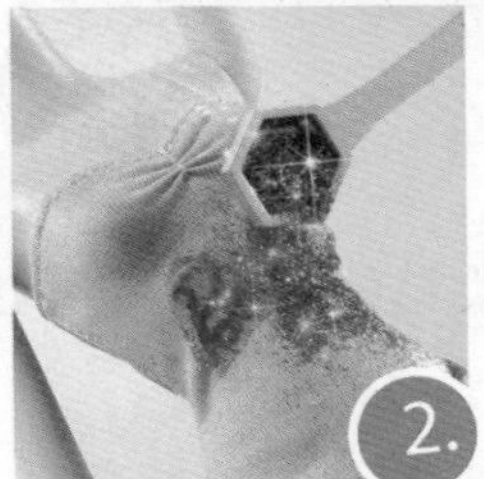

芭比炫闪创意宝贝套装

品牌：芭比（美国）

包装盒尺寸：23×6×33厘米

材质：塑料、化纤

适用年龄：3岁以上

动手能力锻炼、想象力、创造力开发

本套装包括芭比娃娃、吸粉器、笔刷、两包闪粉以及两张纸膜等。宝宝可以发挥想象力，自己动手用套装中附带的笔刷、纸膜以及闪粉，把芭比娃娃的裙子设计成独一无二的风格，让一件平淡无奇的裙子变成闪耀夺目的派对礼服，既锻炼宝宝的动手能力，又可激发宝宝的想象力和创造力。

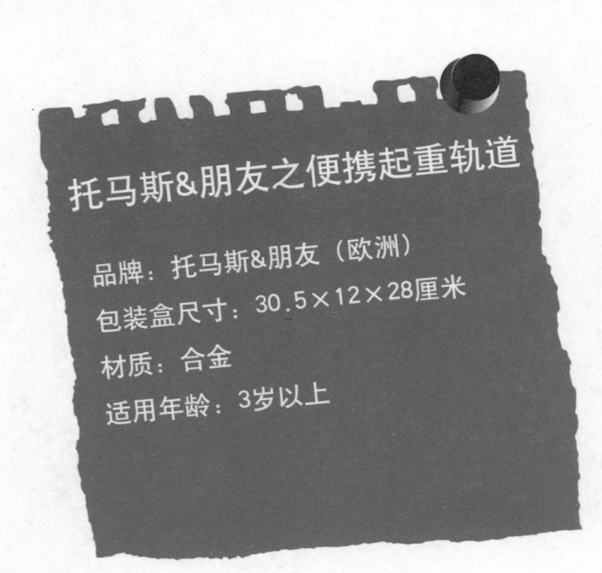

角色扮演、动手能力锻炼

欢迎宝宝加入忙碌的布兰达汉码头工作中来，充当一名吊车司机，使用可伸缩的克兰奇起重机把货物从船上卸到小火车上，然后启动小火车在轨道上行进，将货物运到码头，体验角色扮演的乐趣。宝宝还可以抬高或者放下铁路道口，通过动手操作，提高动手能力。

认知能力开发

玩耍前，父母可以教宝宝把折叠的轨道打开并摆放好，将小火车、船只及起重机摆放到一定的位置，通过布置场景和玩耍，让宝宝加深对它们的认识，并了解它们的功能以及在实际生活中所起到的作用。

托马斯&朋友之声光小火车托马斯、培西

品牌：托马斯&朋友（欧洲）

包装盒尺寸：16.5×4.5×16.5厘米

材质：合金

适用年龄：3岁以上

（托马斯）

认知能力开发

声光小火车托马斯和培西像被赋予了生命一样，不仅可以说话，还能发出汽笛声和有趣的火车声效。每辆小火车都有能发光的车前灯，小火车还配有轨道，当宝宝把小火车放在轨道上推动它行驶时，将会听到“嘎嚓嘎嚓”的声响，如果宝宝推动它行驶得越快，“嘎嚓嘎嚓”声也就越快。按压火车上的按钮，还能听到动画角色的说话声，有助于宝宝了解和提高对火车的认知能力。

（培西）

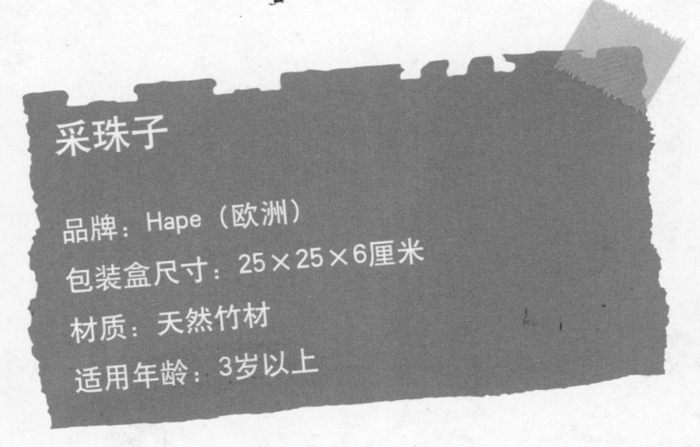

采珠子

品牌：Hape（欧洲）

包装盒尺寸：25×25×6厘米

材质：天然竹材

适用年龄：3岁以上

游戏规则

将绳圈住小珠子，选择一个竹筒和色板，按照色板上的色点顺序用采珠筒快速地把木珠采集起来，第一个收集完珠子并且颜色顺序都正确的就是获胜者。

协调能力锻炼

利用采珠筒收集散落的珠子，有利于锻炼宝宝的手眼协调能力。

识别颜色

根据各种颜色的正确对应识别来达成游戏的目的，可以很好地提高宝宝的颜色识别能力。

精细动作锻炼

每次用采珠筒对珠子进行精确采集，都是对宝宝的一次很好的精细动作锻炼。

算术能力开发

每次收集的珠子都是有数量限制的，可以有效地提高宝宝的简单算术能力。

小肌肉锻炼

用采珠筒收集珠子，可以很好地锻炼宝宝的手指和手腕的肌肉。

社交能力培养

用该款玩具可进行多人游戏，适合2～4人玩，可以培养宝宝之间的配合度和社交能力。

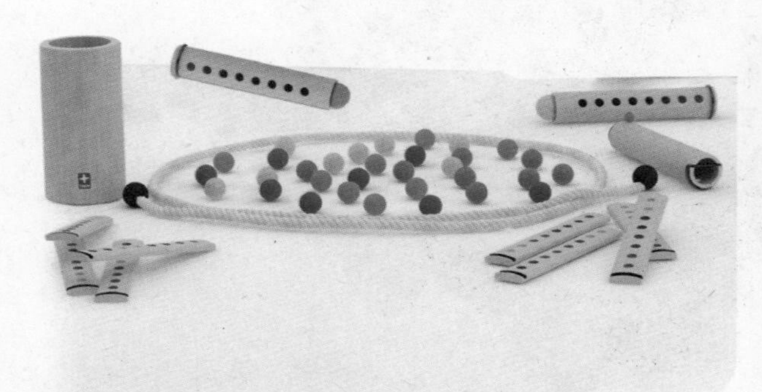

创意几何拼图（大号）

品牌：Hape（欧洲）
包装盒尺寸：33×33×10厘米
材质：天然竹材
适用年龄：3岁以上

识别颜色

五颜六色的拼图能够帮助宝宝识别不同的颜色。

小肌肉、协调能力锻炼

抓握拼图的同时，宝宝的手部小肌肉能够得到很好锻炼，并能培养宝宝的手眼协调能力。

认识物体大小、识别形状

2个小三角形可以组成1个大三角形、3个三角形可以组成1个梯形等多种组合形式，可以帮助宝宝认识物体的大小和形状。

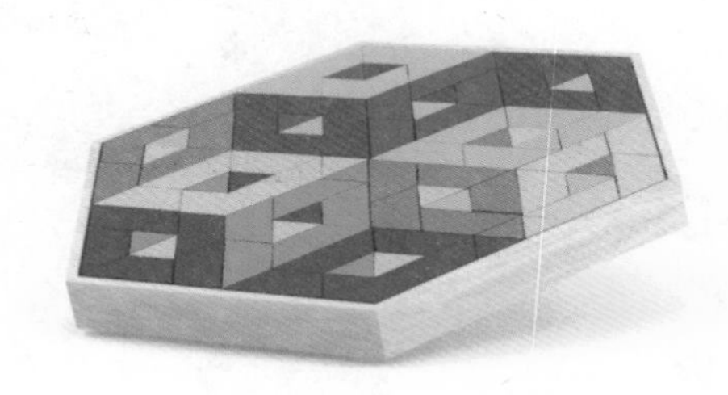

动手能力锻炼

这是一款很好的动手游戏玩具，宝宝经常参与可以提高自身的动手能力。

语言能力开发

根据每次拼出的创意图案，父母都可以引导宝宝讲出他的想法，提高宝宝的语言表达能力。

想象力、创造力开发

形状和色彩的搭配可以创造出多种图案，给宝宝带来无限创意，有助于发挥宝宝的想象力和创造力。

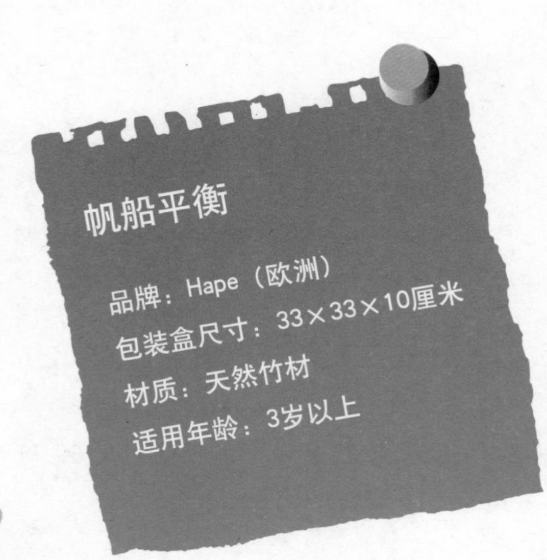

游戏规则

1．将蓝色的“海洋”（底座）放在桌面或地板上。

2．把桅杆插入底座的孔内，这样帆船的甲板就悬挂起来了，将彩旗套在桅杆上，就可以准备起航了。

3．年龄最小的“水手”先投掷骰子，骰子会表明该搬什么“宝物”到甲板上。

4．碰翻了帆船或者碰落了宝物的“水手”就要出局，其余的“水手”可以重新开始游戏。要保持船体平衡，坚持到最后的“水手”就是游戏的获胜者。（提示：调整甲板的倾斜角度可以提高游戏的难度。）

精细动作、协调能力锻炼

每次宝宝把各种“宝物”成功地搬上帆船并保持船体平衡，都是一次很好的精细动作锻炼，同时提高宝宝的手眼协调能力。

算术能力开发

宝宝对帆船甲板上的“宝物”进行清算，可以锻炼算术能力。

想象力、创造力开发

对游戏环境的假定以及不同的创新玩法，都可以开发宝宝的想象力和创造力。

解决问题能力培养

为达到每次搬运“宝物”都需帆船平衡的目的，宝宝可以想出不同的办法，这个过程有助于提高宝宝解决问题的能力。

亲子互动、社交能力培养

该款玩具适合2～6人玩，宝宝可以和家人或者其他小朋友一起玩，促进宝宝的情感交流，提高社会交往能力。

神力举塔

品牌：Hape（欧洲）
包装盒尺寸：33×33×10厘米
材质：天然竹材
适用年龄：3岁以上

游戏规则

每个竹盘均匀摆放任意数量的柱子，尝试把塔堆得又高又稳，每个宝宝需要抽出柱子叠放在最上层。年龄最小的宝宝开始游戏，每个人只能用一只手抽出任意一个柱子，放在最高层竹盘的彩圈中。第二个宝宝继续同样的步骤。如果有2个或3个柱子排列在最高层，可以在顶部放置另一个竹盘，坚持到最后的宝宝就是游戏的获胜者。

精细动作锻炼

每次摆放柱子和竹盘都要非常小心，这是对宝宝精细动作的一次很好锻炼。

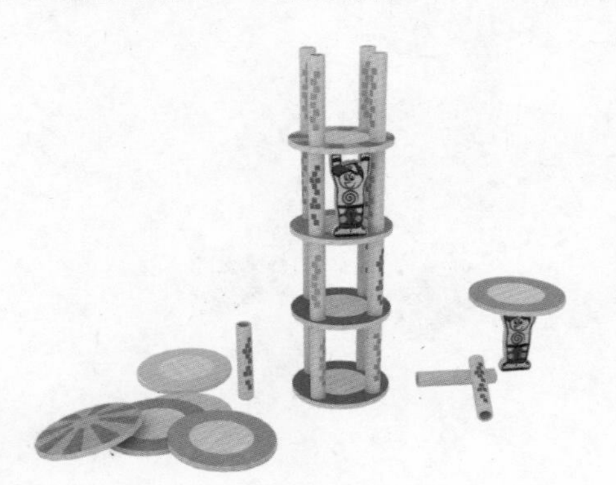

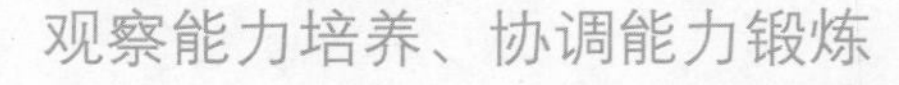

观察能力培养、协调能力锻炼

摆放柱子时，需要宝宝用眼睛观察是否摆放均匀；抽出柱子时，需要宝宝的动作协调、灵巧，这个过程有利于锻炼宝宝的观察能力和手眼协调能力。

社交能力培养

用该款玩具可进行多人游戏，宝宝可以和其他小朋友一起玩，培养彼此的配合度和社会交往能力。

竹篓掉球

品牌：Hape（欧洲）

包装盒尺寸：24×24×32厘米

材质：天然竹材

适用年龄：3岁以上

游戏规则

1．把垫子铺在光滑的平面上（如地板或桌面等），把竹篓放在垫子上，再把所有的竹棒交错插入竹篓孔中，将所有的小球放在这些交错的竹棒上。

2．每个游戏者挑选1~2种自己喜欢的颜色。

3．年龄最小的游戏者开始游戏，按顺时针方向，每人依次抽出一根属于自己的竹棒，在抽出竹棒的过程中，要尽量保持自己的小球不掉下去，而使其他游戏者的小球掉落。最后，谁剩下小球谁就是获胜者。

协调能力锻炼

每次顺利地插入和抽出竹棒都是对宝宝手眼协调能力的锻炼。

识别颜色

竹棒和小球都有颜色的区别，可以帮助宝宝认识不同的颜色。

精细动作锻炼

竹棒需小心抽取，以此可锻炼宝宝的精细动作。

算术能力开发

每次清算竹棒和小球，都可锻炼宝宝的算术能力。

解决问题能力培养

为达到属于自己颜色的小球不掉落的目的，宝宝可以想出不同的办法，这个过程可以提高宝宝解决问题的能力。

亲子互动、社交能力培养

该款玩具适合2~6人玩，宝宝可以和家人或其他小朋友一起玩，进行亲子活动，锻炼社交能力。

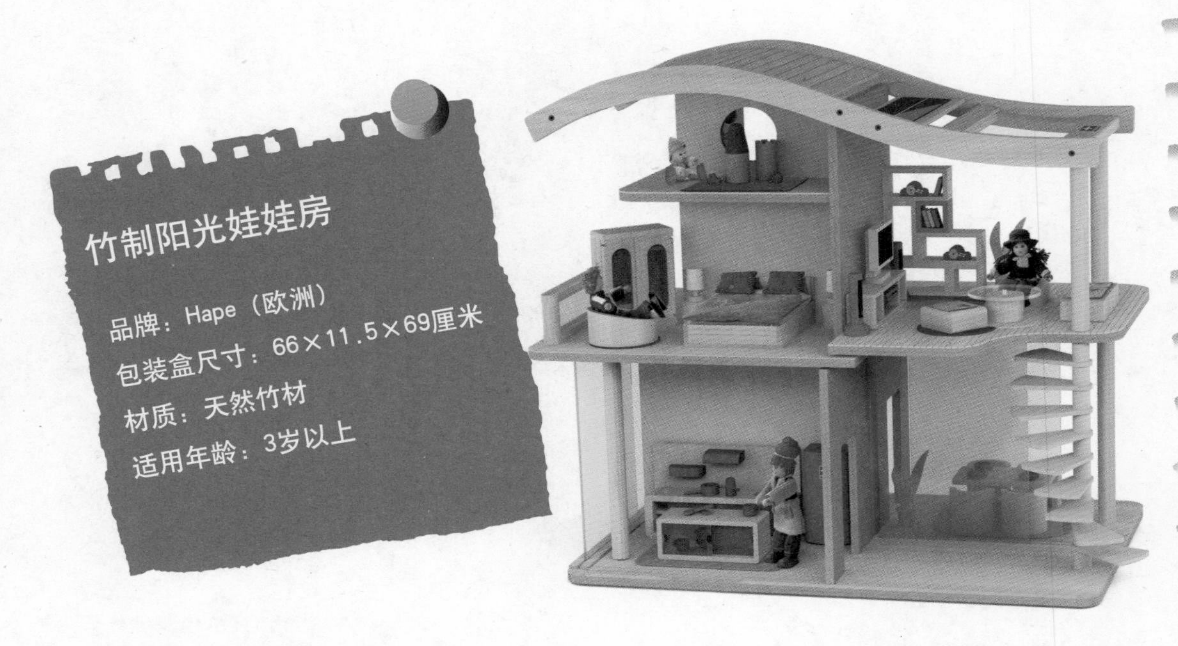

动手能力锻炼

这套娃娃房需要父母和宝宝一起动手拼装，当娃娃房拼装完成时，宝宝将会获得很大的成就感和满足感，同时锻炼了动手能力。

想象力、创造力开发

这是一套融合现代设计理念和现代科技的娃娃房，宝宝可以凭想象和创造布置房间。

情感交流

这套娃娃房可以充分满足宝宝对角色扮演的浓厚兴趣，培养与他人的情感交流。

竹制艺术斜塔

品牌：Hape（欧洲）

包装盒尺寸：33×33×10厘米

材质：天然竹材

适用年龄：3岁以上

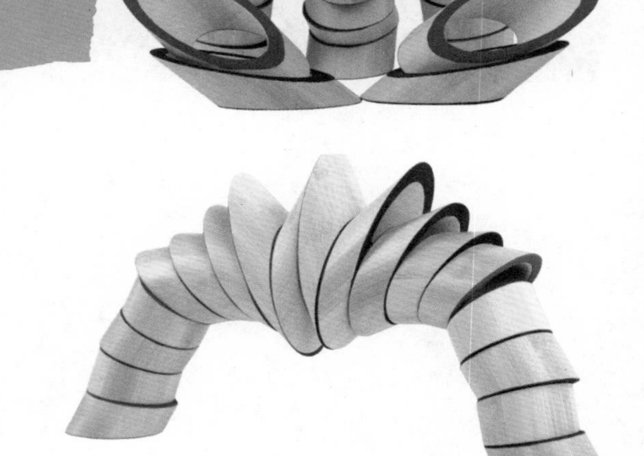

精细动作、协调能力锻炼

每次放置竹圈时都要小心翼翼，否则一不小心很可能前功尽弃。这款玩具能够很好地锻炼和发展宝宝的精细动作和手眼协调能力。

识别形状

通过不同形状的竹圈，可以提高宝宝对形状的识别能力。

动手能力锻炼

这是一款很好的动手玩具，宝宝经常玩可以锻炼动手能力。

语言能力开发

每次拼出创意图案后，父母可以引导宝宝讲出自己的想法，提高宝宝的语言表达能力。

想象力、创造力开发

这是一款有助于发挥宝宝想象力的玩具，有弧度的竹圈能够令宝宝建造出无数令人兴奋的形状和结构。

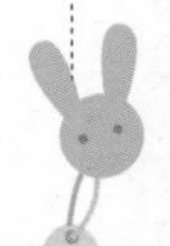

捉虫小高手

品牌：Hape（欧洲）

包装盒尺寸：24×24×32厘米

主要材质：天然竹材

适用年龄：3岁以上

游戏规则

1．将竹筒置于地板或桌面上，把所有毛毛虫都插入竹筒里。

2．有两个骰子——颜色骰子和动作骰子，由投掷出的颜色骰子决定毛毛虫的颜色，由动作骰子决定毛毛虫移动的方向和距离。

3．游戏开始后，游戏者需要同时投掷颜色骰子和动作骰子。

4．颜色骰子的每个颜色对应有3条相同颜色的毛毛虫，按照动作骰子上的箭头指向和箭头个数对应推进或拉出相应节数的毛毛虫。掷到字母J，表示可以把这只毛毛虫完全拉出来。最后，谁捉出的毛毛虫最多，谁就是获胜者。

协调能力、精细动作锻炼

每次把毛毛虫从竹筒中拔出和插回，都是对宝宝手眼协调能力和手部精细动作的锻炼。

识别颜色

毛毛虫有不同的颜色，每次宝宝对毛毛虫的选择即是一次辨认颜色的锻炼。

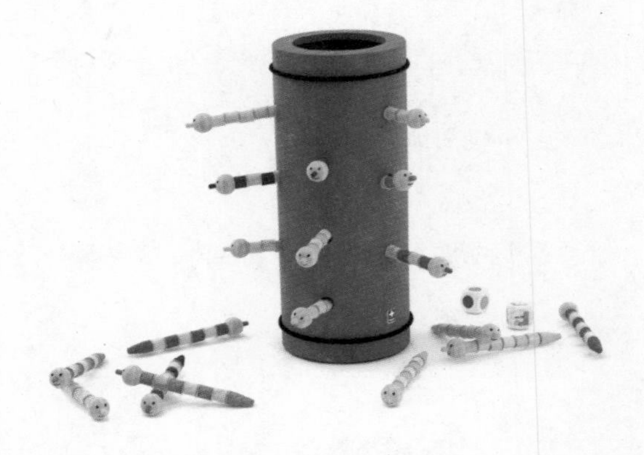

算术能力开发

每次清算毛毛虫，可锻炼宝宝的算术能力。

想象力、创造力开发

对游戏环境的假定，以及在原游戏玩法上创新不同的玩法，都可开发宝宝的想象力和创造力。

社交能力培养

这款玩具适合2～6人玩，每次进行游戏时都是一次很好的社交能力锻炼。

橙色工作台

品牌：educo（欧洲）

包装盒尺寸：63.5×13×36厘米

材质：实木

适用年龄：3岁以上

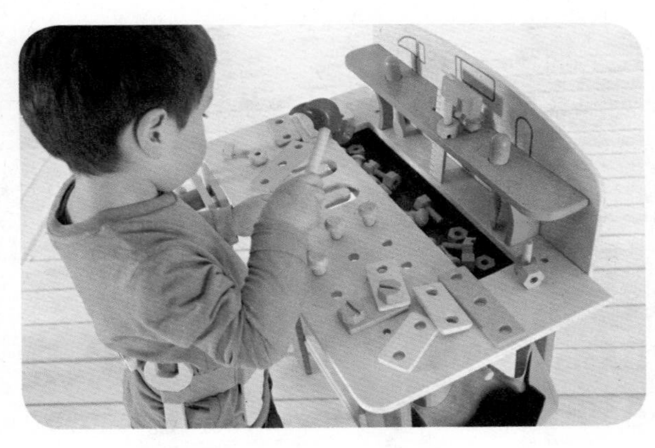

动手能力锻炼

这套工作台需要父母和宝宝一起动手拼装，当拼装完成时，宝宝将会获得很大的成就感和满足感，同时培养宝宝爱动手的好习惯。

大肌肉、小肌肉锻炼

丰富的配件给喜欢动手的宝宝带来无法抵抗的拼装快乐，宝宝的胳膊和手指的肌肉都会得到很好的锻炼。

认知能力开发

这款玩具可以帮助宝宝理解如何使用简单的工具以及简单的机械原理。

想象力、创造力开发

把工具带扣在腰间，宝宝可以把自己扮演成小小工程师。另外，丰富的工具和不拘一格的玩法，可以充分激发宝宝的想象力和创造力。

创意串珠套

品牌：educo（欧洲）

包装盒尺寸：25.5×7.5×24厘米

材质：实木

适用年龄：3岁以上

精细动作、协调能力锻炼

这套串珠包含30块不同形状的积木，宝宝通过将绳子从积木中间的小孔中顺利穿入，可以锻炼手部的精细动作以及手眼协调能力。

识别形状、识别颜色

这套串珠含有圆柱体、三角体、正方体等不同形状体，可以让宝宝辨认、区别不同的形状。此外，通过五颜六色的积木块，能够帮助宝宝认识颜色。

动手能力锻炼

这是一款非常好的动手玩具，宝宝可以在不断动手中找到无限的乐趣，提高动手能力。

算术能力开发

父母可以让宝宝数一数用绳子穿入了多少块积木，于无形中提高宝宝的算术能力。

想象力、创造力开发

宝宝每次都可以根据自己的想法穿出不同的形状，激发想象力和创造力。

社交能力培养

这是一款很好的促进社交能力的玩具，宝宝可以和大家一起比赛，看谁穿得又快又准又漂亮。

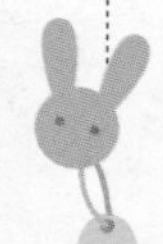

动手能力锻炼

这套停车场玩具需要父母和宝宝一起动手拼装，父母要鼓励宝宝自己动手，提高宝宝的动手能力，当拼装完成时，宝宝将会获得很大的成就感。

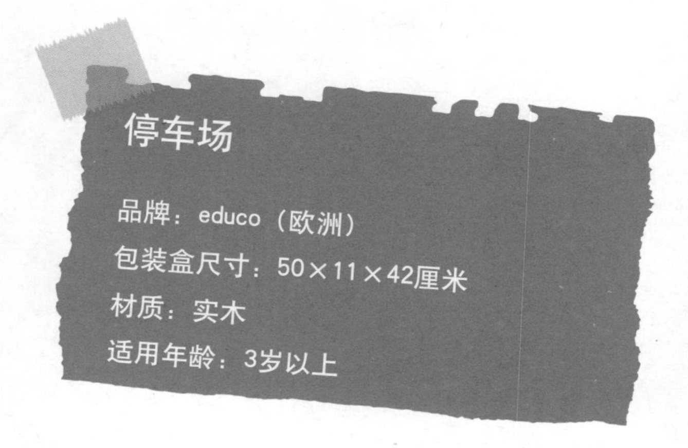

停车场

品牌：educo（欧洲）

包装盒尺寸：50×11×42厘米

材质：实木

适用年龄：3岁以上

想象力、创造力开发

这套停车场玩具共有4层，设有多个停车位和一个直升机停机坪，汽车可以在模拟加油站加油。该套玩具还包含两辆汽车和一架直升机，可以充分激发宝宝的想象力和创造力。

角色扮演

这也是一套宝宝非常想拥有的角色扮演玩具，设计形象逼真，宝宝可以充当汽车驾驶员、飞行员，充分享受角色扮演的乐趣。

我的四季小屋

品牌：educo（欧洲）
包装盒尺寸：76×12×62.5厘米
材质：实木
适用年龄：3岁以上

动手能力锻炼

这套四季小屋玩具需要父母和宝宝一起动手拼装，培养宝宝的动手能力。当拼装完成时，父母要对宝宝的建筑成果给予鼓励。

想象力、创造力开发

漂亮的四季小屋里边住着娃娃一家，并配有8件全木家具，宝宝可以根据自己的想象，进行设计和创意。

角色扮演

这套四季小屋玩具可以充分满足宝宝对角色扮演的浓厚兴趣，可以让宝宝充当家庭里的任意角色，体会扮演不同角色的活动，了解生活常识。

一圈即中

品牌：欧博士（欧洲）
包装盒尺寸：23×3.5×51.8厘米
材质：EVA塑料
适用年龄：3岁以上

协调能力锻炼

“一圈即中”是互动游戏，宝宝要将套圈套在竖杆上，需要手、眼及身体的整体协调，有助于宝宝协调能力的锻炼。

精细动作锻炼

宝宝在玩耍时，需要很精准的动作才能套住套圈，因此经过多次练习，能够促进宝宝精细动作的发展。

社交能力培养

宝宝可以和其他小朋友一起玩游戏，一起比赛，增强宝宝的社会交往能力。

起重机

品牌：迪奇（欧洲）

包装盒尺寸：85×55×18厘米

材质：塑胶

适用年龄：3岁以上

仿真起重机可以进行有线遥控，完成组装后总高度约为1.2米，附两辆工程车和一个杂物桶，起重机的吊臂可以旋转，吊绳可上下升降，模拟建筑工地场景。

动手能力、协调能力锻炼、认知能力开发

父母可以先教宝宝如何操控起重机，让宝宝练习用手进行遥控，使起重机的动作保持协调。待宝宝熟练后，便可以自行操控，可对一些小物品进行模拟吊起和卸下，增加宝宝对起重机功能的认知，锻炼宝宝的动手能力和手眼的协调能力。

多功能环保车

品牌：迪奇（欧洲）

包装盒尺寸：39×12×19厘米

材质：塑胶

适用年龄：3岁以上

多功能环保车主体为绿色，配有黄色垃圾桶。车头上方和侧面分别有一个黄色按钮和蓝色按钮，按下后可发出声音。车侧面配有一个上下滑动的按钮，可控制垃圾桶上下，垃圾桶可翻动并将垃圾倒入垃圾车身内的垃圾箱。

动手能力锻炼、环保意识培养

为更形象地表现出环保车的功能，可以让宝宝自行放入一些仿真垃圾，然后滑动控制垃圾桶上下的按钮，按钮滑动到最上方处，垃圾桶自行翻动并将垃圾倒入垃圾车身内的垃圾箱，培养宝宝的环保意识，锻炼宝宝的动手能力。

多功能消防车的红色车体配上白色车头和云梯臂显得更加醒目，可以手动控制云梯臂自由伸缩和360°旋转。车身底部有储水罐，水可以从水枪中喷出。

多功能消防车

品牌：迪奇（欧洲）

包装盒尺寸：39×12×19厘米

材质：塑胶

适用年龄：3岁以上

动手能力锻炼、认知能力开发

为更形象地表现出消防车的功能，可以让宝宝将车身底部的储水罐灌满水，连续按下车上圆形按钮，水就可以从云梯臂水枪中喷出，吸引宝宝锻炼动手能力，通过操控消防车，增强宝宝对消防车的认知能力。

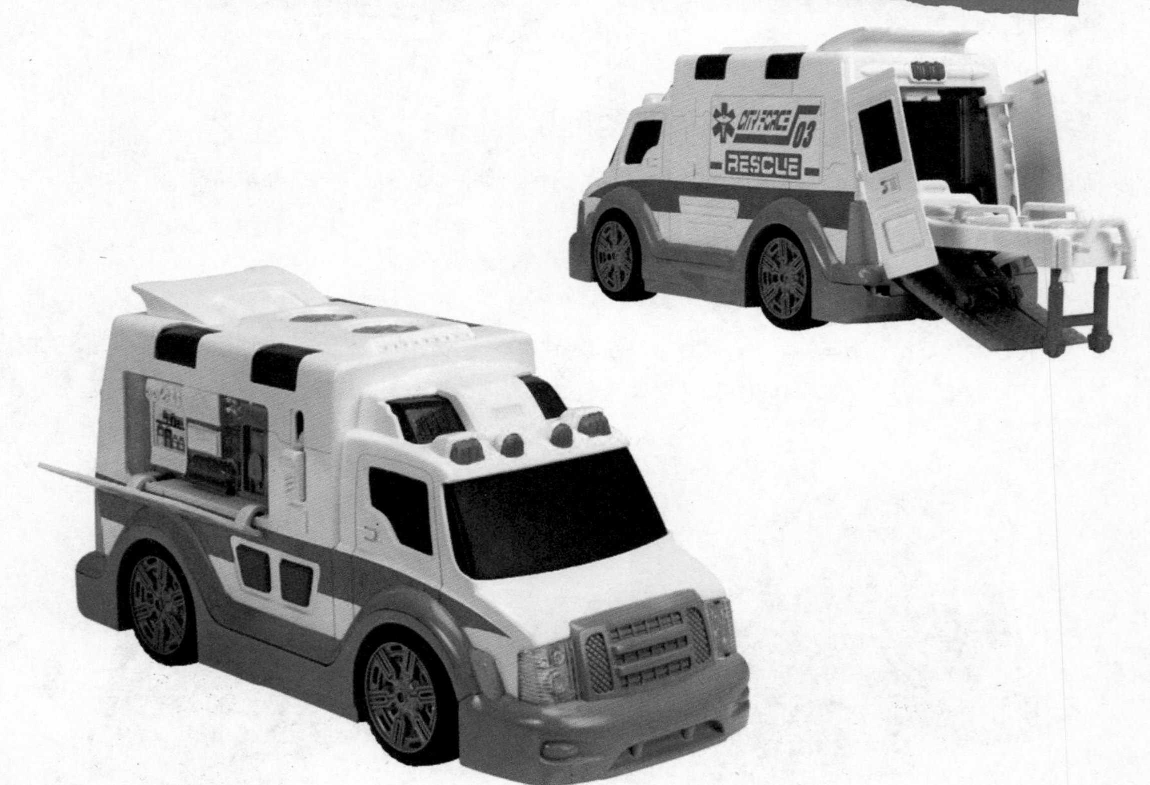

炫玩私人航空飞机

品牌：仙宝（欧洲）
产品尺寸：58×39×12厘米
材质：塑胶
适用年龄：3岁以上

动手能力锻炼

这是一款私人航空飞机的场景玩具，内含一名机长、空姐、货运工人、机场运输车、机场托运车和整架可拆装的飞机。飞机顶可以打开，内部座椅和设施均按真实场景制作。宝宝可以自己动手组装航空飞机，锻炼动手能力。

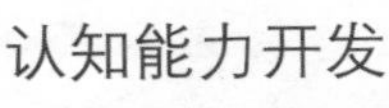

认知能力开发

父母可以给宝宝讲航空飞机的作用，将机长、空姐、货运工人的工作以及机场运输车、机场托运车的功能讲给宝宝听，提高宝宝对航空飞机的认知能力。

花园宝宝百变工坊

品牌：花园宝宝（欧洲）

包装盒尺寸：25×6×30厘米

材质：纸黏土

适用年龄：3～6岁

动手能力、协调能力锻炼

《花园宝宝》是英国广播公司（BBC）出品的一档定位于1～4岁学龄前儿童的电视节目，这款百变工坊玩具将电视中的人物再现，通过宝宝亲手制作玩偶造型，提供视觉上的美感与真实体验，让宝宝从中获得巨大的快乐与满足，同时锻炼动手能力和手眼协调能力。

小肌肉、精细动作锻炼、专注力培养

该款玩具包含1张教学光盘、1本手工教程、3个玩具模型、8袋彩色纸黏土（轻质量泥塑造型材料，全部采用食品级色素），宝宝可以尽情制作，尽情发挥和表现，加强手指精细动作和手部小肌肉的锻炼，提高做事情的专注力。

亲子互动

父母陪伴宝宝共同跟着光盘或者教程学习手工制作花园宝宝的各种形象，是亲子共处的一种很好方式。

咪露娃娃系列

动手能力锻炼

咪露娃娃是日本最畅销的公仔，有神奇的变色头发，在遇到温度变化时头发可变为红色。咪露娃娃造型百变，服装及配件繁多，可组合成不同的生活场景。宝宝可以帮咪露娃娃梳头发、换衣服、洗澡，还可以和咪露娃娃一起做游戏，有助于培养宝宝的动手能力。

青春长发咪露

品牌：咪露（Mell Chan）（日本）

包装盒尺寸：19×29×12厘米

材质：塑胶、棉等

适用年龄：3岁以上

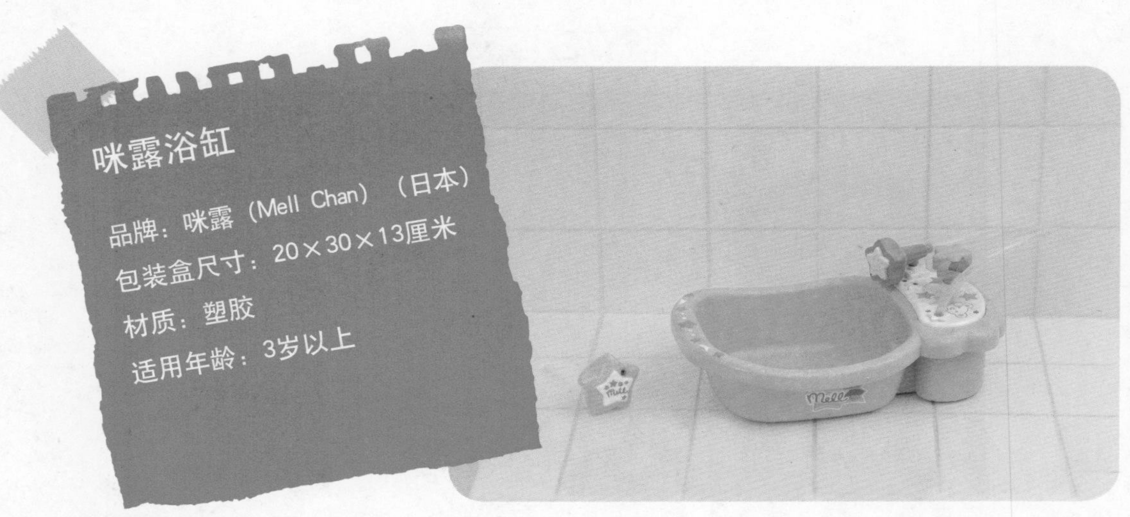

角色扮演

咪露娃娃及配件与宝宝的生活息息相关，从发饰到服装，从生活到学习。宝宝可以拿奶瓶、水杯、浴缸、小床、背包、雨伞等随意组合成生活中的不同场景，富有想象地进行角色扮演游戏。

情感交流、社交能力培养

宝宝通过在学习和生活中照顾咪露娃娃，如吃饭、睡觉、旅行、聚会等，有助于培养爱心，增强情感交流能力，培养与人进行沟通的能力。

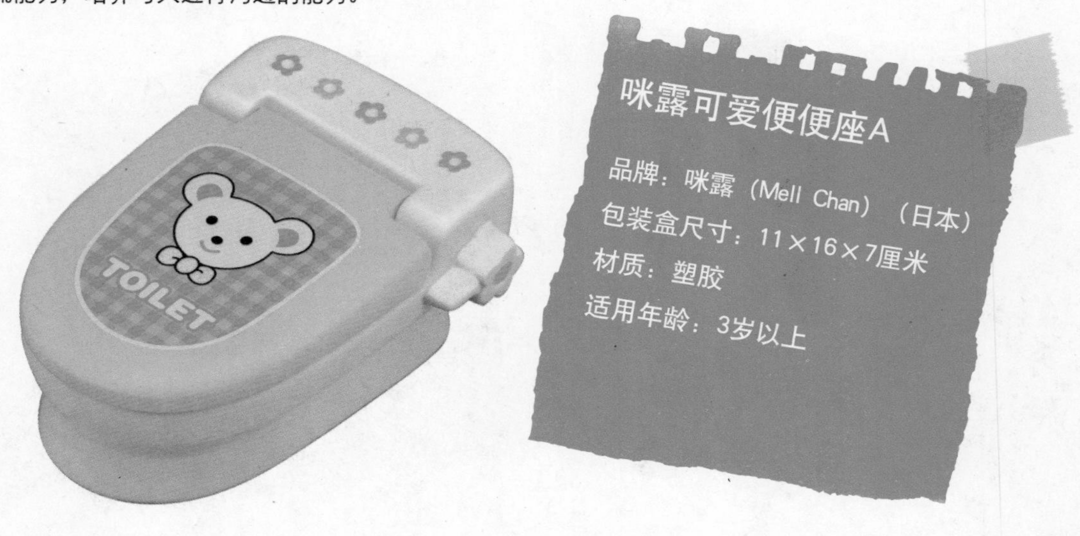

CRH基本套组

品牌：Takara Tomy（日本）

包装盒尺寸：41×31×10厘米

材质：塑胶

适用年龄：3岁以上

认知能力开发

该款火车玩具是由真实的“和谐号”列车仿制而成，相似程度极高。宝宝可以由此增加对“和谐号”的了解，增强认知能力。

观察能力培养

通过火车在轨道上的运行，观察每节车厢在不同行车轨道上的运动，可以增强宝宝的视觉观察能力。

动手能力锻炼

宝宝通过扭动火车头上的开关，可以控制火车的启动、停止及运行轨道方向，增强动手能力，使宝宝从中得到动手的快乐感受。

想象力、创造力开发

父母可以让宝宝尝试将火车轨道连接成各种形状，如“8”字形、“0”形等，增加宝宝对于组装的兴趣，同时激发宝宝的想象力和创造力。

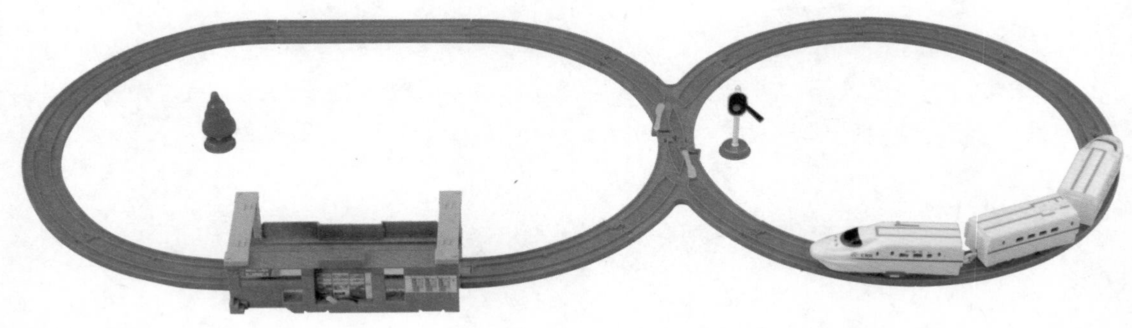

多美卡超级汽车大楼

品牌：Takara Tomy（日本）

包装盒尺寸：50×37.5×22.5厘米

材质：塑胶

适用年龄：3岁以上

观察能力培养

小车通过旋转楼梯从底部被运送至顶部，再由轨道进入汽车大楼内部，宝宝可以从中分辨高度、距离，提高对于空间的认知，增强视觉观察能力。

认知能力开发

通过多次观察和把玩，激发宝宝对于小车和汽车大楼的兴趣，使宝宝增加对于各种小车的了解和认知。

认识物体大小

将不同类型的小车放置于汽车大楼中，大小合适的车可以通过，过大的车则无法通过，借此可以使宝宝对于物体的大小有直观的认识，提高宝宝对于物体大小的认知能力。

协调能力锻炼

小车在汽车大楼中的运作和停放也可以手动完成，宝宝通过手动摆放小车和旋动旋转楼梯，可以增强动作的协调能力。

托马斯摇摇摆摆过吊桥套组

品牌：Takara Tomy（日本）

包装盒尺寸：112×18×56厘米

材质：塑胶

适用年龄：3岁以上

动手能力锻炼

火车轨道以及吊桥都是由组件拼装而成，火车上的牛奶箱可以自己放置，让宝宝自己动手完成这些组装工作，可以提高动手能力。

听觉能力开发

开启火车头上的开关后，火车开始行进，火车在轨道上运行和通过吊桥时会有汽笛的声音，宝宝在对不同声音的聆听和识别中，可以提高听觉能力。

观察能力培养

通过不断观察火车在轨道上运行和通过吊桥时的反应，以及火车通过吊桥时牛奶箱的晃动，能够增强宝宝的观察能力。

托马斯运财车

品牌：Takara Tomy（日本）

包装盒尺寸：60×29×50厘米

材质：塑胶

适用年龄：3岁以上

认识物体大小

该款玩具由各种大小的组件拼装而成，从较大的轨道到较小的小球，能够使宝宝对于物体大小有更多的认识。

识别颜色

该款玩具由各种颜色鲜艳的组件拼装而成，能够增强宝宝对于颜色的分辨和识别能力。

动手能力锻炼

通过组件拼装、摆放小车、将小球装到小车上等一系列活动，可以增强宝宝的动手能力，使宝宝从中获得动手的快乐感受。

观察能力培养

开启车头上的开关后，装满小球的小车开始在轨道上行进，当小车行驶到卸货库时，小球会自动卸下。通过小车的运动，可以使宝宝分辨高度、距离，提高对于空间的认知，增强视觉观察能力。

认知能力开发

从装运小球到小车运行的过程，可以激发宝宝思考，了解装运及运行的基本原理，提高宝宝的认知能力。

袖珍仿真车

品牌：Takara Tomy（日本）
包装盒尺寸：7.8×3.9×2.7厘米
材质：塑胶、合金
适用年龄：3岁以上

认知能力开发

每部小车都是根据真实的汽车仿制而成，宝宝通过把玩小车，可以认识到各种各样的汽车，了解不同的汽车有哪些不同的作用等，提高认知能力。

识别颜色

小车的款式、色彩各异，宝宝通过识别不同的小车，能够增强对于颜色的识别能力。

观察能力培养、识别形状

各种不同类型的小车形状各异，宝宝通过对各种小车的把玩和观察，能够提高对形状的认识和辨别能力。

动手能力锻炼

根据组装说明书的图案，宝宝可以用不同的积木块拼出站台、候车室、小卡车等。宝宝可以将小猪、小羊等小动物装在小卡车上，拉动小卡车缓缓前行，也可以搭建一个小牧场，还可以把小动物装在火车车厢上，还有乘务员、旅客、牧农等人物造型，吸引宝宝玩耍的兴趣，有助于提高宝宝的动手能力。

认知能力开发

火车头上有3个开关，一个是火车行进的开关并会发出启动的声音，一个是火车后退的声音，还有一个是音乐开关，火车行走过程中会发出呜呜声，可以让宝宝感受身处火车站的情景，父母也可以告诉宝宝有关火车的一些知识。在铺轨过程中，宝宝可以根据火车行走的路线，认知火车轨道要怎样铺才能顺利行走的原理。

想象力、创造力开发

四曲八直的火车轨道能拼出不同的火车行走路线，时而直行，时而蜿蜒，这就需要宝宝充分发挥想象力和创造力为火车铺轨。宝宝还可以根据想象，布置一个小小火车运输站的场景。

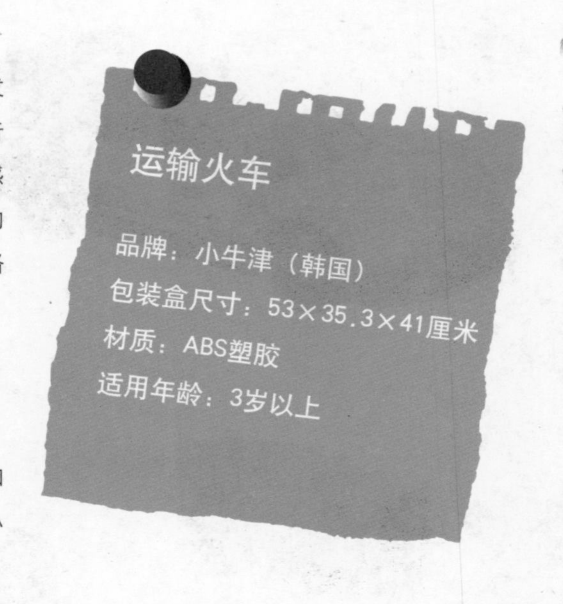

动物系列4款

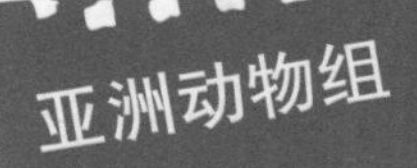

亚洲动物组

品牌：品乐玩具（PlanToys）（泰国）
产品尺寸：5.9×12.5×10厘米
材质：橡胶木
适用年龄：3岁以上

亚洲动物组包括亚洲象、大熊猫和老虎，还有纸质亚洲动物栖息地图形。亚洲拥有世界上最大的陆地和很多神奇的动物品种，这3种哺乳动物是亚洲很典型的动物品种。

认知能力开发

该套玩具选择了亚洲、非洲、大洋洲、极地具有代表性的动物，这些动物都是濒危灭绝的物种，它们的数量在逐渐减少中……通过玩耍，可以提高宝宝对这些动物的认知，增强宝宝保护动物的意识，爱护我们的地球，并且保护地球上的每个生命。

非洲动物组

品牌：品乐玩具（PlanToys）（泰国）
产品尺寸：5.0×1.5×17.3厘米
材质：橡胶木
适用年龄：3岁以上

非洲动物组包括长颈鹿、狮子和大猩猩，还有纸质非洲动物栖息地图形。在非洲，生活着各种各样的野生动物，这3种哺乳动物玩具从一个侧面为宝宝展示了非洲动物的多样性。

大洋洲动物组

品牌：品乐玩具（PlanToys）（泰国）
产品尺寸：5.5×5.5×10.5厘米
材质：橡胶木
适用年龄：3岁以上

大洋洲动物组包括袋鼠、考拉、袋熊和鸸鹋，还有纸质大洋洲动物栖息地图形。大洋洲拥有许多不寻常的动物和植物，几乎所有的袋型哺乳动物比如袋鼠、考拉、鸸鹋和袋熊都生活在大洋洲大陆。可能很多人对于鸸鹋不太了解，它是一种仅次于鸵鸟的世界第二大鸟。

想象力、创造力开发

该套动物玩具的四肢都是可以活动的，宝宝可以根据自己的想象来支配每个动物的动作，使它们做出各种造型，有助于发展宝宝的想象力与创造力。

语言能力开发

该套动物玩具在宝宝玩耍的时候，可以根据想象来构思一个场景，用语言来表达动物之间发生的事情，有助于提高宝宝的语言组织能力。

极地动物组

品牌：品乐玩具（PlanToys）（泰国）
产品尺寸：5.8×11.5×6.6厘米
材质：橡胶木
适用年龄：3岁以上

极地动物组包括北极熊、北极狐、企鹅和海豹，还有纸质极地动物栖息地图形。南极和北极是地球上最寒冷的地方，平均气温都低于零度，许多动物住在那里。极地动物往往是白色的，如北极熊、北极狐、企鹅和海豹，因为这样便于它们在雪地伪装自己，不受到敌人的威胁。

大肌肉、小肌肉、协调能力锻炼

架子鼓是一款独特的乐器类玩具，设置有一大一小两个鼓面和一个金属钹。宝宝通过抓握鼓槌来敲击架子鼓，能够锻炼手指的灵活性。刚开始时，宝宝可以先拿一支鼓槌敲击架子鼓，熟练后可以双手各握一支鼓槌敲击架子鼓，这样可以锻炼宝宝的手臂力量及整个身体的协调能力。

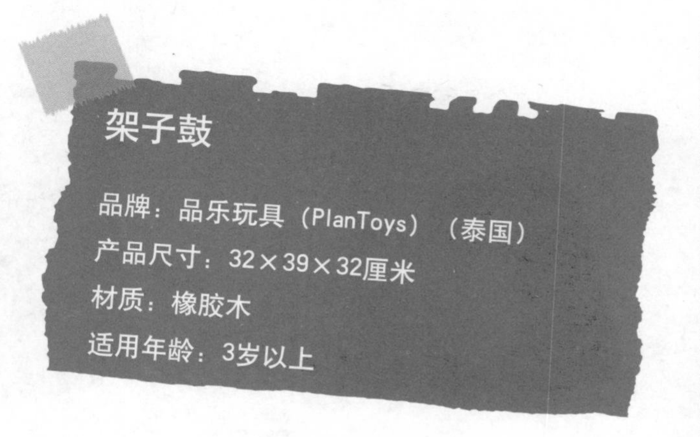

听觉能力开发

宝宝在敲击过程中，架子鼓不同区域发出的声音是不同的，对宝宝的听觉能力是一种锻炼。

乐感开发

宝宝敲击架子鼓时，因为两个鼓面的大小不同，所以会产生高低不同的声音，鼓旁边的金属钹片因为特殊的设计发声逼真，高低起伏的节奏感可以增强宝宝的乐感。

这是一款智能互动玩具，能与人交谈，接受多种语音指令，只要通过触控及声控，就能与宝宝互动。除了内置数个游戏外，还包括中英文故事、知识问答和羊羊歌曲等，成为宝宝的家庭成员、贴身保姆和家庭教师。此外，该款玩具还具有活动的眼睛、嘴巴和头部，外表讨人喜爱。

认知能力开发

玩具内置纯正英语录制的英文故事，并附有中文翻译对照图书，宝宝一边看有趣的故事，一边听英语会话，学习英文语法、词汇，在提高认知能力的同时，提升英文水平。

语言能力开发

玩具内置宝宝最爱的喜羊羊主题故事，以原声配音，故事包括不同版本，宝宝定会百听不厌。此外，可联机一起朗诵唐诗，宝宝既可了解中国文学知识，又可学习中文语法、词汇。还包括科普、体育竞技问答题，能够增进宝宝的知识，锻炼宝宝的语言能力。

乐感开发

玩具内置正版授权羊羊热播歌曲，有助培养宝宝乐感，发掘音乐潜能。

记忆力培养、协调能力锻炼

玩具内置不同的益智趣味游戏，能够促进宝宝头脑发育，训练记忆力及动作的协调能力。

V1聪聪点读笔

品牌：伟易达（中国香港）

包装盒尺寸：20.3×19.1×17.8厘米

材质：塑胶、电子

适用年龄：3岁以上

聪聪点读笔是结合3～12岁孩子的身心发展规律和语言学习特点，为成长中的孩子度身定造的。点读笔采用环保、抗菌、无毒ABS材料制作而成，配以一套系统、科学、现代的启蒙有声读物教材，以风靡全球的“猫和老鼠”为图书主角，让宝宝在玩乐中学习。晚上，可以将点读笔放入特制的柔软、无毒面料制作的线控睡眠宝宝中，配备多达28本图书的有声故事资源，即变身为宝宝的故事机，为宝宝在睡前奉上优美的故事。

认知能力开发

白天，可以用点读笔教宝宝学习有声图书知识，包括认知、拼音、识字、唐诗、数学、国学等丰富多彩的学前教育内容，提高宝宝的认知能力，为学前教育打下扎实的基础。

听觉能力、语言能力开发

晚上，可以通过线控睡眠宝宝身上特制的按钮，为宝宝选择播放故事。线控睡眠宝宝的可爱造型是以聪聪点读笔为原型的毛绒公仔，其故事的高音质和标准语音可以吸引宝宝的注意力，提高宝宝的听觉能力，有趣的故事更可以激发宝宝的语言学习能力。

地球学习仪

品牌：伟易达（中国香港）

包装盒尺寸：33.5×28×20厘米

材质：塑胶、电子

适用年龄：3岁以上

认知能力、语言能力、乐感开发

转动飞行探索器，地球仪可转动，有5种游戏模式可以带领宝宝探索地球，学习基本的地理知识，包括七大洲和四大洋等，了解世界上不同的人和他们的语言，认识和参观著名的世界奇观，了解世界各地的音乐风格，给人以身临其境的感觉，可以提高宝宝的认知能力、语言学习能力及乐感。

环球旅行模式：移动操纵杆控制飞机飞行，到达目的地后，按操纵杆顶端的确认键，主机会告诉你所遇到的人、地名及当地的语言。

找朋友模式：进入找朋友模式后，主机语音会提示你，要求你找到一个朋友，例如，你会听到“哪里人讲德语‘HALLO’”，如果你飞到正确的地方，例如“德国”，你会听到“德国人”和奖励的声音；如果飞到错误的地方，主机会告诉你这个地方的名称，并鼓励你继续寻找。

飞行测试模式：进行飞行测试模式后，主机会提示你飞到一个地方，例如，你会听到“请找到金字塔”，如果飞到正确的地方，你会听到这个地方的名称和奖励的声音；如果飞到错误的地方，主机会告诉你这个地方的名称和提示信息，鼓励你继续寻找。

飞行探索模式：主机通过语音提示，要求你找到一系列地方，例如，你会听到“飞行顺序：金字塔、悉尼歌剧院”等，如果飞到正确地点，你会听到这个地名和奖励的语句；如果飞到错误的地方，主机会告诉你这个地方的名称，并鼓励你继续寻找。

音乐欣赏模式：飞到不同的地方就能听到对应地方的特色音乐或声音，例如，飞到长城，能够听到有关长城的声音；飞到南极洲，可以听到这个洲的特别声音；飞到太平洋，可以听到一个声音和一段音乐。

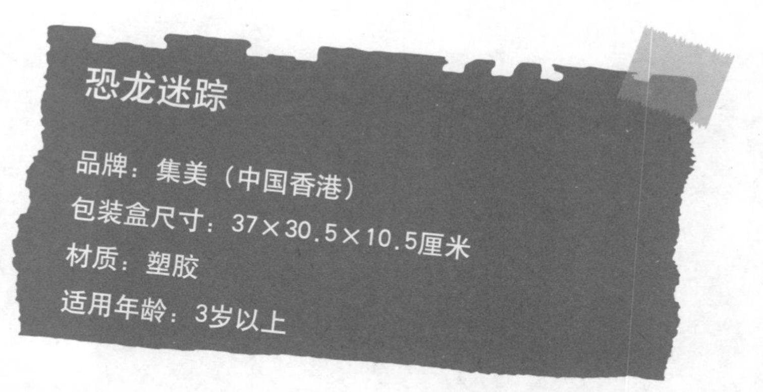

想象力、创造力开发

这是一款情景式玩具，恐龙虽然是远古生物，但这款玩具却能把恐龙的世界展现在宝宝眼前。玩具恐龙配置有叫声和闪光功能，根据提供的瞭望台、保护区管理员和一些小配件，可以营造更多气氛并增添逼真效果，宝宝可以充分发挥想象力和创造力，设计出属于自己的情景故事。

精细动作、协调能力锻炼

宝宝可以调校玩具恐龙的前爪及后腿，展示出恐龙站立、行走等各种活动形态，在这个过程中宝宝手眼并用，其他配套的人形公仔也配有一些工具和小巧的配件，宝宝把这些小配件放在人形公仔身上，有助于锻炼手眼协调能力及手指的灵活度。

语言能力、社交能力培养

无论是宝宝自己玩还是与小朋友共同分享这款玩具，用讲故事的形式介绍自己的玩具会使宝宝的语言表达能力得到提升，与人交流时也就更有话题，情景玩具为宝宝提供了更多与人沟通、分享的机会。

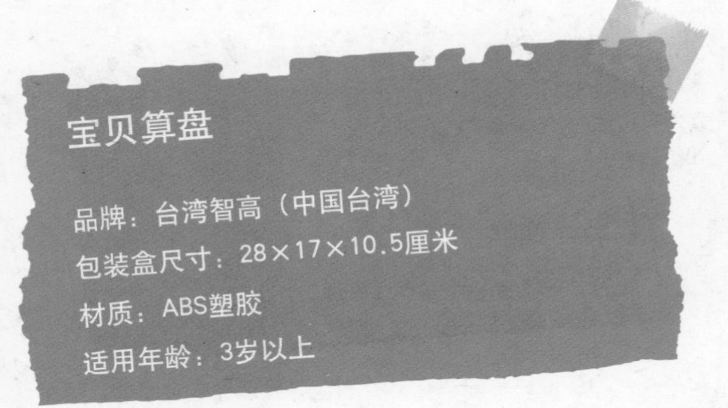

宝贝算盘

品牌：台湾智高（中国台湾）

包装盒尺寸：28×17×10.5厘米

材质：ABS塑胶

适用年龄：3岁以上

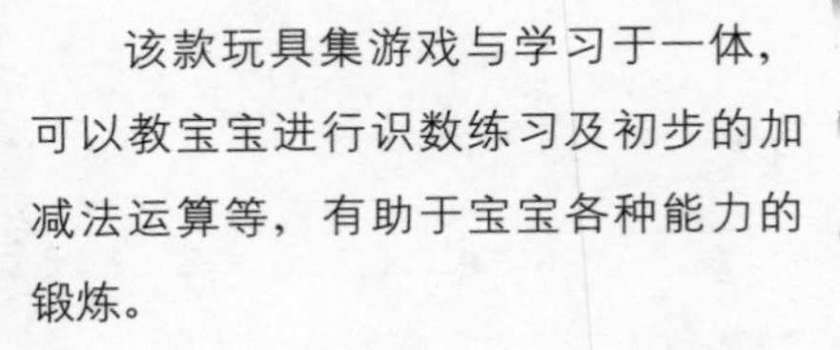

该款玩具集游戏与学习于一体，可以教宝宝进行识数练习及初步的加减法运算等，有助于宝宝各种能力的锻炼。

精细动作、协调能力锻炼、认知能力开发

让宝宝使用算盘柱进行套穿方块，加强宝宝精细动作和手眼协调能力的锻炼，还可以同时教宝宝对排序、高矮、多少等概念进行了解和认知。

识别颜色

该款玩具配有5种颜色的方块与数字，在学习操作中可以让宝宝将同颜色的方块放到一起，通过分类加强宝宝对颜色的认知。

算术能力开发

先让宝宝在算盘架下放上5以内的数字卡片，然后按照数字将方块套在算盘柱上，提高宝宝对数字的认知能力。待宝宝熟练后，逐渐加大难度，可以教宝宝进行初步的加减法运算，培养宝宝的算术能力。

该款玩具可以让宝宝简单地了解天平的原理，了解对应关系，学习数学知识，提高宝宝的观察力、算术能力、语言能力和认知能力，配有的丰富情景游戏操作卡能够让宝宝学习数字时不再单调乏味。

感知基本原理、了解对应关系

将砝码挂在天平上任何一个数字上，然后将另一面也挂在相同数字上，让宝宝观察这时天平是平衡的，如果不在同一个数字上，天平则是倾斜的，让宝宝初步感知平衡与杠杆原理。还可以通过在天平两端不同的位置分别挂上相同砝码数，让宝宝知道唯有天平平衡时天平两边的量才一样多的概念，了解对应关系。

算术能力开发

教宝宝学习并认知10以内的数字关系（倍数、奇数、偶数），学习数字的分解组成。配套使用的卡通图片可以更好地引发宝宝的兴趣，从而让宝宝在快乐的环境中学习数学知识，提高算术能力。

了解数的分解概念

让宝宝练习简单的加减法，如6+3＝5+4＝8+1等，以此类推，让宝宝在实际操作中了解数的分解概念。

语言能力开发

天平的一端为喜鹊造型，另一端为小松鼠造型，在游戏过程中，可以用天平配合卡片内容教宝宝分清你我、多少等关系，同时锻炼宝宝的语言表达能力。

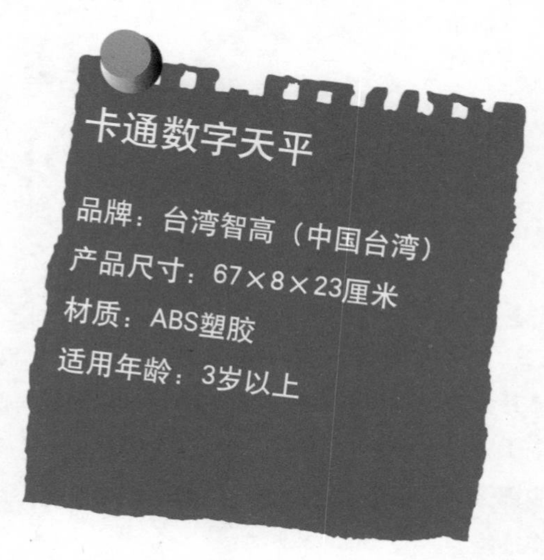

全能教学板

品牌：台湾智高（中国台湾）
产品尺寸：65.1×47×15.2厘米
材质：ABS塑胶、塑封纸卡
适用年龄：3岁以上

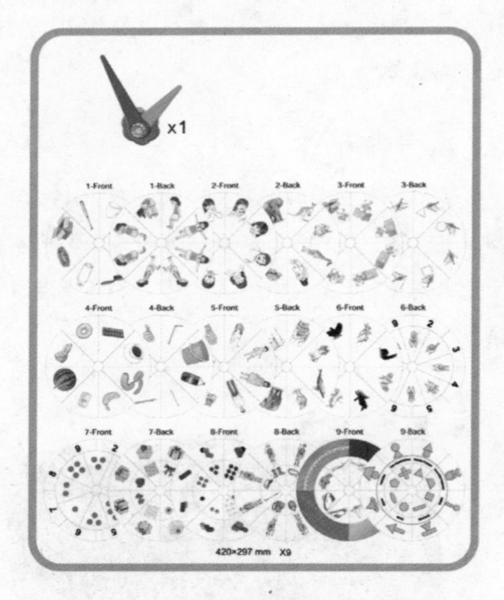

（多用学习卡）

（找缺少部分）

该玩具有4种形状和4种颜色共100颗几何颗粒，附6张双面颗粒操作大卡、121张学习纸卡，并配有3本操作使用教案和延伸联系故事等。学习板有两大使用功能，在学习板上有多个孔洞，可以按图卡指示向上插入几何颗粒拼摆图形，还可以放上一个大时钟转盘，插入学习纸卡，学习找时间、找关系、找缺少部分等，锻炼宝宝的动手能力与协调能力，培养宝宝的观察力、认知能力、想象力、创造力以及社会交往能力。

（跟我学）

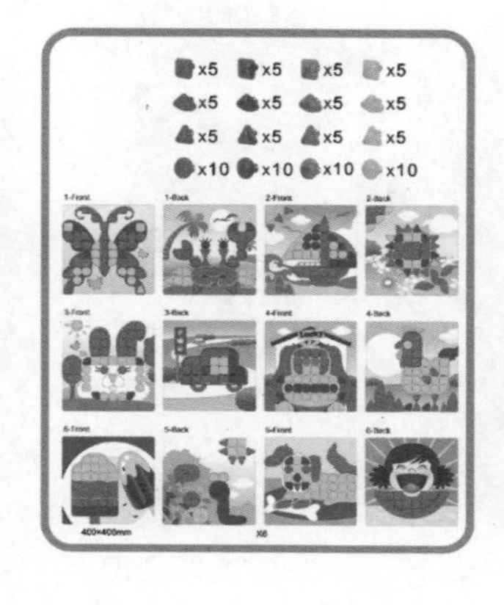

（颗粒操作大卡）

（找关系）

几何颗粒造型

在学习板上插入几何颗粒，开始时可以让宝宝按图卡指示向上插入几何颗粒拼摆图形，并可以拼摆人物、动物、植物、交通等模型。待宝宝熟练后，按照宝宝自己的想象，创造出想要的造型来。这个过程可以锻炼宝宝的动手能力与协调能力，激发宝宝的想象力与创造力。

多种教学游戏

在时钟转盘上插入学习纸卡，通过转盘、卡片与长短指针的配合，可以进行物品辨认、做运动、变化表情、观察并记住动物的特征、空间方位、写写画画、比较大小、手影游戏、高矮排列、粗细对比与相互关系、味觉的识别等多种教学游戏。

时间概念游戏

父母以小伙伴的角色加入宝宝的游戏与学习中，将产生无限的游戏创意与收获。在时钟转盘上插入学习纸卡，时钟指针通过拨动而正常运行，宝宝可以学习认识时间，并用多种方式进行时间的表达。宝宝与父母之间可以根据学习卡进行各种时间创意游戏，比如用指针表达或用指针时间转换共同解决游戏中出现的各种问题，宝宝也可以与多个小朋友一起玩，培养宝宝的团队精神和社会交往能力。宝宝还可以学习时间名词包括整点、刻钟、半小时、分钟等，学习运用时间，安排生活作息时间等。

桩板组＋工作卡

品牌：台湾智高（中国台湾）
包装盒尺寸：24×24×11厘米
材质：ABS塑胶、EVA塑料、贴膜纸卡
适用年龄：3岁以上

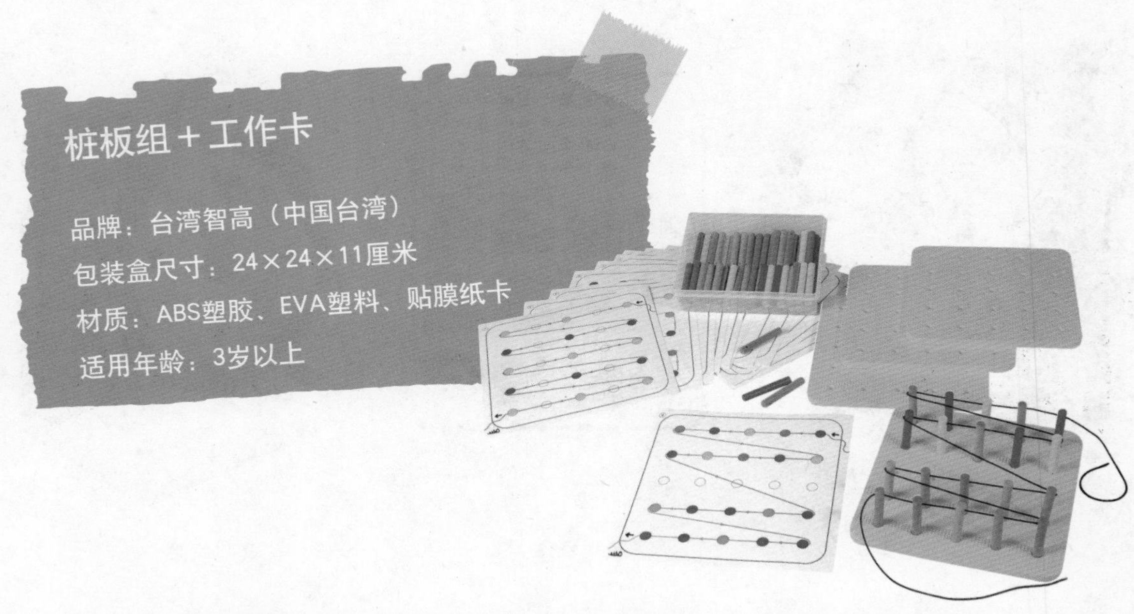

该款玩具由多根彩色桩、彩桩板及图卡组成，可以帮助宝宝练习穿、插、拔等多种动作，促进宝宝小肌肉的发展以及手眼协调能力，帮助宝宝认识颜色与分类，掌握对应关系和对图形的想象与联想。

识别颜色

教宝宝按照图卡上标注的颜色将对应的彩色桩插到彩桩板上，还可以教宝宝将红、黄、蓝、绿等颜色的彩色桩按颜色进行分类，提高宝宝对颜色的识别能力。

小肌肉、协调能力锻炼

教宝宝按照图卡上标注的图形线，练习在彩桩孔洞中穿线，使宝宝在进行穿插的活动中促进小肌肉的发展及手眼协调能力。

识别形状、想象力开发

根据图卡的指示，组成图形形状，使宝宝逐渐掌握图形形状的概念。通过彩色桩拼摆出不同的形状，再通过穿线，连接成的形状图案使宝宝的印象更加清晰，激发宝宝的想象力，也可以让宝宝创造出更多的图形形状出来。

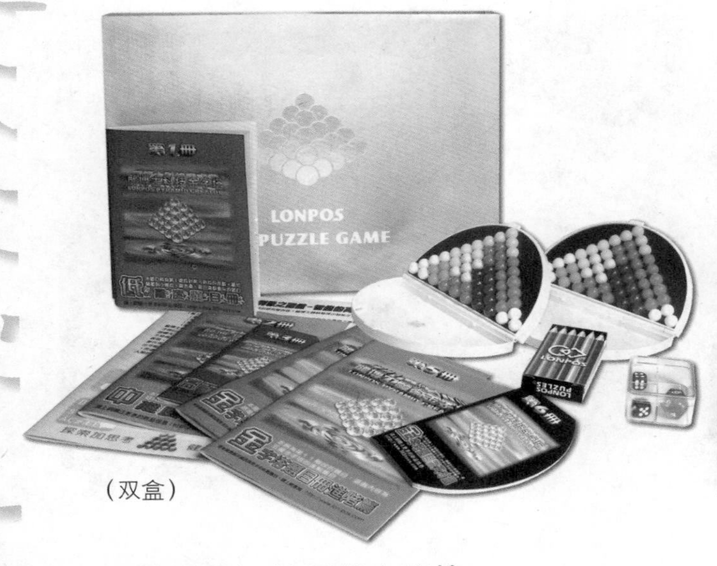

（双盒）

金字塔

品牌：大圣玩具（中国）
包装盒尺寸：17.5×10.5×2.2厘米
材质：ABS塑胶
适用年龄：3岁以上

观察能力、协调能力锻炼

金字塔玩具一共有22469种玩法，其中平面玩法19887种，立体玩法2582种。宝宝在玩的时候可以先看图上的颜色，把有颜色的部分放好，这部分可以训练宝宝的观察能力和手眼协调能力。

思维能力培养

玩具后面空白的部分要求宝宝自己动脑用剩下的珠子把空白部分全部填满，这部分主要训练宝宝的逻辑思维能力。题目上的空白越到后面越多，难度也越来越大，到后面立体3册书的时候，主要是训练宝宝的立体空间思维能力。

（单盒）

亲子互动

该款玩具老少皆宜，是全家人进行亲子互动的一个平台，提供了两个游戏盒，供两个人来一起玩，一起比赛，增加亲子游戏的乐趣。

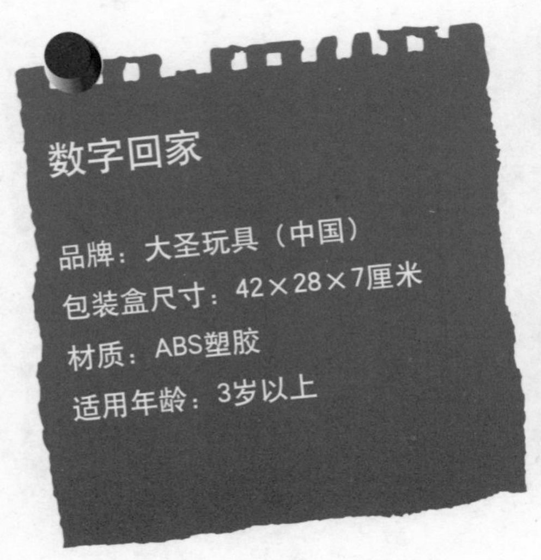

判断力、解决问题能力培养

该款玩具的玩法是：按照题目卡上的数字标识把数字积木块放好，然后通过圆圈之间的路线让每个数字块都回到右上角小图的目标位置，数字积木块在通过路线移动时，不能在路线交叉的地方转向或停留。

游戏过程中，宝宝既动手又动脑，能够培养宝宝的判断力和解决问题能力。

思维能力培养

数字回家棋是专项培养宝宝思维能力的一款益智玩具，每道题目都有多种完成问题的方法。当宝宝掌握了这种思维能力后，以后解决问题时就会从多角度、多方面思考，这种思维方式也是宝宝创造力的核心源泉。

数字逻辑

品牌：大圣玩具（中国）
包装盒尺寸：42×28×7厘米
材质：ABS塑胶
适用年龄：3岁以上

思维能力、专注力培养

该款玩具的玩法是：按照题目要求，将选择的数字放在指定的或限制选择范围的带有猴头标志的方格内，或者所选择的数字不能放在带有地雷标志的方格内，最后要求9格数字棋子全部放在空格内，且符合题目给出的已知条件。数字逻辑玩具的题目设计都以逻辑思考为主，每道题目的完成都是有法可循的，不是漫无目的地玩，宝宝能够由浅入深地逐步养成并巩固思维能力，同时使专注力得到极大的提高。

智慧片

品牌：大圣玩具（中国）

包装盒尺寸：KK–850　37.5×14×28.5厘米

　　　　　　KT–900　37.5×14×28.5厘米

材质：ABS塑胶

适用年龄：3岁以上

动手能力锻炼

智慧片采用独特的连接结构进行连接组合，基本组件造型有两向、三向、四向连接杆、抓杆、齿轮、齿轮摇杆、三角形、五角形、六角形及套筒等，可以搭建出多种造型，锻炼宝宝的动手能力。

想象力、创造力开发

搭建空间模型的过程，有利于宝宝掌握几何概念，发挥想象力和创造力。只要宝宝能够想象得到的东西，基本上都可以组装出来，比如坦克、飞机、风车等。

识别形状

这是一种管型连接结构的积木，基本形状有直管、弯管、“T”字管、“十”字管，可以让宝宝认识4种不同形状的弯管，感知不同的形状。

识别颜色

父母可以出示不同颜色的积木，让宝宝说出是什么颜色，或者让宝宝说出自己喜欢的颜色，然后让宝宝联想其代表的物品，并用完整的句子表达，增强宝宝对颜色的识别能力。

动手能力锻炼

智慧弯管共有3款不同规格的玩具，分别有30个、60个、88个弯管零部件，由简到难，让宝宝照着示例图形进行搭建，能够培养宝宝的动手能力。

想象力、创造力开发

父母可以给宝宝提出具体的物品概念，或者鼓励宝宝发挥想象力和创造力，搭建自己设计的造型出来。

智慧弯管

品牌：大圣玩具（中国）

包装盒尺寸：DPG030 38×25×6厘米

DPG060 42×28×7厘米

DPG088 50×32×8厘米

材质：ABS塑胶

适用年龄：3岁以上

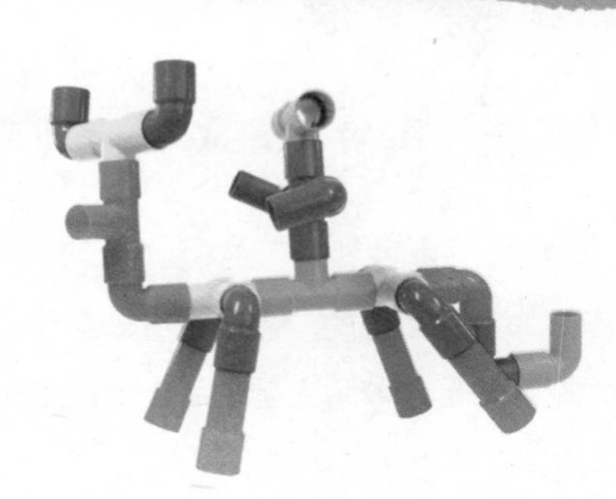

DIY金粉画

品牌：大圣玩具（中国）
包装盒尺寸：36×28厘米
材质：PS塑胶、金葱粉、胶水
适用年龄：3岁以上

金粉画的图案采用“喜羊羊与灰太狼”系列图案，内附供参考的小彩图，也可由宝宝自己创意，将带有线条的图案涂上金粉胶颜料，不平的地方用牙签填平，画面上用金粉颜料都填好后，把它水平放置、自然风干。待颜料风干后，作品可通过支架进行展示，可放在桌上，也可挂在墙上，一件精美的作品就完成了。

识别颜色

在制作作品的过程中，通过运用各种颜料，有助于提高宝宝对色彩的分辨能力。

动手能力锻炼、绘画能力培养

未填涂前，图案本身是白色的，需要宝宝动手用颜料进行涂色，才能变成一幅彩色图案，这可以满足宝宝动手制作的兴趣。父母应鼓励宝宝动手制作，使宝宝有成就感、增加信心，制作过程也有益于提高宝宝的动手能力和绘画能力。

DIY砂艺术

品牌：大圣玩具（中国）
包装盒尺寸：36×28厘米
材质：白卡纸、石英砂
适用年龄：3岁以上

内装3张中号砂画卡，并附有供参考的小彩图，也可由宝宝自己创意。制作时，用牙签将先上色部分挑起，露出有胶的部位，撒上喜爱的彩色砂。制作中，要先撒深色砂，后撒浅色砂，这样宝宝自己制作的砂艺术作品就完成了。

识别颜色

在制作作品的过程中，通过运用彩色砂，有助于提高宝宝对色彩的分辨能力。

动手能力锻炼、观察能力培养

砂画卡需要宝宝动手用彩色砂进行制作，才能变成一幅砂画，这个过程可以满足宝宝动手制作的兴趣。制作中，宝宝要先观察整幅图案的配色，考虑撒什么颜色的砂才能使画面看起来更协调，这个制作过程有益于提高宝宝的动手能力和观察能力。

创意水彩画有画笔和8种颜色的颜料，内含12张未上色图案，宝宝可将颜色涂在这些图案上，上色完成后把它装在包装袋里悬挂起来，一幅属于宝宝自己制作的作品就完成了。

识别颜色

在制作作品的过程中，通过运用各种颜料，有助于提高宝宝对色彩的分辨能力。

动手能力锻炼、思维能力、绘画能力培养

未上色前，图案本身是白色的，需要宝宝动手用颜料进行涂色，才能变成一幅彩色图案，可以满足宝宝动手制作的兴趣。在制作过程中，需要宝宝开动脑筋，思考如何将画面制作得更漂亮、颜色搭配更协调，有助于锻炼宝宝的动手能力，培养宝宝的思维能力和绘画能力。

动手能力锻炼

雪花形状的圆片设计巧妙，可以从8个方向进行拼插，造型丰富。内附亲子益智教育手册，按照宝宝的成长阶段安排游戏，可以让宝宝循序渐进地学习，在玩玩具的过程中学习知识，加强动手能力。

大圣雪花片

品牌：大圣玩具（中国）

包装盒尺寸：DPX240　38×25×6厘米

DPX400　42×28×7厘米

DPX600　50×32×8厘米

材质：ABS塑胶

适用年龄：3岁以上

想象力、创造力开发

先让宝宝照着示例图形进行搭建，待宝宝拼插熟练后，可以给宝宝提出具体的物品概念，鼓励宝宝发挥想象力进行搭建，自由组合出多种造型出来，促进宝宝想象力和创造力的提高。

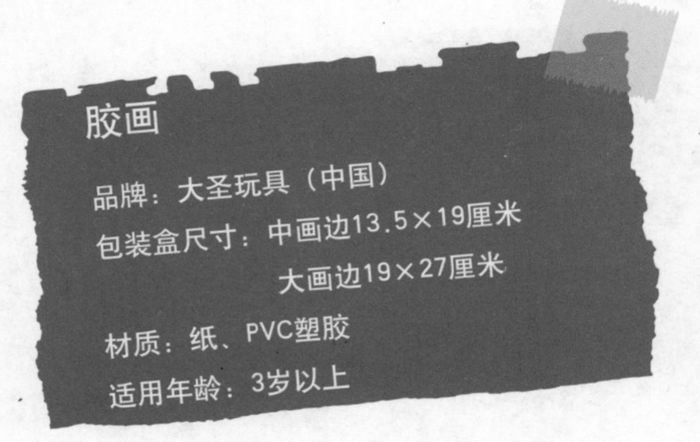

该胶画有中画边和大画边两款尺寸，制作步骤为：取出黑色画边贴在铝板上，按照画边挤入油膏颜料，颜色可参照随附的小彩图，也可自己创意；涂好颜色后，将其放入烤箱，调好时间，取出后自然冷却，就完成了一幅美丽的艺术胶贴画。可以将画好的作品随意贴在光滑的表面，如冰箱、门、玻璃、墙壁等。

识别颜色

在制作作品的过程中，通过运用各种颜料，有助于提高宝宝对色彩的分辨能力。

动手能力锻炼、思维能力、绘画能力培养

未上色前，图案本身是白色的，需要宝宝动手用颜料进行涂色，才能变成一幅彩色图案，可以满足宝宝动手制作的兴趣。在制作过程中，需要宝宝开动脑筋，思考如何将画面制作得更漂亮、颜色搭配更协调，有助于锻炼宝宝的动手能力，培养宝宝的思维能力和绘画能力。

晶彩单面画

品牌：大圣玩具（中国）
包装盒尺寸：33.5×24.5厘米
材质：PS塑胶、胶水
适用年龄：3岁以上

内装4片各种造型的透光片和6种颜色的水性颜料，宝宝可以在透光片空白处填上自己喜欢的颜色，可参照内附的小彩图，也可自己创意。透光片制作好后，可以作为装饰品小配件挂在书包上，也可赠送给其他小朋友。

识别颜色

在制作作品的过程中，通过运用各种颜料，有助于提高宝宝对色彩的分辨能力。

动手能力锻炼、思维能力、绘画能力培养

未上色前，图案本身是白色的，需要宝宝动手用颜料进行涂色，才能变成一幅彩色图案，可以满足宝宝动手制作的兴趣。在制作过程中，需要宝宝开动脑筋，思考如何将画面制作得更漂亮、颜色搭配更协调，有助于锻炼宝宝的动手能力，培养宝宝的思维能力和绘画能力。

轴轮工程

品牌：大圣玩具（中国）
包装盒尺寸：
公园设施系列 34×23×5厘米
机器人系列 40×28×8厘米
工程车系列 45×30×8厘米
材质：ABS塑胶
适用年龄：3岁以上

轴轮工程玩具有“公园设施”“机器人”“工程车”3个系列，每款都配备有彩色说明书，说明书内有多款精美造型的详细图解。轴轮的连接方式可以随意变换，且组装简单，从简单的人形到复杂的机器人、动物、交通工具等随意变形和制作，简单的零件中蕴藏着无限的可能。

识别颜色

轴轮工程玩具有红、黄、蓝、绿几种基本颜色，有助于宝宝在玩耍中加深对颜色的识别与辨认能力。

识别形状、观察能力培养

轴轮工程玩具的零件具有一定的尺寸和比例，宝宝在摆弄的过程中，可以认识和识别零件的不同形状、比例、大小、粗细、高矮、长短等，并通过细微观察，拿到正确的配件进行组装，可以有效地培养宝宝的观察能力。

想象力、创造力开发

宝宝在拼插造型时，无形中形成、拓展了自己的知识结构，搭建的过程就是他实验、论证、修改自己想法的过程，也正是发挥想象力和创造力的过程。

百变交通

品牌：大圣-智高玩具（中国）

包装盒尺寸：15×15×29.5厘米

材质：ABS塑胶

适用年龄：3岁以上

动手能力锻炼

该款玩具内含160个零部件，内附彩色说明书、可变化21种交通工具的详细图解，只有4个基本形状，操作简单，宝宝可轻松熟悉并方便上手，能够充分锻炼宝宝的动手能力。

识别颜色

该款玩具有红、黄、蓝几种鲜艳的基本色调，可以让宝宝在游戏中加深对这几种颜色的识别和辨认能力。

想象力、创造力开发

“一凸五凹”的连接设计使得宝宝可以轻易地进行配件连接，连接后可以对配件进行360°旋转，同时宝宝还可以自由创造属于自己的模型、利用创新的造型，激发宝宝的想象力和创造力。

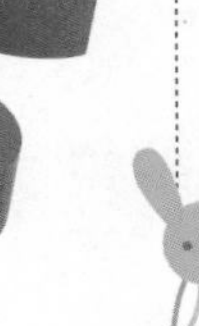

小小工程师

品牌：大圣-智高玩具（中国）

包装盒尺寸：42×38×28厘米

材质：ABS塑胶

适用年龄：3岁以上

这款玩具配备有夹钳、螺丝起子、老虎钳、扳手等工具，可以让宝宝学到不同工具的特性，工具箱内有内隔，父母可以引导宝宝将模块进行分类存放。宝宝只需要5个模块即可搭建出栩栩如生的图形，也可以使用100多个模块搭配更复杂的图形，共有常规、挑战、进阶3种模式，通过循序渐进的方式逐步提高宝宝的动手、动脑能力。

动手能力、协调能力锻炼

此玩具易于操作，宝宝在玩耍的过程中，通过敲、打、拧等各种不同的动作，学会使用不同的工具，建造各种造型，能够锻炼动手能力和手眼协调能力。

识别颜色

这款玩具有鲜艳的红、黄、绿、蓝几种色调，可以让宝宝在搭建模型的过程中，加深对颜色的识别和辨认能力。

思维能力培养、想象力、创造力开发

多个零散的配件给宝宝带来创意的空间，宝宝既可以按照图例来建造各种模型，也可以充分开动脑筋，自己创造各种新模型，找到更多有趣的组合搭配方法，从而培养逻辑思维能力，激发想象力和创造力。

动手能力锻炼

方向盘旁边的控制杆可控制车头里面的玩具飞机，当宝宝把控制杆推向前时，飞机会跟着向前活动，形成一种模拟操控的形式，控制杆可控制飞机向前、后、左、右4个方向运动，引起宝宝的兴趣，让宝宝多多动手，锻炼动手能力。

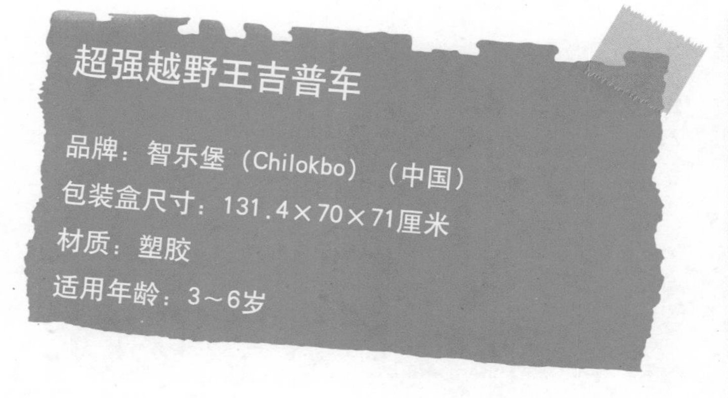

超强越野王吉普车

品牌：智乐堡（Chilokbo）（中国）
包装盒尺寸：131.4×70×71厘米
材质：塑胶
适用年龄：3～6岁

听觉能力、乐感开发

方向盘上的按键能发出不同风格的动听音乐，在锻炼宝宝听觉能力的同时，培养宝宝的乐感，发掘宝宝的音乐潜能。

协调能力锻炼

该车为仿真电动童车，当宝宝踩脚踏时，童车会前进，方向盘可控制童车的前进方向，并有前进、后退转换器，宝宝通过手与脚的共同运动来控制童车，在感受驾驶乐趣的同时，训练宝宝的协调能力。

龙车

品牌：智乐堡（Chilokbo）（中国）
包装盒尺寸：125.2×68.2×53.4厘米
材质：塑胶
适用年龄：3～6岁

视觉能力开发、识别颜色

该车车头设置有幻彩闪灯，能发出如彩虹般的渐变灯光，同时车轮上也设置有彩灯，当童车开动时，彩灯会随着车轮的滚动而变换颜色，发出炫彩迷人的灯光，能够刺激宝宝的视觉能力发展，同时多种颜色还可促进宝宝对颜色的辨认。

听觉能力、乐感开发

方向盘上的按键能发出动画片《奇幻龙宝》中的11首音乐，可以锻炼宝宝的听觉能力，培养宝宝的乐感。

协调能力锻炼

该车为仿真电动童车，当宝宝踩脚踏时，童车会前进，方向盘可控制童车的前进方向，并有前进、后退转换器。宝宝通过手与脚的共同运动来控制童车，在感受驾驶乐趣的同时训练宝宝的协调能力。

太空特警

品牌：智乐堡（Chilokbo）（中国）
包装盒尺寸：117×60.5×63.3厘米
材质：塑胶
适用年龄：3~6岁

动手能力锻炼

该车车尾设置有唱片转盘及音乐按钮等模拟DJ控制盒，在引起宝宝兴趣的同时，可以让宝宝通过转动、扭动、按压等手部动作，训练宝宝的动手能力。

听觉能力、乐感开发

整辆车总共有35个按钮，能发出146种声音，有钢琴、萨克斯、大鼓、吉他等不同类型的音乐，除了可以锻炼宝宝对声音的辨别能力外，还可发掘宝宝的音乐潜能，培养宝宝对音乐的兴趣。

认知能力开发、观察能力、记忆力培养

方向盘具有电子学习功能，共有数字、字母、音乐及图片4种智能模式。通过按钮指示，LED显示屏上可以显示出多种图案变化，配合标准的语言发音、动听的音乐特效，除了能让宝宝在玩耍的过程中学习外，还可培养宝宝的观察力和记忆力。

协调能力锻炼

该车为仿真电动童车，当宝宝踩脚踏时，童车会前进，方向盘可控制童车的前进方向，并有前进、后退转换器。宝宝通过手与脚的共同运动来控制童车，在感受驾驶乐趣的同时锻炼宝宝的协调能力。

百变小汽车

品牌：learning mates（中国）

包装盒尺寸：27.5×22×6.6厘米

材质：塑胶

适用年龄：3岁以上

动手能力、协调能力锻炼

这是一款自己动手组装的小汽车，每个车体零件都内含磁石，只要凹凸结合就可以拼成完整的车体，然后装上轮子就大功告成了。宝宝可以根据图示拼成皮卡、商务车、小轿车等车型，也可以通过更换车体部件变成其他车型。从拿起车体零件到拼装成一辆车的过程，可以让宝宝了解各种汽车的不同造型，同时也是对宝宝动手能力和手眼协调能力的培养。

认知能力开发

当宝宝拼装车型时，他要去观察一辆车的基本构成部分（车头、车厢、车尾、轮子）、不同的车厢有何不同等，经过数次反复尝试，父母再从旁提示或示范之后，宝宝便会掌握拼装的技巧并记住汽车的基本构成，从而提高认知能力。

自信心培养

宝宝在进行组装时，会感觉到车部件之间有神奇的力量，当彼此接近时会很快吸在一起。即使拼装得不如自己所愿，也可以重新尝试，直到得到自己中意的车型，这个过程也是对宝宝自信心的培养。

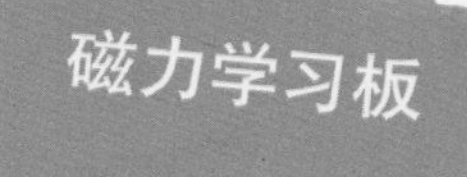

品牌：learning mates（中国）

包装盒尺寸：41.5×36.5×6.3厘米

材质：塑胶

适用年龄：3岁以上

动手能力锻炼

磁力学习板由磁性小部件、45张灵感卡（设计好的图案卡片）及磁性白板组成，有“小建筑师”“字母世界”“动物世界”“卡通世界”“天才画家”“小车世界”6个系列，宝宝可以根据卡片上的图案用磁性小部件在白板上组成各种图案，这个过程充满了趣味性，并能培养宝宝的动手能力。

小肌肉、精细动作、协调能力锻炼

宝宝拿起形状各异的磁力零件，将其稳妥地贴在学习板上，是对手指肌肉的锻炼；而如何能贴得准确和美观，则是对其精细动作和协调能力的锻炼。

识别形状、识别颜色

每个图案都是由多个不同形状、不同颜色的磁性小部件组成，如汽车是由黄色半圆形车顶、绿色方形车身、黑色圆形车轮等组成，组合图案的过程就是宝宝识别形状、识别颜色的过程。

亲子互动、认知能力开发

父母和宝宝一起游戏更能促进亲子间的情感，让宝宝发挥想象力，在父母的协同下拼出更多造型，提高宝宝的认知能力。

顽皮小猴学配对

品牌：learning mates（中国）

包装盒尺寸：21.27×37.78×5.40厘米

材质：环保塑胶原料

适用年龄：3岁以上

亲子互动

这是一款知识性和趣味性相结合的玩具，有1个小猴子转盘、1只顽皮小猴子、5张双面趣味知识卡、1本说明书。玩的时候，先放好趣味知识卡，接着把小猴子按照左边圆圈卡槽的方向对准放好，然后转动小猴子，让它手上的香蕉指在某一个趣味知识图案之内，这时可以先让宝宝想一下答案是什么，然后再拿起小猴子，把它放到右边，通过磁力作用，神奇的小猴子会马上转到答案对应的图案。通过如此有趣的方式，可以让宝宝在玩耍的过程中自主学习到知识。

认知能力开发、思维能力培养

通过转动小猴子并得到答案的过程，可以让宝宝学习到许多知识，同时能够培养宝宝的思维能力。

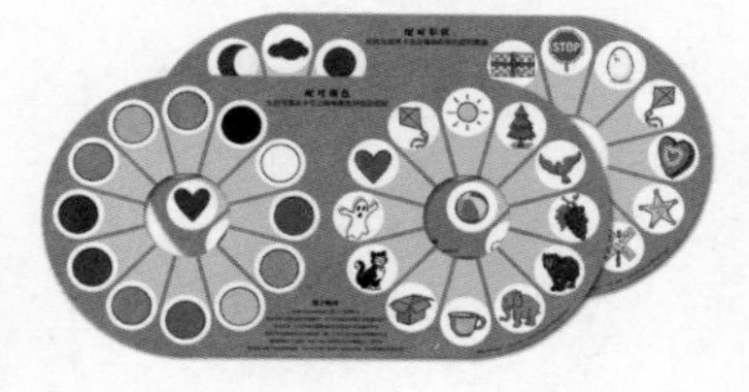

语言能力开发

父母同宝宝一起游戏时可以通过问答的方式，来锻炼宝宝的语言表达能力，比如父母问：“宝宝，找一找，看一看，青蛙的家在哪里啊？”宝宝答：“在这里，池塘里的荷叶上。”

顽皮小猴学算术

品牌：learning mates（中国）
包装盒尺寸：27.94×21.59×9.21厘米
材质：塑胶
适用年龄：3岁以上

算术能力开发

该玩具包括1个小猴子基座、20块数字香蕉配件、1本说明书，利用平衡原理让宝宝学会简单的加减法，训练宝宝对数字的敏感度，学习数字拆分的原理。每块香蕉片上都标有红色的数字，只需要往小猴子手上挂上数量相等的香蕉片，小猴子的双手就会平衡。通过这种形象、生动的玩法，能够让宝宝潜移默化地理解简单的算术原理，提高算术能力。

解决问题能力培养

通过游戏，不仅能够培养宝宝的算术能力，而且还能培养宝宝解决问题的能力。建议不论宝宝在游戏中对错与否，父母都不要随便帮宝宝挂香蕉，应启发宝宝自己亲手放，这样才能达到游戏的目的。

亲子互动

这是一款让学习变得轻松的互动游戏玩具，父母可以在宝宝自己往小猴左右手挂上香蕉时，引导宝宝理解多与少的概念，并适当地鼓励宝宝的行为，增强宝宝的自信心。

巧手毛毛虫

品牌：葆婴（中国）
包装盒尺寸：56×15×21厘米
材质：面料全涤短毛绒、里料填充PP棉
适用年龄：3岁以上

小肌肉、精细动作、协调能力锻炼

这个毛毛虫玩具体形很大——58厘米长，有6个“秘密口袋”——拉链、按扣、纽扣、绳子、书包扣、粘扣，每个都提供一种不同的技能，要掌握这些技能，完成穿衣穿鞋的任务，宝宝需要练习手部小肌肉和精细动作，同时手眼协调能力也会在练习的过程中有所提高。为了鼓励宝宝练习，可以在毛毛虫的6个“秘密口袋”中玩“藏猫猫”的游戏，增加趣味性。

生活技能培养

自己穿衣服、扣扣子等是重要的生活技能，通过练习，可以建立宝宝的独立意识，培养宝宝的生活自理能力。

迷你邮政局

品牌：卡美（Camino）（中国）

包装盒尺寸：34×9×25厘米

材质：塑胶

适用年龄：3岁以上

认知能力开发

该套玩具包括钱币、信封、明信片、信筒等，可以让宝宝在游戏中，了解邮局、邮寄流程等，并认识各种相关物品。

动手能力锻炼、社交能力培养

在迷你邮政局里，宝宝可以写一封信或寄一张贺卡给朋友，也可以用电子秤称一称邮寄的信件或物品到底有多重。这些贴近生活的趣味游戏，能够锻炼宝宝的动手能力及培养社会交往能力。

模拟电子驾驶盘

品牌：卡美（Camino）（中国）
包装盒尺寸：25×7×30厘米
材质：塑胶
适用年龄：3岁以上

认知能力开发

将支撑杆上的吸盘吸附在玻璃上，用来固定驾驶盘。按下驾驶盘面上的各类按钮，会发出相应的模拟声，如鸣笛声、油门声、刹车声、滴答滴答的转向提示声等，还有提速、减速、切换挡位的声音，都很逼真，可以让宝宝在体验驾驶乐趣的同时增强认知能力。

精细动作、协调能力锻炼

模拟电子驾驶盘可以像真实方向盘一样操控，按动start/stop键可开始驾驶，红色键可提速，brake键可减速慢行，遇到阻碍可按动中间的喇叭键，转向可按动gear change键，转向时转向灯会亮起，锻炼宝宝的精细动作和手眼协调能力。

可儿5周年特别版·中国娃娃

品牌：可儿（中国）

包装盒尺寸：12×10×32厘米

材质：塑胶（PVC/ABS）、人造纤维

适用年龄：3岁以上

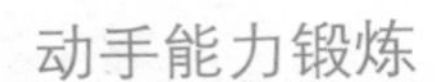

动手能力锻炼

可儿娃娃的所有服装都可穿脱，通过给可儿娃娃换装、装扮以及配合可儿娃娃的周边配件的摆设，可协助宝宝增强其动手能力。

生活技能培养

可儿娃娃拥有灵活的身体和丰富的娃娃配套产品，尤以各类精美服装为主，通过给可儿娃娃搭配不同的服装、鞋帽、饰品，给可儿娃娃设计发型、化妆以及拍照等，能带给女宝宝更多还原生活的真实感、新鲜感和无穷乐趣，更能帮助其提高生活技能。

角色扮演、想象力、创造力开发

在与可儿娃娃玩装扮游戏的过程中，宝宝会虚构一些富有戏剧性的情节，用可儿扮演父母、医生、警察等角色，并模拟这些角色的相关场景、对话和情节，也就是俗称的“过家家”游戏，能够帮助宝宝提高想象力和创造力。

动手能力锻炼

可以让宝宝尝试将爱妮莎娃娃的头发辫出各种各样的造型，也可以试着将娃娃的衣服脱下来洗涤，锻炼宝宝的动手能力。

语言能力开发

爱妮莎娃娃可以做宝宝的“启蒙老师”，它有语音说话功能，可以用中英文流利地与宝宝对话，培养宝宝的语言能力。

爱妮莎娃娃

品牌：爱妮莎娃娃（中国）

包装盒尺寸：60×32×15厘米

材质：塑胶、PP棉、棉质或化纤材料

适用年龄：3岁以上

算术能力开发

宝宝也许讨厌机械地学习数学，但是爱妮莎娃娃出的算术题目是蕴涵在故事里的，宝宝会更有兴趣开动小脑筋，来顺利地完成题目。

社交能力培养

爱妮莎娃娃可以像小伙伴一样与宝宝交流，有时背英语单词，有时念唐诗，有时出算术题，有时讲故事，扮演着小老师的角色，使宝宝在学习知识的同时提高自己与人交往的能力。

认知能力、听觉能力、乐感开发

动感爵士鼓含有多首悦耳的乐曲、动感的舞曲以及趣味音效，在玩耍的过程中，宝宝可以辨别各种不同的声音，聆听不同的乐曲，学习各种旋律，从中发展认知能力，锻炼听觉能力，培养乐感。

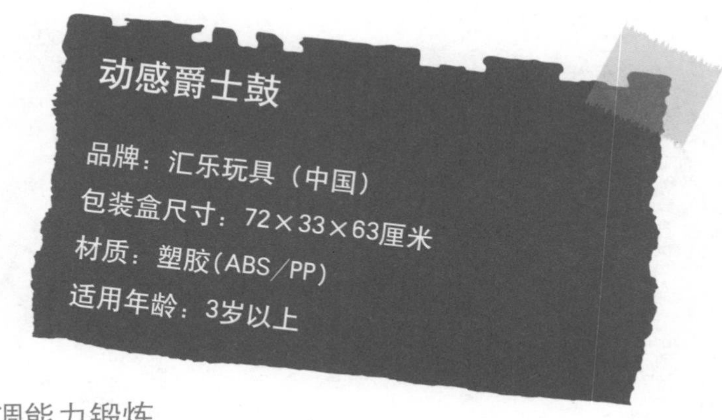

大肌肉、大运动动作、协调能力锻炼

宝宝握住鼓槌，敲击鼓面或铙钹，能够锻炼上肢肌肉的活动能力。在敲击的同时，配合踩脚踏键触发低音鼓，还可以提高宝宝腿部的活动能力。在敲击的过程中，宝宝身体的协调能力也得到了锻炼。

语言能力开发

动感爵士鼓配有一个小麦克风，可以让宝宝学习唱歌，锻炼宝宝的语言能力。

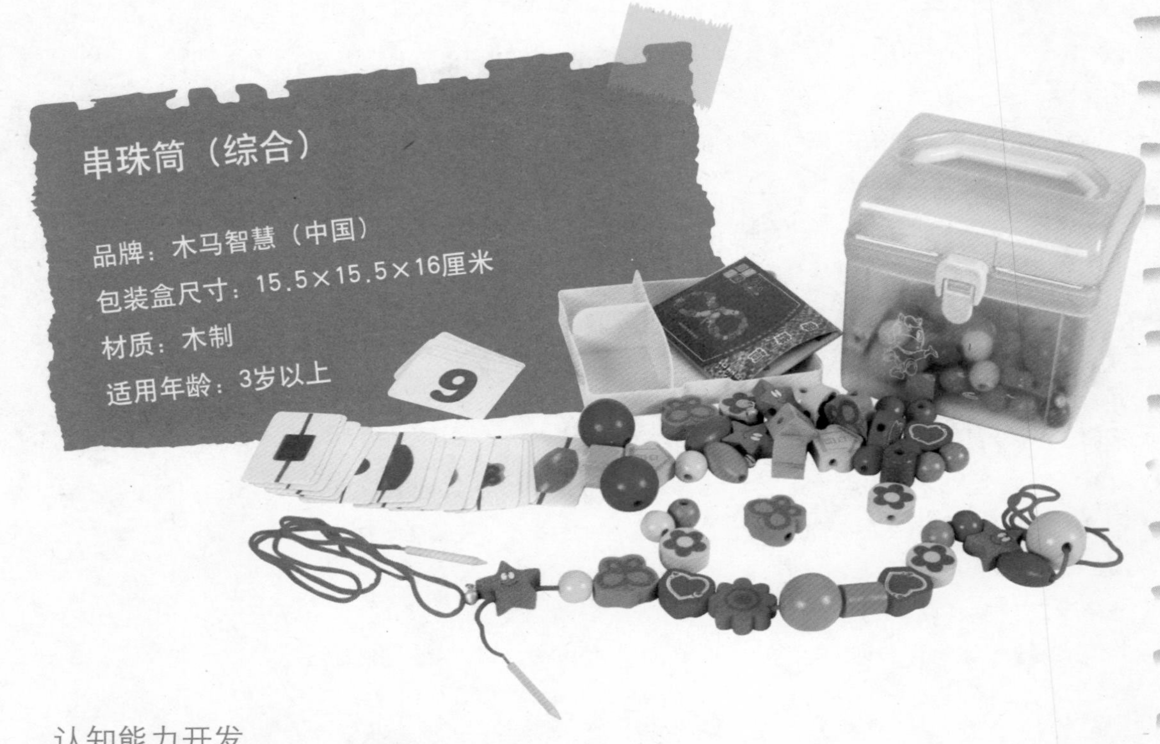

认知能力开发

蓝色五角星、黄色小花朵、绿色小蝴蝶等丰富多彩的形象，能够让宝宝在串珠的过程中进行认知和学习。

精细动作、协调能力锻炼

穿珠子是个非常精细并需要耐心的游戏，可以锻炼宝宝手部的精细动作和手眼协调能力。

动手能力锻炼、想象力、创造力开发

宝宝可以按照串珠图卡串出各种图案，也可以自己动手串出想象的图案，发挥无限创造力。

算术能力开发

可以让宝宝将相同颜色或相同图案的串珠挑出来，一边挑一边数数，或者一边数数一边串珠，进行数量积累游戏，或者进行与数量卡片对应的数与数量的游戏，教宝宝学习分类、比较、加减法等简单的数学知识。

工具椅

品牌：木马智慧（中国）
包装盒尺寸：34×23×7.5厘米
材质：木制
适用年龄：3岁以上

精细动作、小肌肉、协调能力锻炼

工具椅是由许多零件组成的一把小椅子，在使用改锥、锤子等小工具的过程中，对宝宝手部的精细动作、小肌肉的锻炼以及手、眼、脑的协调能力都具有极大的帮助。

动手能力锻炼

该款玩具满足了宝宝敲敲打打以及模仿成人的欲望，能够培养宝宝的动手能力，让宝宝通过劳动组装出一把属于自己的专用椅子。

想象力、创造力开发

让宝宝尽情发挥想象，去实践与探索，组装出自己心目中的工具椅，这个过程对宝宝的想象力和创造力都是一次提升。

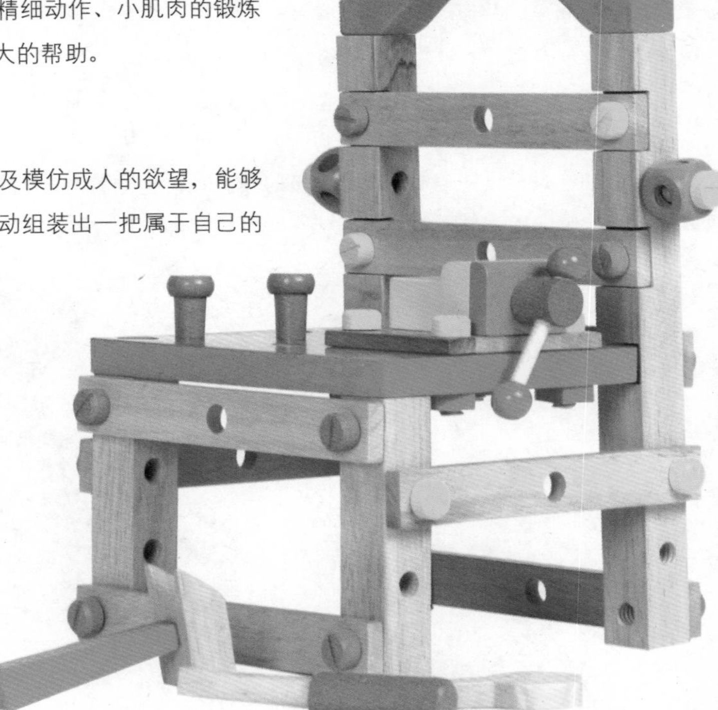

七巧板

品牌：木马智慧（中国）
包装盒尺寸：22×15.6×3厘米
材质：木制
适用年龄：3岁以上

识别形状

七巧板是我国古代劳动人民创造的益智玩具，流传到世界上不少国家，被称为“东方魔板”，在国外也被称为“唐图”，意思是中国图。父母可以用七巧板教宝宝学习简单的几何形状，如三角形、正方形、平行四边形等，提高宝宝对几何图形的分辨能力。

动手能力锻炼、思维能力与判断力培养

七巧板的一大特色就是能够拼出大量的图，父母可以先让宝宝猜一猜七巧板都能拼出什么图，然后再让宝宝实际操作。要想判断出抽象的图像是什么，是有一定难度的，需要一定的经验与想象。父母可以让宝宝自己动手，看看能拼出几个图形，锻炼宝宝的动手能力，培养思维与判断能力。

想象力、创造力开发

七巧板是用7块形状和大小不完全相同的木板构成的图形游戏玩具，可以拼出上千个图案。宝宝可以发挥其想象力和创造力，运用7个几何形状随意拼搭出各种图案出来。

识别形状、认知能力开发

该款玩具包括10张双面游戏卡和80个不同形状的小磁胶贴，宝宝根据游戏卡中不同的图案及形状，并运用不同形状的小磁胶贴，拼出图案的外形即可。丰富的图案色彩及形状能有效地刺激宝宝的眼球，让宝宝认识三角形、梯形等，教宝宝认识各种不同的图案，提高宝宝的认知能力。

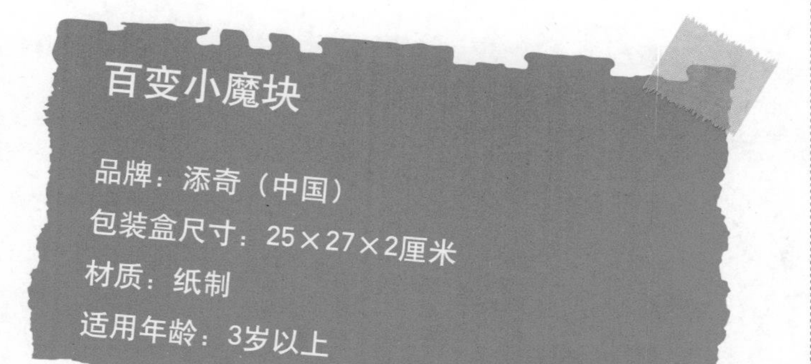

动手能力、协调能力锻炼

宝宝在将一些不同颜色的小磁胶贴按照图示拼凑完成的同时，可以锻炼动手能力，而动手操作可以直接促进宝宝动作的协调发展，开发宝宝的左右大脑，让宝宝越来越聪明。

记忆博士

品牌：添奇（中国）
包装盒尺寸：26×26×6.5厘米
材质：纸制
适用年龄：3岁以上

记忆力培养

各种不同游戏卡都有两张图案相同的卡片，要求在一定的时间内记忆游戏板中不同的游戏卡图案，然后将游戏卡翻转，背面朝上，当宝宝翻开任何一张游戏卡时，要求找到另一张图案相同的卡片，看看谁能记得最多。游戏过程中，宝宝需要依靠自己短时的瞬间视觉记忆，并通过记忆找到完全相同的图案，可以训练宝宝采取一定的记忆方法，从而提高宝宝的记忆能力。

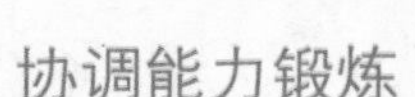

协调能力锻炼

做游戏时能充分调动宝宝的各种感官，提升宝宝的智力发育，让宝宝在玩乐中达到手眼协调的目的。

社交能力培养

可以让宝宝与其他小伙伴一同游戏，在游戏过程中学习如何与人交往，帮助宝宝发展交往技能，并锻炼各项综合能力，从小培养宝宝的竞争意识。

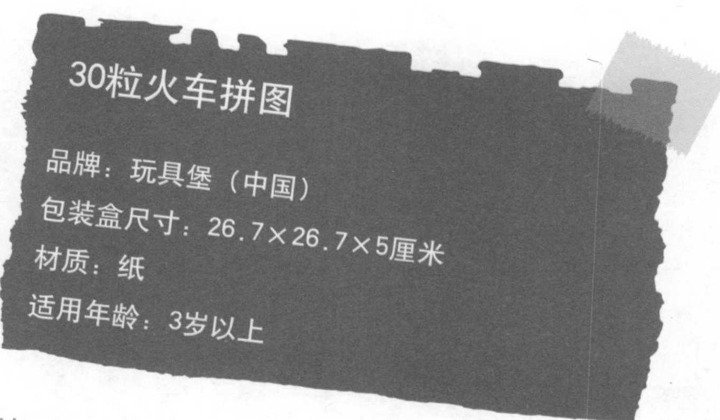

观察能力培养、动手能力锻炼

该款玩具有火车头和9节车厢，还有30块拼图块，火车头和车厢均由3块拼图组成。开始时宝宝可以一节车厢一节车厢地拼，待熟练后，再让宝宝通过观察，动手找出对接口，对火车头和车厢进行正确的组合和卡位，拼出整列火车来，培养宝宝的观察能力和锻炼动手能力。

认知能力开发

火车头和每节车厢中间的卡片上都有对应的动物及名称，可以教宝宝认识这些动物并给宝宝讲解有关知识，提高宝宝的认知能力。

识别形状、识别颜色

宝宝要找出每节火车车厢的上下部分及下一节火车车厢，一部分一部分地拼接完全，每个对接处的形状和色块都是唯一对应的，这个过程可以锻炼宝宝对形状及图案颜色的识别能力。

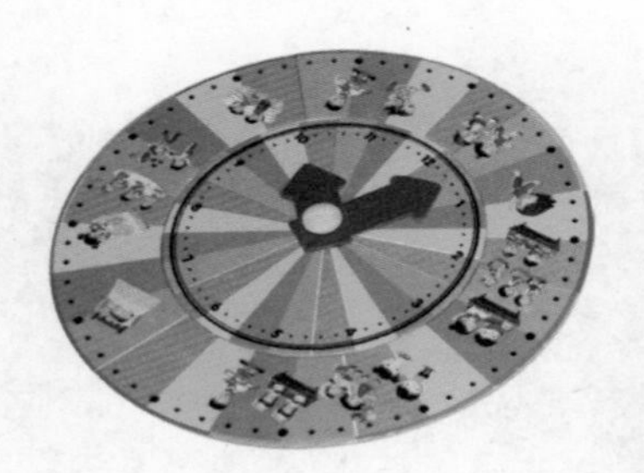

宝宝成长工具箱

品牌：玩具堡（中国）
包装盒尺寸：35.5×28×6厘米
材质：纸、塑胶
适用年龄：3岁以上

这是一款十六合一学习工具箱，通过实物卡片、动物卡片、数字卡片及运算符号卡片等，教宝宝学知识、算算术，促进宝宝各种能力的提高。

识别颜色、动手能力锻炼

宝宝可以用塑胶小棒来搭建不同的图案和形状，还可以进行各种颜色的搭配或颜色分类，增强宝宝对颜色的辨认能力，提高动手能力。

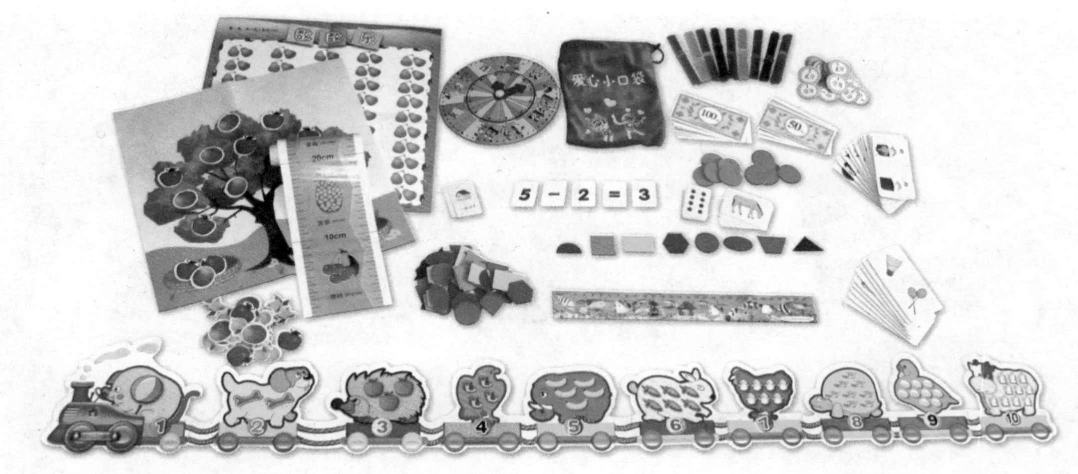

认知能力、识数能力开发

宝宝可以根据小火车上每个动物身上所画物品数量的多少，摆放它们正确的位置，同时可以熟悉各种动物的形象、名称。时间闹钟上配有各个时间点的作息活动漫画，宝宝可以通过拨动指针，找出正确的时间，培养时间观念。“苹果树上摘苹果，小鸭子在游泳”，宝宝可以拿“小苹果”“小鸭子”卡片放在背景板上，通过安排它们的数量，加强识数能力，或者通过安排它们的位置，懂得苹果是长在树上的、小鸭子会游泳等基本常识。

算术能力开发

父母可以教宝宝拿手里的仿制钱币，按要求找出正确的面值“购买”需要的东西，在游戏中让宝宝懂得一些生活知识，增强数字概念，之后再用数字卡片及运算符号卡片进行组合，培养宝宝的算术能力。

这是一款使用天然橡胶木材质加工且做工精细的公路轨道玩具，整个轨道弯曲错落有致，配件搭配丰富，在轨道边上矗立着一栋栋房屋，轨道上跑着各种车辆，还有一棵棵小树，在玩耍的过程中，可以锻炼宝宝的动手动脑能力、想象力和创造力，提高认知能力。

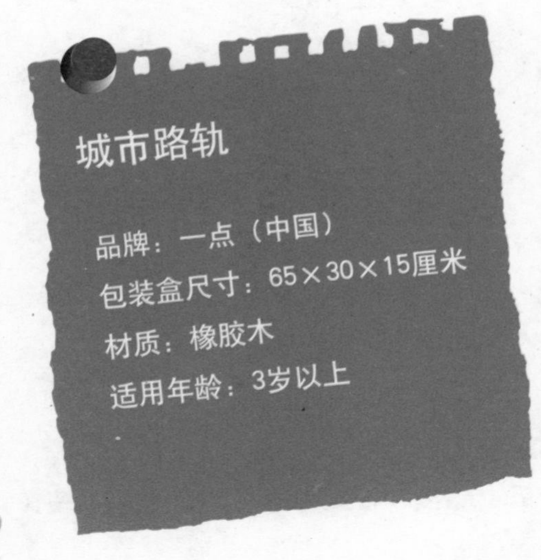

动手能力锻炼、认知能力开发

宝宝可以先按照图样进行摆放，从中模拟出社区、加油站、树木等造型内容，顺利地完成搭建。通过火车轨道的组装，经过反复练习，可以锻炼宝宝的动手能力，从中提高宝宝的认知能力。

想象力、创造力开发

宝宝也可以根据自己的想法自由搭建，通过组装各个配件进行构造和布局，如圆形组合、“8”字形组合、方形组合等，构造出一个自己的温馨社区。不论什么组合，只要宝宝能想到，那么就让宝宝去建造吧，激发宝宝的想象力和创造力。

娃娃房

品牌：一点（中国）

包装盒尺寸：37.5×27×42厘米

材质：实木、胶合板

适用年龄：3岁以上

宝宝可以使用所有的小家具模型和其他玩具组件，布置一个温馨的家，宝宝扮演不同的家庭成员，其乐无穷。

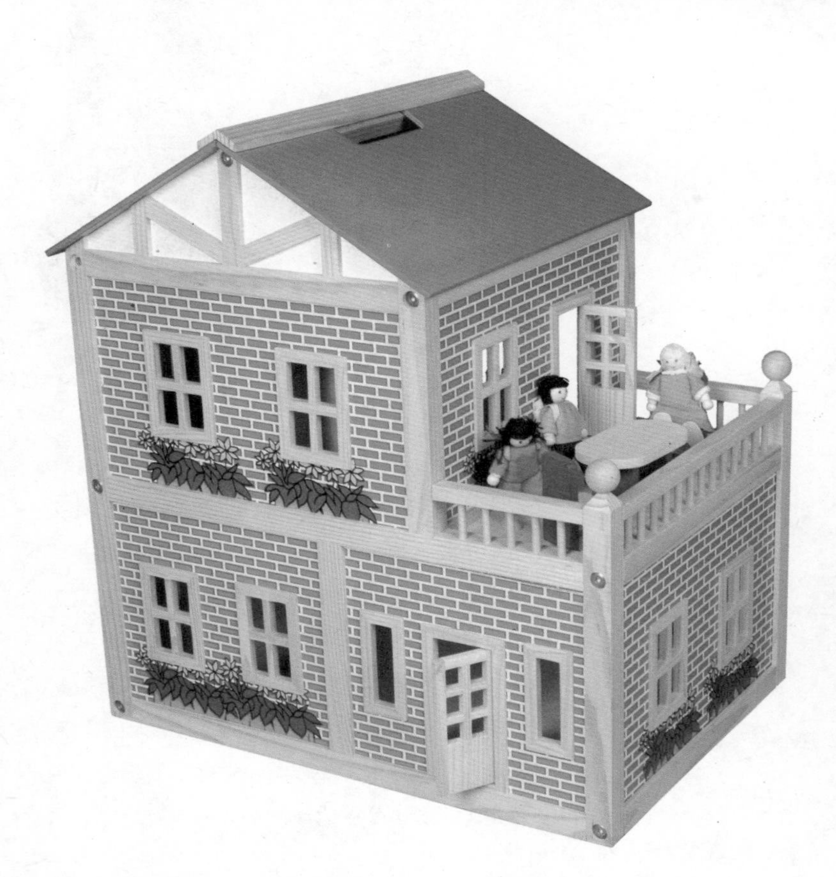

认知能力开发

宝宝通过动手组建娃娃房、布置房间、摆放不同的人物等，能够增加对这些物体和人物的认知，充分感受到家的魅力，更加热爱生活。

社交能力培养、语言能力开发

宝宝可以和小朋友一起玩，在房子中搭配出不同的生活场景，并在其中扮演各种各样的角色，通过游戏增加对生活过程的了解，培养社会交往能力和提高语言能力。

公主的鞋饰

品牌：英德玩具（中国）
包装盒尺寸：52×26×6.5厘米
材质：塑料
适用年龄：3岁以上

这款玩具有3种公主鞋的设计套装（仙女套装、迪士高套装、魅力套装）可供选择，装饰组件有：公主的鞋、别致的鞋带子、鞋花、鞋饰粘贴。父母可以让宝宝选择这些组件自己动手创作，设计、装饰出一双不同寻常的公主鞋，从中培养宝宝的审美情趣、动手能力、想象力与创造力。

动手能力锻炼、想象力、创造力开发

把不同式样的鞋饰品装扮到公主鞋上，让宝宝自己动手进行搭配和选择，以锻炼宝宝的动手能力。如果想让自己的公主鞋更新潮、更亮丽，宝宝就需要不断改进自己的设计，然后自己试着穿一穿，直到感觉所装饰的鞋最适合搭配自己的穿着，就算创作完成了。这个游戏能够最大限度地激发宝宝的想象力，促进宝宝发挥学习潜能，实现自我创作能力，让这份小公主的最爱，装点所有女宝宝的梦想！

百变积木

品牌：优木（中国）

包装盒尺寸：29×6×29厘米

材质：荷木

适用年龄：3岁以上

识别颜色

百变积木由多种颜色构成，在玩耍中可以增强宝宝对于颜色的识别能力。

观察能力培养

在搭建目标造型之前，宝宝要仔细观察，考虑可能会用到的积木块以及可能的拼装方法，培养宝宝的观察能力。

动手能力锻炼

宝宝可以根据提示选择必要的积木块，搭建100种以上二维和三维目标造型，充分锻炼宝宝的动手能力。

公主宫殿

品牌：优木（中国）

包装盒尺寸：53×13×49厘米

材质：密度板

适用年龄：3岁以上

动手能力锻炼

该套玩具采用拼插方式，宝宝可以自己动手组装，锻炼动手能力。

角色扮演、社交能力培养

宝宝通过扮演场景中的不同角色，可以促进社会交往能力的发展。

语言能力、想象力、创造力开发

在游戏中，宝宝可以自编自导自演属于自己的童话故事，在这个过程中，宝宝的语言能力、想象力、创造力都可得到发展。

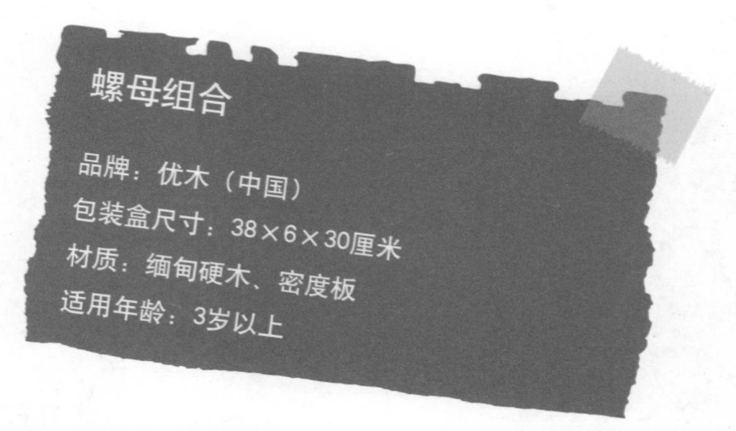

螺母组合

品牌：优木（中国）

包装盒尺寸：38×6×30厘米

材质：缅甸硬木、密度板

适用年龄：3岁以上

认知能力开发

螺母组合玩具可以让宝宝对螺母、螺丝以及工具的名称、形状、功能、使用方法等有更多的认知，宝宝可以将其拼装成直升飞机、购物车、蜗牛、挖土机等几十种生动的造型，父母也可以根据拼出的造型给宝宝讲解相关知识，同时教育宝宝学会简单的构建原理和技能。

精细动作、协调能力锻炼

在游戏中，父母要指导宝宝以正确的姿势使用扳手来拧螺母，这样可以训练宝宝手指的灵活性，锻炼精细动作，提高宝宝的手眼协调能力。

农场串串珠/交通工具串串珠

品牌：优木（中国）
包装盒尺寸：33.5×5.5×25厘米
材质：荷木
适用年龄：3岁以上

认知能力开发

串珠玩具由不同造型的物件构成，可以教宝宝认识各种动物和交通工具。

精细动作、协调能力锻炼

串珠玩具要求宝宝用细绳将每个物件串起来，能够锻炼宝宝手指的精细动作和手眼协调能力。

算术能力开发

在串珠的过程中，父母可以教宝宝进行量的比较以及简单的加减法运算，提高宝宝的算术能力。

语言能力开发

与串珠玩具配套的有农场和交通场景纸板，宝宝可以进行场景游戏，同时父母也可以向宝宝讲述有关农场和交通工具的相关话题，开发、培养宝宝的语言能力，促进宝宝左右脑的协调发展。

想象力、创造力开发

串珠玩具采用了特别设计，可以层层叠高，充分锻炼宝宝的三维立体空间思维，促进宝宝的想象力和创造力的发展。

水果蔬菜套装

品牌：优木（中国）

包装盒尺寸：15×15×15厘米

材质：荷木

适用年龄：3岁以上

认知能力开发

水果蔬菜套装由很多仿真物件构成，可以让宝宝对各种水果、蔬菜、刀、碗等有一个感性认识，在玩耍中提高认知能力。

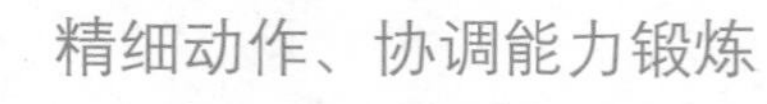

精细动作、协调能力锻炼

在游戏中，父母应指导宝宝以正确的姿势使用小刀来切水果和蔬菜，以此训练宝宝手指的灵活性，锻炼精细动作，提高宝宝的手眼协调能力。

角色扮演、生活技能培养

宝宝可以用水果蔬菜套装模仿现实生活中的活动，模仿爸爸、妈妈等角色，体验其中的乐趣，同时培养生活技能，从中认识到生活中多吃水果、蔬菜的好处，养成良好的饮食习惯。

找棒子

品牌：优木（中国）
包装盒尺寸：44×15×10厘米
材质：荷木、密度板
适用年龄：3岁以上

游戏规则

“找棒子”游戏可以由3个小朋友一起玩，每人拥有1套玩具，其中包括9颗好棒子、2颗坏棒子（底部是灰色的）和1颗空棒子（底部挖空），一轮游戏中玩家只能拔出下家果盖上的1颗棒子进行检查，最先把下家的2颗坏棒子和1颗空棒子都找出来的玩家就是优胜者。

判断力、记忆力、解决问题能力培养

具体游戏步骤为：第一步，从果仓中取出棒子，按照随机或布局的考虑放到果盖的12个孔洞中，安放好12颗棒子的果盖依旧盖在果仓上；第二步，玩家拔出下家果盖上的任意1颗棒子进行检查，如果是好棒子则归回原位，如果是坏棒子则马上没收，如果是空棒子则在归回原位的同时努力记忆其位置，发现坏棒子或者空棒子都可以将自己的果仓转动一下作为奖励，以破坏上家的既有记忆；第三步，游戏中玩家把下家的2颗坏棒子都找出来后，才可以根据记忆或判断再去寻找空棒子。整个游戏过程既有趣又动脑，能够培养宝宝的判断力、记忆力和解决问题能力。

爱的城堡

品牌：奇乐妙乐（中国）
包装盒尺寸：33.5×24×33厘米
材质：塑胶
适用年龄：3岁以上

这是一款拼搭玩具，粉色居多，像是公主城堡，专为女宝宝设计，可以让她亲手拼搭出外观精美、造型多变的城堡。

识别形状、识别颜色

这款玩具由多种几何形状体和鲜艳的颜色组成，要想拼搭成漂亮的城堡，形状和颜色的搭配很重要，通过拼搭练习，可以加强宝宝对形状和颜色的识别能力。

思维能力培养、动力能力锻炼

拼搭时，宝宝要一边考虑零件的组合，一边动手拼搭，能够培养宝宝的思维能力和锻炼动手能力。

想象力、创造力开发

这款玩具有着多样的拼接方式、复杂的空间结构、巧妙的模块衔接，能够让宝宝在拼搭过程中开动脑筋，发挥想象力与创造力，构建出各式各样的可爱城堡。

神奇火车

品牌：奇乐妙乐（中国）

包装盒尺寸：58.2×3.9×9.6厘米

材质：塑胶

适用年龄：3岁以上

宝宝可以根据说明书动手拼搭出火车头和车厢，还可以自由拼接，发挥创意潜能，拼搭成的小火车可以在地面滑动玩耍，加深宝宝对火车的认知，促进宝宝探索世界的欲望。

动手能力锻炼

宝宝根据说明书，挑选出正确的零件、正确的颜色，拼搭成小火车的模样，从中增强动手能力。

观察能力、记忆力培养

在拼搭的过程中，需要宝宝观察和记忆什么零件放到哪里、什么零件如何组合等，才能拼搭成火车的形状，以此培养宝宝的观察力和记忆力。

想象力、创造力开发

待拼搭熟练后，可以让宝宝不用看说明书，根据自己的想象去创意拼搭，培养宝宝的想象力和创造力。

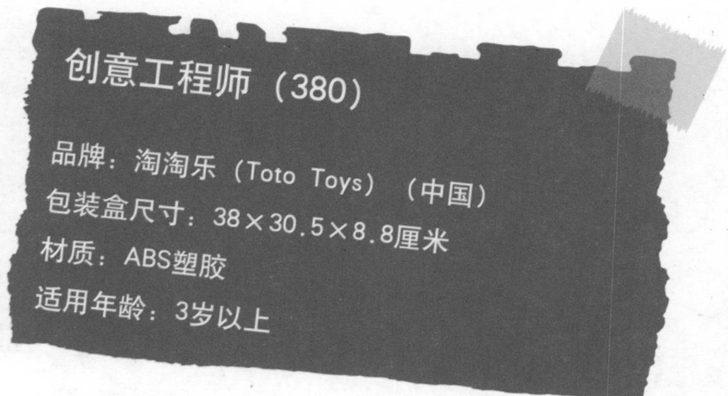

动手能力锻炼、专注力培养

这是一款以螺丝、螺母为基础的组装积木玩具，在玩耍的过程中，能够帮助宝宝轻松地学会正确使用扳手、起子等工具以及“左松右紧”的原理，提高宝宝的动手能力和做事情的专注力。

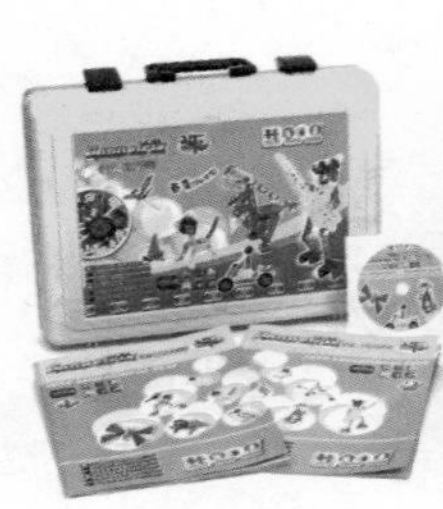

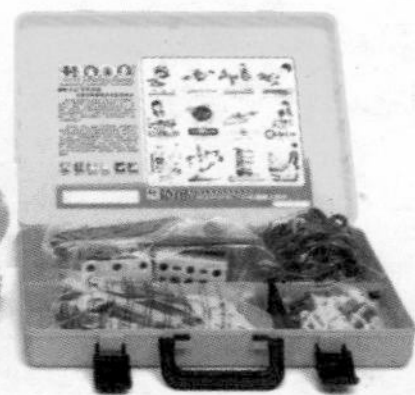

认知能力开发、观察能力培养

该款玩具包括1张详尽的教学光碟、2本引导式说明书、215个形态各异的零件，共设计了16个系列、126种变化丰富的可爱造型，主要以现实生活为背景，每款创作造型都有“创作重点的提示”，帮助宝宝提升认知能力以及对不同造型的观察能力。

亲子互动

父母可以用循序渐进的方式引导宝宝进行创作，可以和宝宝一起进行造型创作，进行故事、介绍的互相讲解交流，增进亲子互动。

多向建构球基础版（590）

品牌：淘淘乐（Toto Toys）（中国）

包装盒尺寸：38×30.5×11.5厘米

材质：ABS塑胶

适用年龄：3岁以上

动手能力锻炼、认知能力开发

多向建构球是一款拼插组装的积木玩具，通过将连接棒插入建构球，构成不同的角度，形成封闭几何架构，达到力学原理的支撑作用，进而创造出无尽的空间造型，让宝宝轻松理解“角度”“对称”“平行”等数理知识，同时创造出如飞机、轮船、小车等创意造型，提高宝宝的动手能力和认知能力。

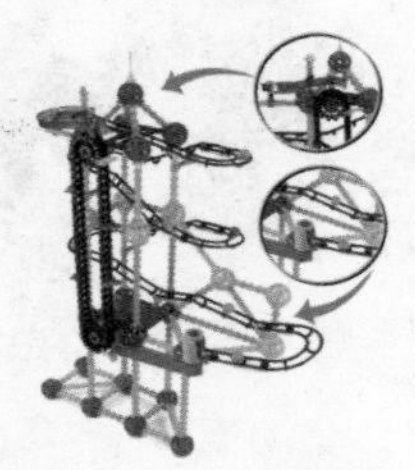

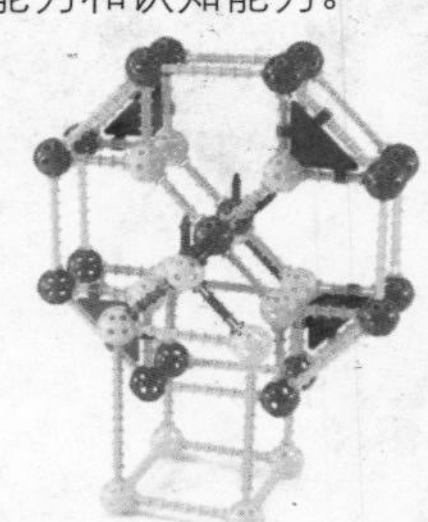

想象力、创造力开发

该款玩具包括1张教学光碟、2本引导式说明书、488个形态各异的零件，共设计了126种变化造型供参考模仿。宝宝通过拼插组装造型，熟悉并掌握玩具的组合技巧，能够激发潜在的想象力和创造力，久而久之会拼装出更多、更有趣的空间造型。

观察能力培养

多向建构球的特性是能将一些不易表现的形体简单化，比如正立方体，它可以培养宝宝架构出透空、透视的结构关系，提升宝宝的观察能力。

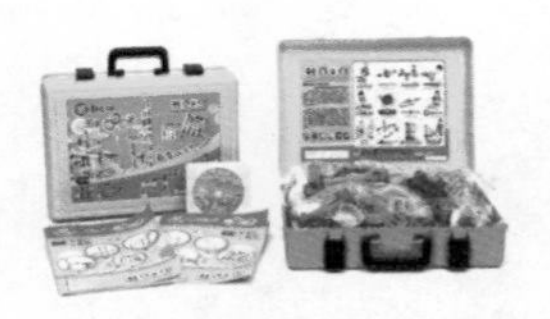

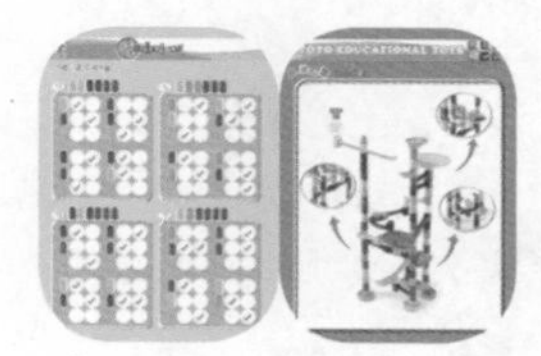

立体迷宫（880）

品牌：淘淘乐（Toto Toys）（中国）
包装盒尺寸：38×30.5×11.5厘米
材质：ABS塑胶
适用年龄：3岁以上

动手能力、协调能力锻炼

这是一款套管组装的积木玩具，通过连接各种不同的套管零件，形成一条或多条通道，创造出无尽的立体迷宫造型，激发宝宝动手组装的兴趣，同时也让宝宝了解重力、滚动、平衡的基本科学原理，学会如何更协调地控制自己的双手。

观察能力培养、想象力、创造力开发

该款玩具包括1张教学光碟、2本引导式说明书、83个形态各异的零件，共设计了106种变化造型、125道逻辑推理题目，引导宝宝逐步学习创作的奥妙，在从大量地模仿到独自创新的过程中，培养宝宝的观察力，激发宝宝的想象力和创造力。

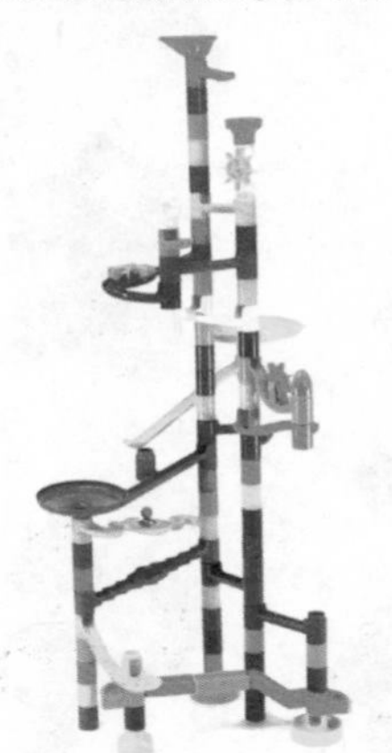

逻辑推理能力培养

125道有趣的逻辑推理题目由浅入深、由简到精，在游戏中引导式地给予宝宝思考指引，培养宝宝的逻辑推理能力。

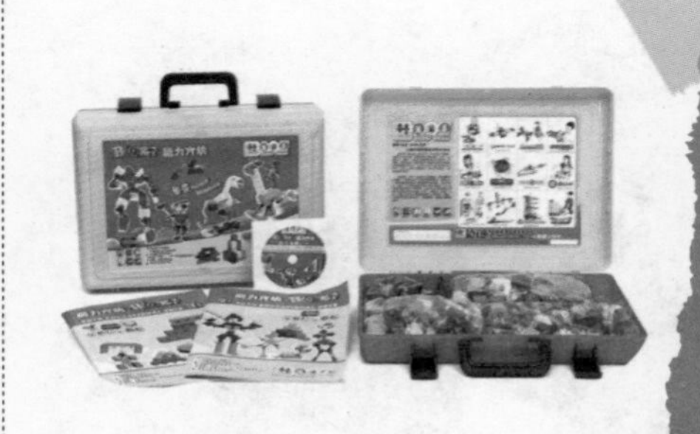

魔力方块（130）

品牌：淘淘乐（Toto Toys）（中国）
包装盒尺寸：38×30.5×8.8厘米
材质：ABS塑胶
适用年龄：3岁以上

动手能力、协调能力锻炼

这是一款拼插组装的积木玩具，可以让宝宝透过视觉观察与动手操作，体会到组合成型的乐趣，着重对宝宝动手能力的培养，使宝宝能够更协调地控制自己的双手。

想象力、创造力开发

该款玩具包括1张教学光碟、2本引导式说明书、401个形态各异的零件，共设计了18组引导式亲子教育题目、180道推理题目、148种变化造型。在操作的过程中，可以让宝宝学会找出适当的组合，充分发挥想象力和创造力，组合出最有趣的造型。

逻辑推理能力培养

通过18组引导式亲子教育题目和180道推理题目，能够帮助宝宝进入基本数理知识的学习运用，提升逻辑推理能力。

激斗过三关

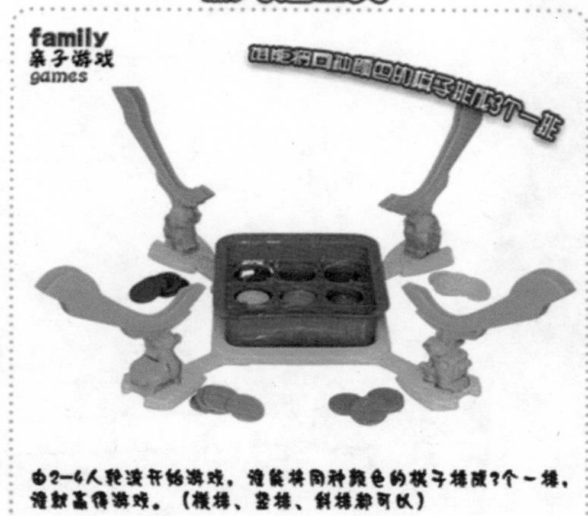

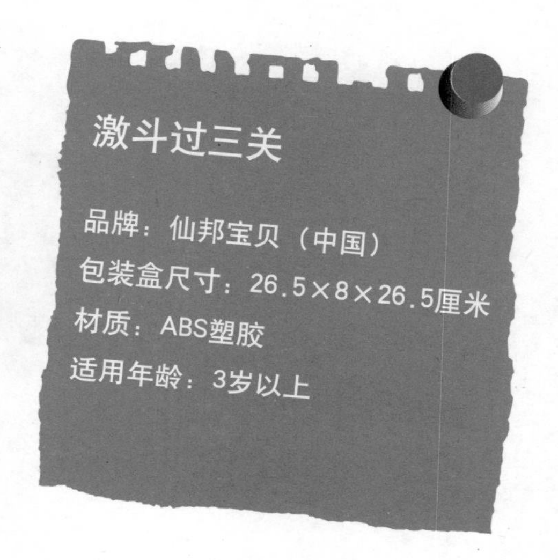

动手能力锻炼

该款玩具包括1个游戏围盘、1个底盘、4个滑座和4种颜色各13颗棋子。首先，反转底盘，将滑座反扣在底盘的4个角上，将滑座的圆心对准圆心轴插入，听到“咔”的一声表示已经装上，然后检查一下是否可以左右正常摇动，围盘对准底盘相应位置直接放置上去，便可以开始玩游戏了。这个组装过程能够锻炼宝宝的动手能力。

观察能力、判断力、社交能力培养

该游戏可以2～4个小朋友一起玩，每人挑一种颜色的棋子，先将滑座调至理想的角度，再将棋子滑到盘中（游戏过程中必须遵守游戏规则，棋子应该从滑座上滑下去，作弊或违规都算输），谁最后能将同种颜色的棋子排成3个一排（横排、竖排、斜排都可以），谁就赢得胜利。在游戏的过程中，能够促进宝宝的观察力、判断力以及社会交往能力。

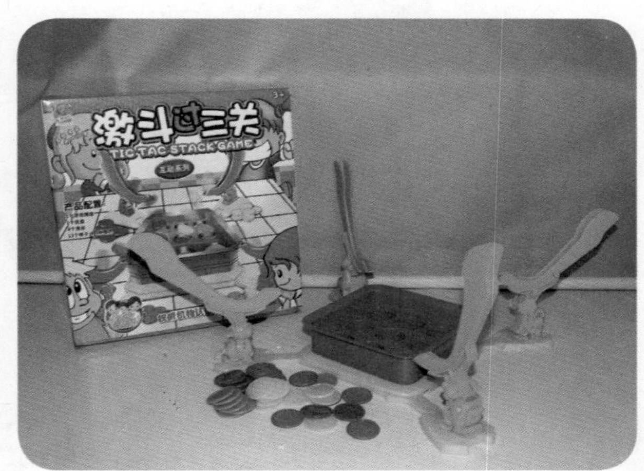

快乐小捣蛋

品牌：仙邦宝贝（中国）

包装盒尺寸：26.5×7×26.5厘米

材质：塑胶

适用年龄：3岁以上

观察能力、判断力培养

该款玩具包括可爱的人形动物小捣蛋、底座及墙面支架、44块砖块和2把铲子。首先，将砖块垒起来，让小捣蛋坐在墙上，然后用铲子拆墙上的砖头（每掉一块砖头就会发出音乐声），尽量不要让小捣蛋倒下去，谁最先让小捣蛋倒下去，谁就输了。在玩耍的过程中，让宝宝通过观察，判断先拆哪块砖块、后拆哪块砖块，以延长小捣蛋倒下去的时间，可以培养宝宝的观察力、判断力。

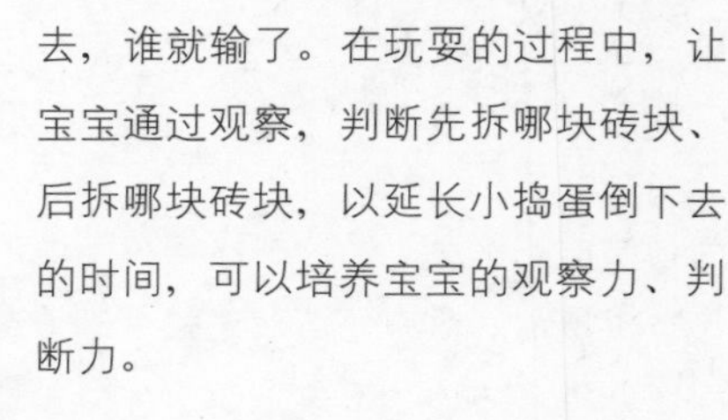

动手能力锻炼、解决问题能力培养

该款玩具可以培养宝宝不怕困难的勇气，通过反复垒搭，增强宝宝的动手能力和解决问题能力。

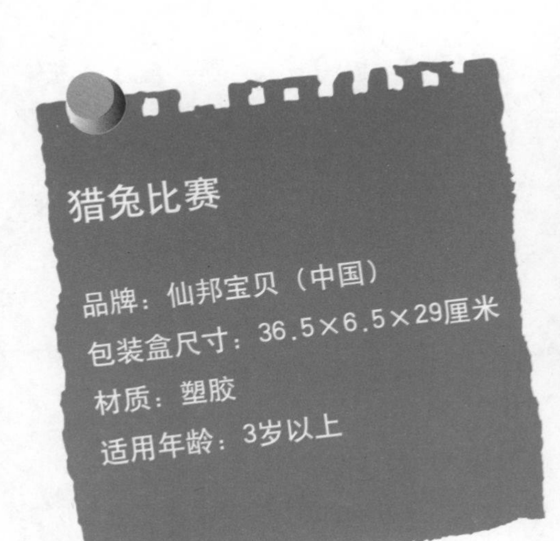

专注力培养、协调能力锻炼、算术能力开发

该款玩具有1个游戏盘、10只兔子、4个网兜，可供2~4人游戏。打开开关，游戏盘开始转动，每个宝宝各拿一个网兜去捕捉随时都有可能弹跳出来的兔子，未捕捉到而跳离的兔子不能放回游戏盘，当最后一只兔子跳出时游戏结束。在这个过程中，可以培养宝宝捕捉兔子时的专注力和手眼协调能力。游戏结束后，可以让宝宝数一数谁捕捉的兔子最多，提高宝宝的算术能力。

亲子互动、社交能力培养

该游戏有多种玩法，可以按轮流法玩（每轮1名游戏者捕捉兔子，最后数一数看谁捕捉的兔子多），也可以按积分法玩（将4种颜色的兔子分别设定一定的分数，最后看谁捕捉到的兔子累计积分多），宝宝可以和其他小朋友玩，也可以和家人玩，通过游戏能够促进宝宝的社会交往能力，增进亲子互动。

我国有4个直辖市、23个省、5个自治区和2个特别行政区，在该款地图上，各省地界均是切分开的小木块，可以全部取下来，再拼装上去。通过拼图，能够让宝宝更详细地了解我国各个省、市、自治区、直辖市的地理位置，丰富自然知识。

中国地图

品牌：宏基（中国）

包装盒尺寸：36×29.2×0.8厘米

材质：椴木夹板

适用年龄：3岁以上

协调能力锻炼、观察能力、记忆力、专注力培养

将所有的省、市、自治区、直辖市的拼图全部取下来，根据形状让宝宝按照对应的空格一一装上，通过反复拼装，加强宝宝的观察力和记忆力，锻炼宝宝的手眼协调能力，培养宝宝做事情的耐心和专注力。

认知能力开发

任意取出一块拼图，问宝宝这是哪个省以及它所在的地理位置，来检查学习效果；还可以让宝宝根据地图上所占的面积找出最大的省、市、自治区，并对其讲述各地的风土民情及一些地理知识等，提高宝宝的认知能力。

识别颜色

每块拼图块都印有不同的颜色，在游戏中可以教宝宝对颜色进行辨认，提高宝宝对颜色的辨认能力。

进行爱国主义教育

父母可以通过地图扩展宝宝的知识面，讲解各地的风土民情、物产、民俗等，也是对宝宝进行爱国主义教育的好教具。

儿童自行车

品牌：好孩子（中国）

产品尺寸：92×52×69厘米

材质：塑料、铁

适用年龄：3～4岁

该款儿童自行车适合3~4岁宝宝骑行，在车子的后轮位置附加了两个辅助轮，宝宝骑起来更加安全。待宝宝大一些后，可以调节儿童自行车的车座和车把高度，还可以根据宝宝的不同年龄和身高来选择更大尺寸的儿童自行车。

协调能力、平衡能力、大运动动作、大肌肉锻炼

宝宝开始练习骑行时，动作不协调会左右晃动，两个辅助轮会帮助宝宝掌握平衡，通过反复练习，宝宝会骑行自如。骑车运动可以锻炼宝宝全身大运动动作及腿部肌肉，发展宝宝的协调能力及平衡力，使宝宝的身体更强健。

多层拼图

品牌：木玩世家（BENHO）（中国）
包装盒尺寸：21×21×3.5厘米
材质：椴木夹板
适用年龄：3岁以上

认知能力开发

多层拼图游戏打破传统的平面拼图设计，用立体的上下5层拼图形式，循序渐进地展示春、夏、秋、冬一年四季的季节变化过程（还有昆虫、植物等系列产品），让宝宝轻松、快乐地了解大自然的多彩与神奇，激发与引导宝宝探索世界的欲望，是对宝宝综合能力的培养。

观察能力培养、动手能力锻炼

宝宝可以先观察每块拼图的特点，然后再动手去拼，按照一定的顺序一层一层地将拼图完成，这个过程有助于培养宝宝的观察能力和锻炼动手能力。

多米诺游戏

品牌：木玩世家（BENHO）（中国）
产品尺寸：20.5×20.5×13厘米
材质：西南桦
适用年龄：3岁以上

专注力培养、协调能力锻炼

积木是宝宝不可欠缺的基本玩具，而多米诺则是积木的再提升。排列多米诺图形时，可以从单一关卡开始，让宝宝建立自信心勇于挑战，逐渐地增加第二个关卡、第三个关卡……一直到第五个关卡。在玩多米诺的过程中，需要专心思考每片骨牌之间的相对位置，当宝宝发现要谨慎地动手摆放每片多米诺骨牌和关卡才能顺利地完成游戏，此时宝宝便会不知不觉地加强专注力，同时也促进了手眼协调能力。

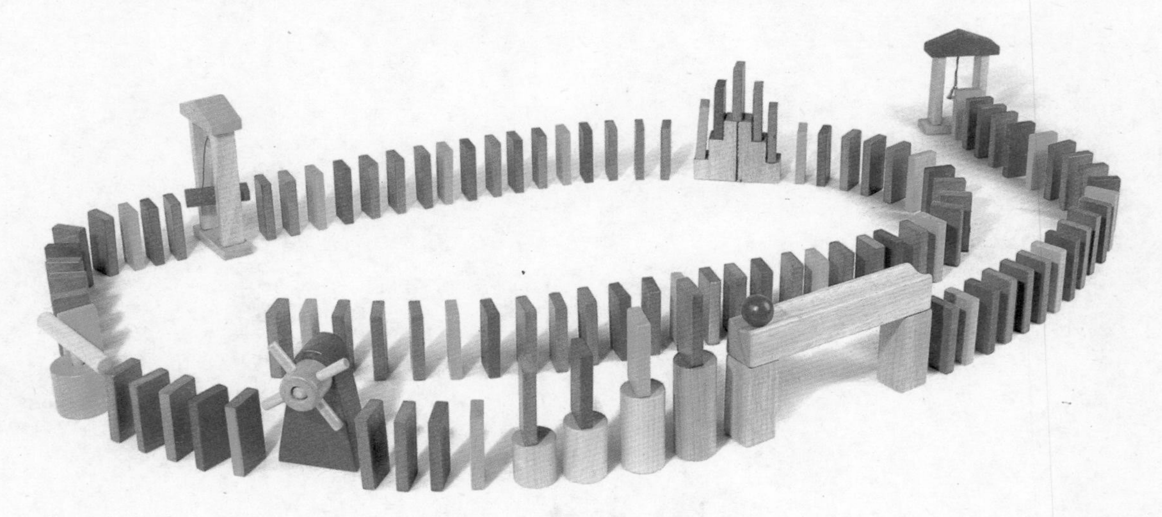

想象力、创造力开发

宝宝可以先从基本的堆砌、平面图形排列、简单的骨牌排列等游戏入手，建立自信心，然后再运用旋转关卡、推击球、小阶梯等精心设计的关卡，搭配图形排列，组合出许许多多不同的变化，关关精彩，变化多端，在这个过程中提升宝宝的想象力和创造力。

螺母车

品牌：木玩世家（BENHO）（中国）
包装盒尺寸：19×14.5×9.5厘米
材质：西南桦
适用年龄：3岁以上

动手能力、协调能力锻炼

宝宝需要将零件一件一件组装成螺母车，这个过程不仅能够锻炼宝宝的双手操作能力，还会使宝宝的小手更加灵活，并能帮助宝宝借助这些操作更完整地展现与表达自己。

情感交流、认知能力开发

父母可以与宝宝一起运用附带的小工具随意拆装螺母车，还可以相互组合，在“热火朝天的工地中”发挥不同的作用，增加彼此的情感交流，同时教宝宝认识工具、螺母的作用等一些相关知识。

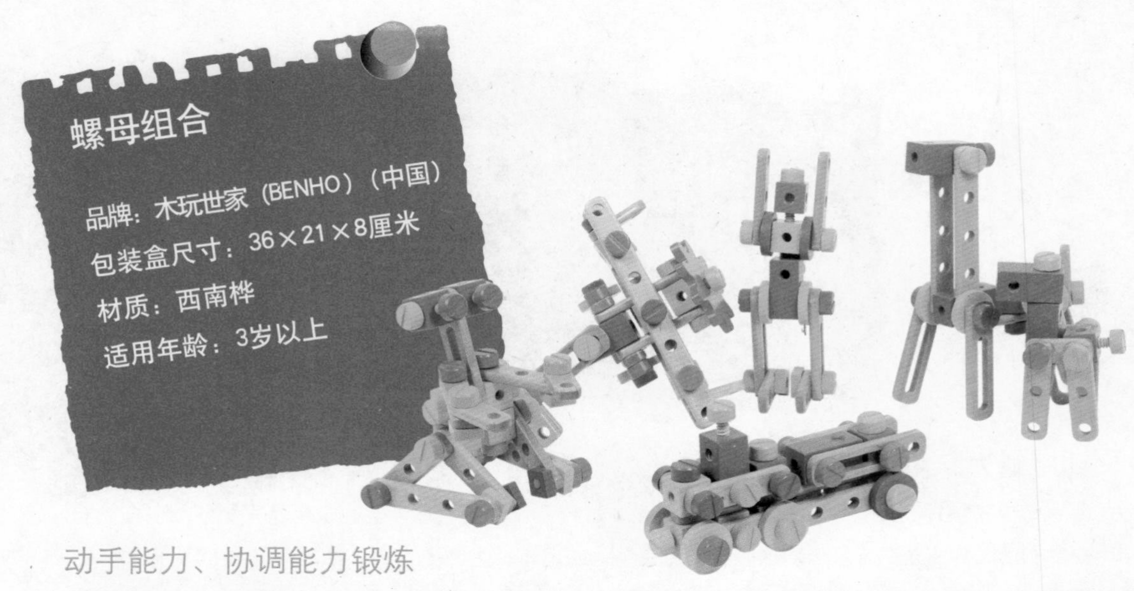

动手能力、协调能力锻炼

宝宝需要自己动手将零件一件一件组装在一起，不仅可以锻炼双手的操作能力，还会使小手更加灵活。同时，通过这些操作，还有助于宝宝更加完整地展现与表达自己。

识别颜色、识别形状

螺母组合玩具有鲜艳的颜色和各种不同的形状零件，可以让宝宝在玩耍中，加强对颜色和形状的识别能力。

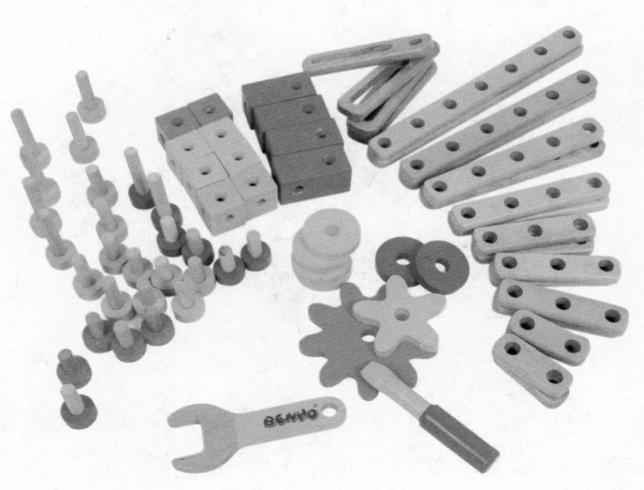

认知能力、想象力、创造力开发

该款玩具的零件尺寸比例恰当，组装出的玩具更具整体性与美观性。宝宝除了认识并掌握简单工具的使用方法之外，利用附带的配件与新结构，还可以将零件自由组装成各种各样的全新造型，激发想象力和创造力。

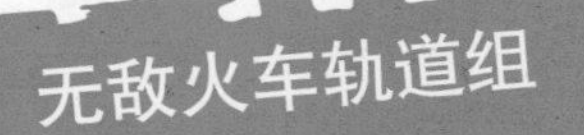

无敌火车轨道组

品牌：木玩世家（BENHO）（中国）

包装盒尺寸：54×26.8×9.5厘米

材质：进口榉木、西南桦

适用年龄：3岁以上

想象力、创造力开发

无敌火车轨道组一共由18段榉木轨道与3节小火车组成，它能与木玩世家无敌小镇、城市积木、城市轨道交通游戏垫、城市交通工具等多款玩具或附件互配，组成丰富多彩的各种场景系列，宝宝用充满创意的方法，可以去修建各种道路与场景，这一过程能够帮助宝宝提升想象力和创造力。

动手能力锻炼、社交能力培养

无敌火车轨道组给宝宝提供了一个动手玩耍的平台，可以让宝宝自己组装轨道，并且可供宝宝与多名小朋友一起玩耍，潜移默化中培养宝宝的交往能力，提升宝宝对世界的探索欲。

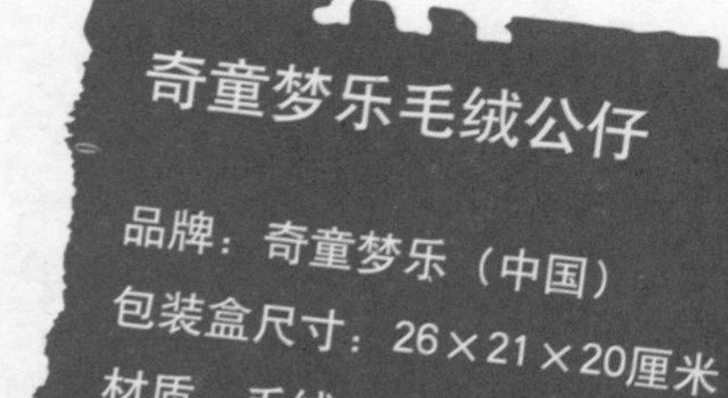

奇童梦乐毛绒公仔

品牌：奇童梦乐（中国）

包装盒尺寸：26×21×20厘米

材质：毛绒

适用年龄：3岁以上

认知能力开发

这套毛绒公仔是奇童梦乐形象系列产品，4种不同色调的毛绒动物造型分别是：万娃（小狗）、奇童（小老虎）、丘比（田鼠）、踏踏（小乌龟）。父母可以给宝宝讲述有关这些动物的故事，让宝宝去认识它们，提高宝宝的认知能力。

语言能力开发

毛绒玩具特有的柔软质感和可爱造型使宝宝喜欢搂抱并把其当成玩伴，在一定程度上具备了充当某些人类角色的功能，父母可以有意识地利用宝宝喜欢拥有伙伴的天性，创造情景游戏，让宝宝与它们对话、讲故事，提高宝宝的语言能力。

Q版小汽车

品牌：龙昌玩具（中国）
包装盒尺寸：28×15×17.5厘米
材质：PU发泡
适用年龄：3岁以上

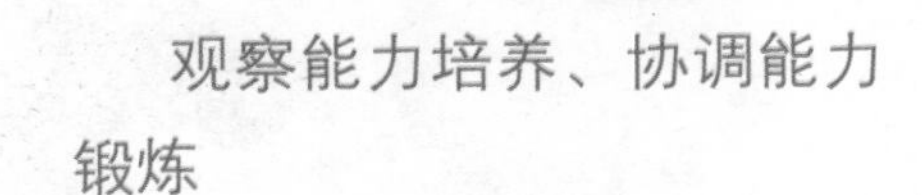

观察能力培养、协调能力锻炼

这是一款遥控玩具，遥控器红色按钮上面标注有指示箭头，按动按钮上部可遥控小汽车前进，按动按钮下部可遥控小汽车转弯，操作简单容易上手，适合宝宝来操控。小汽车的车身是软面的，耐冲撞，不易损坏或撞烂，可以在崎岖的路面上爬行。通过玩耍，可以培养宝宝的观察能力和锻炼手眼协调能力。

观察能力培养、协调能力锻炼

这是一款遥控玩具，有前进及转弯功能，遥控器只有一个按钮，易于操控，开机后动物车即自动转动，蜜蜂尾巴可360° 旋转，瓢虫翅膀可以扇动，憨态可掬，形象逼真，操作简单容易上手，适合宝宝来操控。在玩耍的过程中，可以培养宝宝的观察能力和锻炼手眼协调能力。

认知能力开发

父母可以教宝宝认识瓢虫和蜜蜂，并给宝宝讲解有关它们的一些知识，提高宝宝的认知能力，使宝宝从小就懂得爱护大自然。

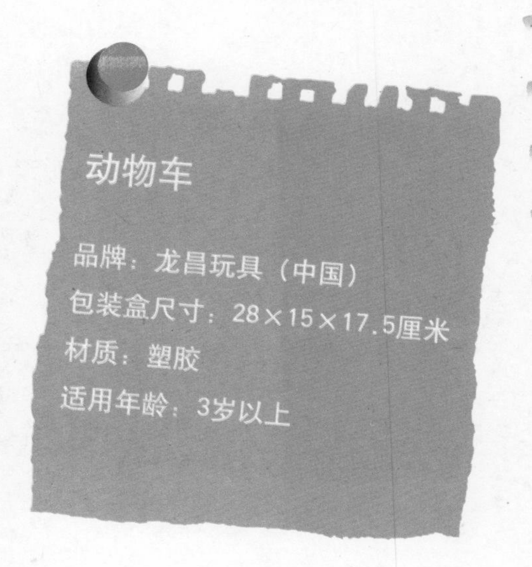

保龄球

品牌：星月玩具（中国）
包装盒尺寸：32×24×22厘米
材质：塑料
适用年龄：3岁以上

大小肌肉、协调能力锻炼

仿真的保龄球会引起宝宝做游戏的兴趣，宝宝拿起圆球，用手臂、手腕和手指的力量让球滚动出去，去击打码好的保龄球，击倒的越多越好，这个过程能够促进宝宝的手臂和手部肌肉发育，增强身体的协调能力。

社交能力培养

这款玩具可玩性很高，宝宝可与小朋友们开展游戏比赛，最终谁用最少的次数将保龄球全部击倒，谁就是优胜者，通过互动加强宝宝与人沟通交往的能力。

可立可思

品牌：星月玩具（中国）
产品尺寸：26×8×24厘米（小狗造型）
材质：塑料
适用年龄：3岁以上

动手能力、协调能力锻炼

宝宝通过自己动手拼装玩具，可以锻炼动手能力和手眼协调能力。

思维能力培养、想象力、创造力开发

通过用插片进行拼装组合，可以拼装出小狗、大象等各种造型。待拼装熟练后，宝宝可以自己进行创意，按照自己的想法去拼装，培养思维能力，激发想象力和创造力。

5层停车场

品牌：星月玩具（中国）

包装盒尺寸：40×15×46厘米

材质：塑料

适用年龄：3岁以上

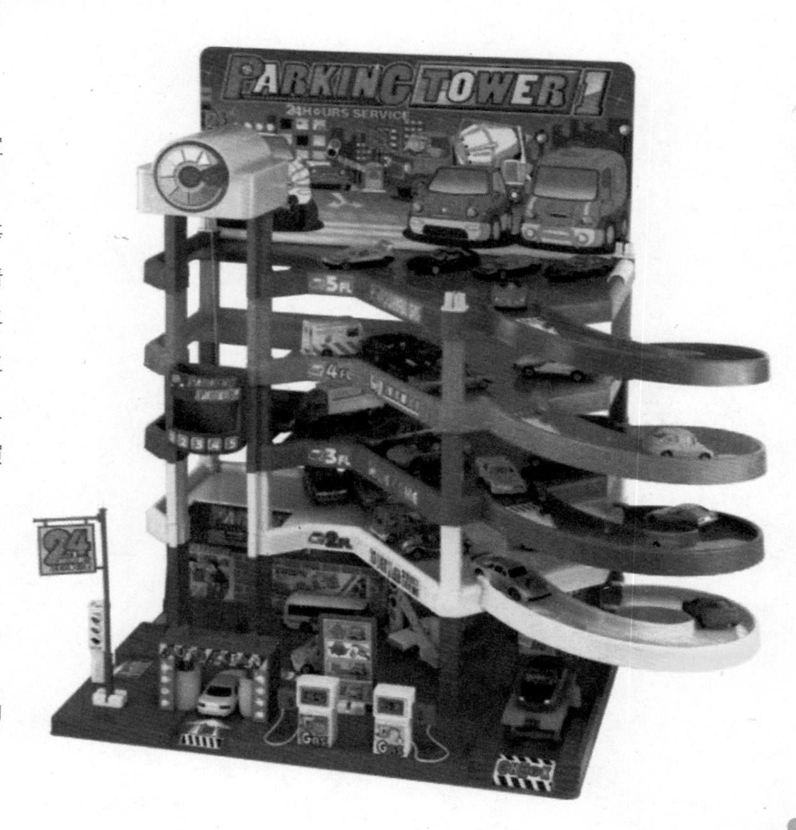

认知能力开发

该款玩具包括60个配件，宝宝可以认识各种标志（停车场、暂停区、禁停区、前进、转弯等警示标志，洗车中心、加油、清洗、打蜡等），升降机可把车平稳地升至每层的平台。通过仿真玩具，可以把宝宝不常接触而又是现代生活的一部分用玩具来演绎，父母也可以向宝宝做介绍，增强宝宝的认知能力。

动手能力锻炼

宝宝通过玩耍、拼装玩具，能够提高动手能力，增添更多的生活趣味。

4~5岁宝宝的玩具早教

一、4~5岁宝宝的生长发育特点

1.感观表现

视觉

到5岁时，宝宝的视力可达到1.0左右。

其他感官发育

这个时期，宝宝开始具有辨别物体细微区别的能力，能逐渐分辨混合色，区分各种颜色。在时间概念上，对早、晚的认识进一步深化，对于昨天、今天、明天已开始有所了解。

2.动作表现

在大动作方面，4岁半的宝宝能按照节奏做操，能比较好地控制自己的平衡。5岁时，宝宝能单脚跳跃，能抓住跳跃的球，平衡能力有所发展，能脚尖对着脚跟直线向前走。

在精细动作方面，5岁的宝宝可以很好地洗脸、刷牙、擦鼻涕、穿衣服，能很好地使用筷子，会整理自己的床和物品，模仿性强，能手眼协调地进行建构、拼插游戏，有的宝宝已经会解鞋带、系鞋带了，但有的宝宝还不会，在这方面应加强练习。

3.语言表现

4岁～4岁半时，宝宝可以掌握2000个词汇。5

岁时的宝宝可以掌握2300个左右词汇，词类逐渐增多，语法逐渐复杂化，已出现大量的复合句。这个阶段的宝宝口语表达能力逐渐提高，喜欢朗诵和讲述，讲故事或表演节目时带表情，有感染力。

4.社交表现

这一时期的宝宝已有自己的主张，能组织其他小朋友和玩具一起做游戏、玩“过家家”，并能遵循团体的游戏规则，喜欢和要好的伙伴分享秘密，对他人的感觉更加敏感，对正确与错误开始有了基本的理解。

二、如何让4～5岁宝宝学习社会交往

4～5岁宝宝比较健谈，心里想什么，嘴巴就表达什么；需要其他小朋友的友谊，可一会儿合作，一会儿捣乱，但是已经理解要用语言而不是用武力和别人争吵；有良好的适应能力，能理解应该轮流使用东西、与别人分享；表现出对弟弟、妹妹的关心和对处在苦恼中的伙伴的同情；为集体做事认真，有责任感，自尊心极强，如果做得不好会感到焦虑，成功时则会感到骄傲；社交能力显著增强，喜欢与同伴玩耍，会辨别好坏，做错了事会埋怨别人。

方法举例：如搬新居或在幼儿园时帮助宝宝找朋友，目的是纠正宝宝蛮横霸道的行为。其他的方法如鼓励宝宝在集体中交朋友、分享东西、不吵架、礼让他人、为集体做事等习惯，下雨时把伞让给别的小朋友，上电梯时站到边上给他人让地方，玩球输了时不发怒等。

三、为4～5岁宝宝选择玩具的要点

1.选择动脑型玩具

选择的玩具应对宝宝的算术能力、绘画能力、观察能力有所培养，如各种组装玩具、积木、建筑模型、七巧板、各种棋类玩具等。

2.选择运动型玩具

选择有利于宝宝锻炼体能的玩具，如球类、跳绳、小自行车等。以小自行车为例，既可以锻炼宝宝的骑车技巧以及对身体的控制能力，又可以增强宝宝的下肢能力和身体的平衡感。

3.选择技巧型玩具

选择有利于宝宝锻炼小肌肉群及机体协调能力的玩具，如钓鱼玩具、画板和画笔、投球、套圈等。

4.选择教育意义和宝宝兴趣兼顾的玩具

选择玩具时，应考虑玩具对宝宝性格的培养，宝宝可以在自己的能力范围内玩，并从中得到愉快

或某种满足。

5.选择坚固的玩具

在选择玩具时，要注意玩具的坚固程度，色彩不易脱落。

6.选择艺术性玩具

玩具的形象要新颖、色彩鲜艳、装饰美观、活动多变、生动有趣，能使宝宝从玩耍中获得快乐、产生美感，从而培养宝宝对艺术的兴趣。

四、适合4～5岁宝宝的经典玩具

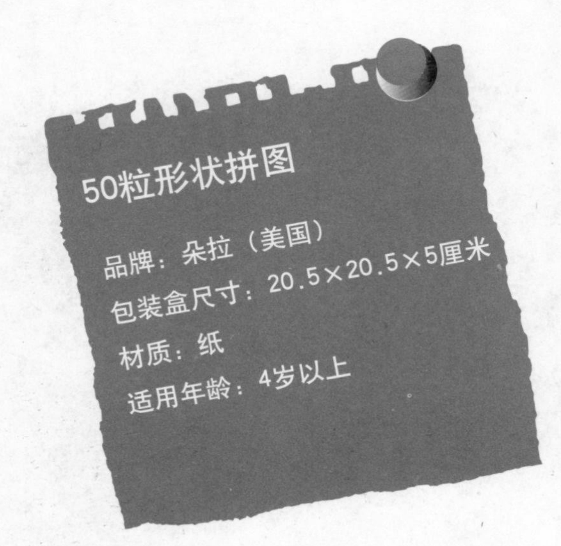

识别颜色

宝宝可以把相同颜色的拼图块归到一起，这样拼接会更快，同时要区分、辨识相似色，这个过程能够充分锻炼宝宝的颜色辨别能力。

识别形状

大部分拼图块形状相似，但每块的对应位置都是唯一的，宝宝要正确认识形状与形状间的细微区别，找出每块拼图周围最合适的下一块，这个过程有利于宝宝更好地识别形状。

观察能力培养、动手能力锻炼

宝宝通过观察，动手将单块的小拼图一一进行对接组合，拼成完整的图案，能够培养宝宝的观察能力和锻炼动手能力。

对应关系培养

宝宝通过对照盒子上的参照图进行拼图块组合时，可以逐步学会部分与整体、上与下、左与右的对应关系。

摩比世界产品系列

摩比世界——恐龙主题

动手能力锻炼

摩比世界来自德国，它是独具特色的情景性启智类拼装玩具，已风靡世界30余年。摩比世界的主人公是7.5厘米标准尺寸的小玩偶，玩偶可站、可坐，手臂和四肢可以随意摆动做出各种造型，所有人物及配件都可以随意互相组合玩耍，可以拼出森林、房子、城堡、飞机、船、车等生活中不同的物体和场景，大量仿真的配件可以让宝宝提高动手能力。

P4174 巨棘及幼龙套装

品牌：摩比世界（Playmobil）（欧洲）
包装盒尺寸：40×30×12.5厘米
材质：ABS塑胶
适用年龄：4岁以上

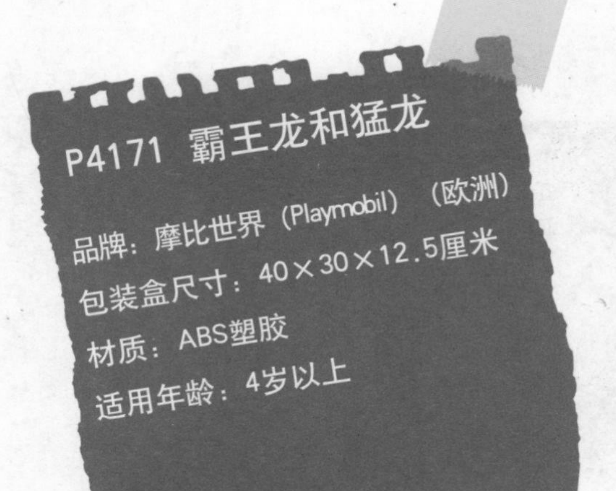

想象力、创造力开发、社交能力培养

摩比世界主题丰富多彩，有建筑工程、森林农场、警察局系列、消防系列、恐龙系列、飞机场系列、古堡战士、海盗系列等，宝宝通过自己动手组装成不同的摩比世界主题，创编不同的历险故事，在玩乐的同时，可以开发想象力、创造力及与人沟通的能力。

角色扮演

摩比世界独特的“故事导向式”能够引导宝宝在不同的场景里扮演不同的角色，体验不同的生活故事，让宝宝在玩乐中逐渐地融入生活的各个方面，了解更多的生活知识。

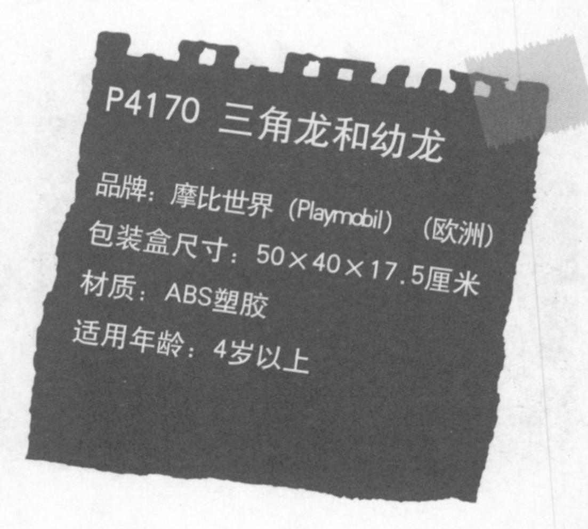

游戏规则

1.将垫子和彩色棋盘放在地板或桌面上，将竹圈随机平整地放置于棋盘内部，红色竹圈放在最中间。

2.每个游戏者选择1个小幽灵，放置在棋盘上的红色起点处，所有小幽灵需沿着起点顺时针方向前进。

3.年纪最小的游戏者先投掷骰子，选出可以求助的小动物，然后利用跳板将此小动物对准竹圈弹射出去。

4.小动物掉进1个竹圈后，游戏者的小幽灵就可以前进到与竹圈相同颜色的区域里；如果小动物跳到了竹圈外面，那就必须要等下一轮了。

5.游戏者要让幽灵沿着整个棋盘走一圈，最后准确地落在红色的起点位置上才可以获胜。因此，游戏者的小动物在最后一步时必须准确地跳进红色竹圈内。谁的小幽灵最先回到家，谁就是获胜者。

协调能力锻炼

每次利用跳板将小动物对准竹圈弹射出去，都是对宝宝手眼协调能力的很好锻炼。

小肌肉锻炼

宝宝利用跳板将小动物弹入竹圈中，有助于手指小肌肉的锻炼。

想象力、创造力开发

因玩具本身并不止一种玩法，所以宝宝可以在原有的游戏规则上不断地开发出新的玩法，增加游戏的趣味性和难易度，比如变换竹圈的位置、固定跳板的位置等。

亲子互动、社交能力培养

这是一款适合2~4人玩的游戏，宝宝可以和家人玩，也可以和其他小朋友玩，是亲子活动和培养社交能力的好帮手。

立体滚轴积木

品牌：品乐玩具（PlanToys）（泰国）

包装盒尺寸：38×8×23厘米

材质：橡胶木

适用年龄：4岁以上

动手能力锻炼

这套滚轴积木由36块积木组成，包括彩色积木、木材本色积木块和3个滚轴，是以搭积木为基础，最终使滚轴从高到低地滚动，锻炼宝宝的动手能力。

判断力、解决问题能力培养

立体滚轴积木因为对玩法设定了目标，所以宝宝在玩耍时不能随意乱搭，否则木轴无法滚动。宝宝必须用心去观察、判断、发现问题并学着自己去解决问题，通过不断地调整轨道，使滚轴顺利地滚到终点，在游戏过程中，能够培养宝宝的判断能力以及解决问题能力。

想象力、创造力开发

宝宝通过自己的设计和想法，用积木搭出自己喜欢的造型，其玩法无限变化，是对宝宝的想象力和创造力最好的培养。

社交能力培养

立体滚轴积木是宝宝和其他小朋友在一起共同玩耍的好玩具，借助积木的堆垒过程，分享彼此不同的想法，交流不同意见，可以让宝宝在玩耍过程中互相学习，提高社交能力。

绿色环保娃娃屋

品牌：品乐玩具（PlanToys）（泰国）

产品尺寸：45.5×55×56.7厘米

材质：橡胶木

适用年龄：4岁以上

环保概念的理解

绿色环保娃娃屋是一个完全依靠自然能源的概念房屋玩具，使用的是石油燃料替代品和自然资源。环保的概念体现在房屋的每个细节，可以帮助宝宝学习如何在生活中与自然和谐，认识到可利用的能源、水以及其他有效资源，引导宝宝保护我们的环境。

认知能力开发

娃娃屋针对不同的房间设立了家具组合，包括客厅、卧室、儿童卧室、厨房和洗手间，能够帮助宝宝熟悉生活环境，了解家具和设备的用途、每个家庭成员的组成、工作和生活作息的调整等。

语言能力开发

宝宝在玩娃娃屋玩具的过程中，通常会一边玩一边讲故事，会主动和家人沟通，会把娃娃屋里发生的事情告诉家人，就像讲故事一样，宝宝也会提出问题，家人回答问题，或是家人来提问，宝宝来回答，这个过程可以锻炼宝宝的语言能力。

社交能力培养

绿色环保娃娃屋是宝宝和其他小朋友在一起玩耍的上佳选择，他们在一些互相交流、互相沟通，试着做出所观察到的成人的一些行为，还会在游戏中解决困扰他们的问题，增进宝宝的社交能力。

情感交流

在玩耍的过程中，可以让宝宝让了解家庭成员的重要性、家庭成员之间的互相爱护、互相体谅和互相信任，因此绿色环保娃娃屋对家人与宝宝的情感交流也很重要。

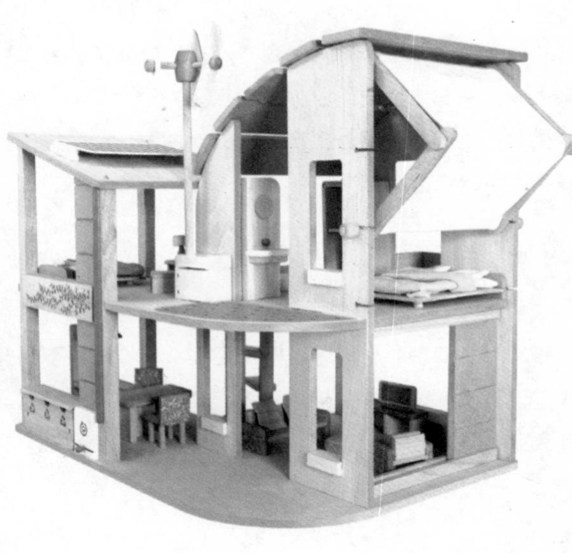

冰湖钓鱼

品牌：英德玩具（中国）

包装盒尺寸：27×27×7厘米

材质：塑料

适用年龄：4岁以上

宝宝在玩耍的过程中，能够尽情享受磁力钓鱼所带来的乐趣。谁将自己所属颜色的鱼儿从冰面下最先钓出来，获胜次数最多的游戏者就是“垂钓大王”。通过这个游戏可以让宝宝知道小鱼是如何从冰面下钓起来的，能够切身感受磁性吸引力在钓鱼时所带来的快乐。

自信心、专注力培养、动手能力、协调能力锻炼

让宝宝将小鱼按指定颜色放入指定位置，再盖上冰面组成冰湖，然后进行垂钓，促成宝宝努力达到目的，以培养宝宝的自信心和成就感，提高宝宝的专注力、动手操作能力以及手眼协调能力。

情感交流

父母可利用宝宝爱玩钓鱼游戏的兴趣，一起参与，可以建立一定的游戏规则，能够让宝宝从小养成做事要有条有序、不违反规定、学会与人交流、分享乐趣的好习惯，增加与宝宝之间的情感交流。

这款游戏玩具颇能训练宝宝的技能，游戏者以最快速度将己方帽子抛至相应颜色的区域，积分最先达到75分者便获得胜利。该玩具涵盖智商、性情、沟通、技能、竞赛、运气等玩具文化内涵，通过玩耍，使宝宝得到锻炼。

协调能力锻炼

游戏者用适当的方法、合适的距离和力度，正确将锥形帽发射到己方对应颜色区域。发射正确得5分，垒叠帽以十进加分，发错则以此减分。抛帽子游戏可以锻炼宝宝的手眼协调能力，只有动作掌握适度，技能才能达到最强。

自信心、社交能力培养

这个游戏可以2～4人一起玩，让宝宝参与到互动的游戏环境中，能够培养宝宝的自信心以及与他人交往的乐趣。

抛帽子

品牌：英德玩具（中国）

包装盒尺寸：26.8×26.8×6.5厘米

材质：塑料

适用年龄：4岁以上

机灵小刺猬

品牌：learning mates（中国）
包装盒尺寸：21.59×27.94×3.81厘米
材质：塑胶
适用年龄：4岁以上

语言能力开发

这款游戏玩具包含着一个生动的童话故事，可以调动宝宝的游戏兴趣——这是一个刺猬窝，窝里住着1只刺猬妈妈和10只小刺猬，有一天，刺猬妈妈出去找食物时，窝里跑进来4只獾，獾很凶残，特别喜欢吃小刺猬，在这个危机时刻，刺猬妈妈回来了，聪明的刺猬妈妈站在窝边，教10只小刺猬要团结在一起，怎样躲开獾的包围，回到刺猬妈妈的身边。游戏分为5个等级、50种玩法，由易到难逐渐升级。

判断力、解决问题能力培养

宝宝在进行闯关游戏时，会带着小刺猬一起逃离獾，会遇到各种挫折，需要宝宝开动脑筋准确判断、解决问题。随着游戏难度逐渐提升，宝宝会慢慢地摸索到游戏的技巧，判断力和解决问题能力也会逐渐加强。

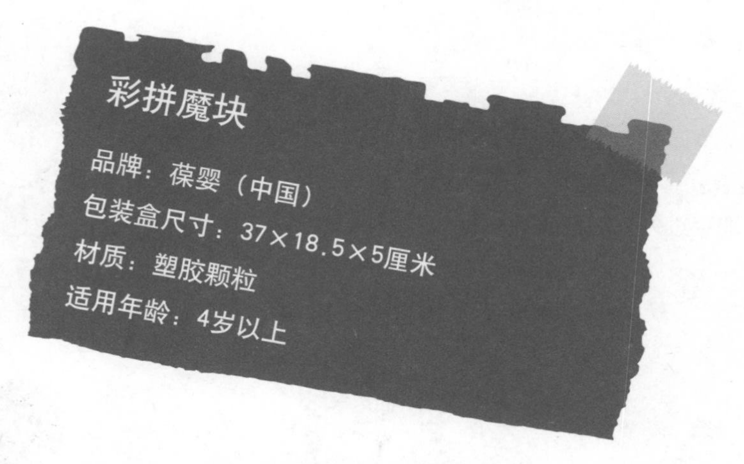

识别形状、识别颜色

该款玩具由6种颜色、11种几何形状、共计132个不同的彩色几何拼板、20张卡片、34种组合设计组成。玩具的设计层层递进，有5个难度等级，从认识最基础的几何形状开始到组合游戏，再到形状和颜色不同角度进行多种组合游戏，能够让宝宝初步了解几何概念，加强对形状和颜色的识别能力。此外，防滑的彩色拼板很容易操作，不会使宝宝产生挫败感，宝宝会感到很有趣。

观察能力、解决问题能力培养、协调能力锻炼

宝宝通过观察，把几何形状的彩色拼板部件对应着模型卡片的设计进行放置的过程，有助于培养宝宝的观察能力、解决问题能力和锻炼手眼协调能力。

想象力、创造力开发

用形状各异的几何拼板进行造型，从易到难，使游戏内容更加丰富有趣。通过练习,. 宝宝的想象力会更加丰富，可以创造自己的设计造型。

动手能力锻炼、观察能力、判断力培养

依据游戏卡中提示的海洋动物与数量，运用8张不同形状的鱼网将池塘内多出来的鱼捉起来即可过关。宝宝需要好好地组合手上的8张鱼网来捕捉这56条池塘里的鱼。在游戏的过程中，宝宝既动手又动脑，还可以提高观察力和判断力。

奇趣渔场

品牌：添奇（中国）

包装盒尺寸：25.2×21.5×2厘米

材质：纸制

适用年龄：4岁以上

认知能力开发、专注力培养

各种各样绚丽多彩的海洋生物能够吸引宝宝的注意力，有助于培养宝宝对事物的专注力，同时还可以根据各种海洋生物各自的形状教宝宝去认知。

自信心、社交能力培养

宝宝可以和其他小朋友一起玩，在游戏中培养成就感与自信心，同时有助于锻炼宝宝在社会群体中的交往与沟通能力。

四方转陀螺

品牌：宏基（中国）
包装盒尺寸：22.5×22.5×3.3厘米
材质：橡胶木、松木
适用年龄：4岁以上

用手将陀螺转动，在陀螺转动时，罗盘里面的小珠子会被陀螺下面的木棒触碰到，而落进罗盘里各个数字相对应的洞里，最后看谁的小珠子进洞的点数大，谁就是赢家。

小肌肉、协调能力锻炼

父母可以教会宝宝自己来转动陀螺，让宝宝通过转动陀螺，锻炼手指肌肉，增强手指的灵活性和动作的协调性。

算术能力开发

父母还可以教会宝宝更精准地控制陀螺的技巧，有目的地去碰触小木球，碰到自己想要的数字，通过游戏，有意识地让宝宝认识数字，培养宝宝的算术能力。

社交能力培养

宝宝可以和其他小朋友一起玩游戏，在游戏中培养宝宝积极参与集体活动的热情，培养良好的性格，让宝宝了解集体活动中协助、配合、秩序的概念，培养宝宝的社会交往能力。

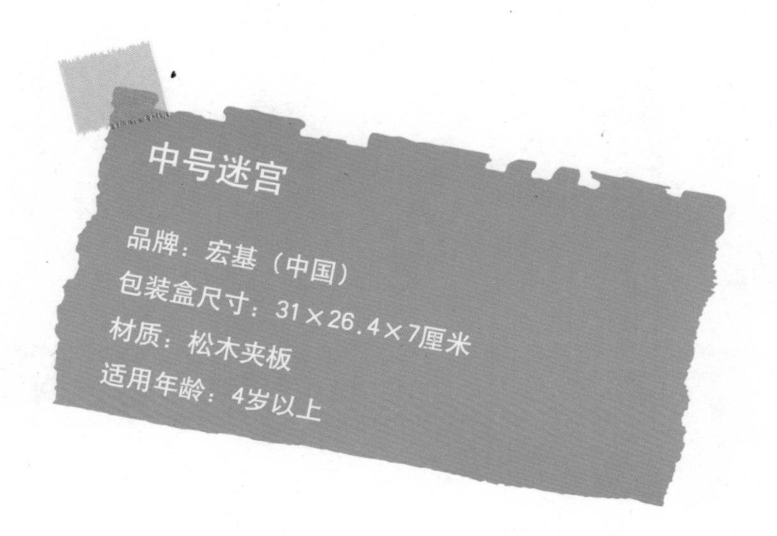

协调能力、大小肌肉锻炼、专注力培养

将钢珠放入起点位置，让宝宝的两只手分别握住两个控制柄，根据钢珠的位置，用手调整适量的倾斜度，控制钢珠在线条凹槽里走。没有倾斜度，钢珠会原地不动；倾斜度大了，钢珠就会跳出凹槽掉入圆洞中。通过游戏，可以锻炼宝宝手、眼、脑的协调能力以及手和手臂肌肉的控制能力，培养专注力。

情感交流

父母可以和宝宝一起做游戏，看谁用最少的时间先到达终点，以此加强与宝宝之间的情感交流。

社交能力培养

宝宝可以和其他小朋友一起比赛，可以设立游戏奖罚规则，激励宝宝参与竞争，培养宝宝的社会交往能力。

5~6岁宝宝的玩具早教

一、5～6岁宝宝的生长发育特点

1.感观表现

视觉

到6岁时，宝宝的视力可达到1.2左右。

其他感官发育

这一时期，宝宝知道一周有几天，能认识时钟、日历，掌握一定的时间概念，能辨认3～5种几何体并了解面与体的关系，能发现简单事物的因果关系，会判断推理，会推测故事中人物的心理活动和内心想法，有了初步的逻辑思维概念。

2.动作表现

在大动作方面，6岁的宝宝能够迅速自如地奔跑，且跑得协调，平衡能力较好，会拍球、踢球，并能一边跑一边踢。这一阶段的宝宝能连续走半小时路程，能独脚站立10秒钟左右，能脚尖对着脚跟往后走，能帮助父母做一些简单的家务劳动，如扫地、擦桌子、收拾碗筷等。

在精细动作方面，到6岁时，宝宝手指的动作更加精巧，会用小刀削铅笔，能熟练地用蜡笔、铅笔和剪刀，会画比较完整的小人，能用笔书写10以内的阿拉伯数字以及简单的汉字，手工能力也有了进一步提高，会用纸折衣服、裤子、飞机等。

3.语言表现

5岁～5岁半时，宝宝已经掌握词汇2500个以上。6岁时，已经掌握词汇3500个左右，讲话变得

连贯、流畅起来，想象力丰富，能够根据大人讲的故事情节自己编故事，或者进行续编、创编故事，并能完整地进行讲述，看到什么新奇的东西，可以很明白地讲给父母听。

4.社交表现

这一时期的宝宝开始有自己的原则，喜欢和小伙伴们在一起，并且喜欢取悦他们，喜欢唱歌、跳舞和模仿。

二、如何让5～6岁宝宝学习社会交往

5~6岁宝宝已形成了适应性，无论在集体中还是在家里，忍耐度都明显增长，能够掌握良好的习惯和态度，也逐渐社会化，开始努力以社会一员的资格进行活动；积极希望与外界发生关系，喜欢和家庭以外的人来往；能理解自己在集体中的地位和自己的能力，也能和同伴协作；交际范围扩大，不论同伴年龄大小，都能合得来，亲密、愉快地在一起游戏；更加喜欢户外活动，即使到离家远的地方玩也不在乎。

方法举例：如搬家前与旧邻居小朋友告别、互赠小纪念品，以培养宝宝重视友谊。其他方法如在家里设个“小图书馆”，让邻居小朋友来家里看图书、讲故事、比一比谁的手干净、不毁坏书等，可以培养宝宝慷慨大方、乐意为同伴服务的精神，从中还可以让宝宝练习介绍自己、介绍家庭成员、唱歌、跳舞等能力。宝宝在院子里骑车时，如果没人与他玩，妈妈可以鼓励宝宝勇敢地去找其他小朋友一起玩。通过这些方法，宝宝会很快认识不少新朋友。

三、为5～6岁宝宝选择玩具的要点

1.选择有挑战性的玩具

这个年龄段，宝宝的学习能力以惊人的速度增长，喜欢提出疑问、寻根究底，并愿意通过各种方式试探自己的能力，已具有不错的逻辑判断、表达、理解能力，非常喜欢具有挑战性的玩具，可以选择较为复杂一些的拼图类、棋类玩具，有利于发展宝宝的想象力、逻辑思维能力和解决问题能力。

2.选择知识性强的玩具

这一时期的宝宝对世界万物都感到新奇有趣，各种知识对他都极富吸引力，要开始做入学前的准备，对一些有规则的、需要团体精神的游戏很热衷，应趁机培养宝宝的综合能力和协作精神，选择有利于锻炼观察能力、反应能力和专注力的玩具，如拼图板等，发展宝宝的智力，增长知识。

3.选择发展小肌肉系统，完善各种动作的协调性、准确性和灵活性的玩具

如跳绳、橡皮筋、乒乓球、羽毛球、小皮球、毽子、小自行车、轮滑鞋、滑板等。

4.选择有助于丰富宝宝的知识经验和培养各种技巧、发展宝宝智力的玩具

如各种玩具娃娃以及娃娃的各种用具、餐具、家具，各种模拟家畜、家禽、动物，各种运输工具，各种积木、镶嵌结构、组装结构、智力盒，各种棋类，五子棋、斗兽棋、跳棋、桌面陀螺、七巧板、万花筒等。

5.选择促进宝宝对数学的兴趣、对科学爱好的玩具

如计算器、电子计算玩具、卡片、机器人、电子游戏机、遥控汽车等。

6.选择促进宝宝自己动手制作、加强技能技巧训练的玩具

如装拆玩具、组装玩具、绒绣、木工工具等。

7.选择进行艺术表演活动和装饰的玩具

如铃鼓、木偶、小喇叭、童话头饰等。

8.选择娱乐、滑稽造型玩具

如小熊照相等。

四、适合5～6岁宝宝的经典玩具

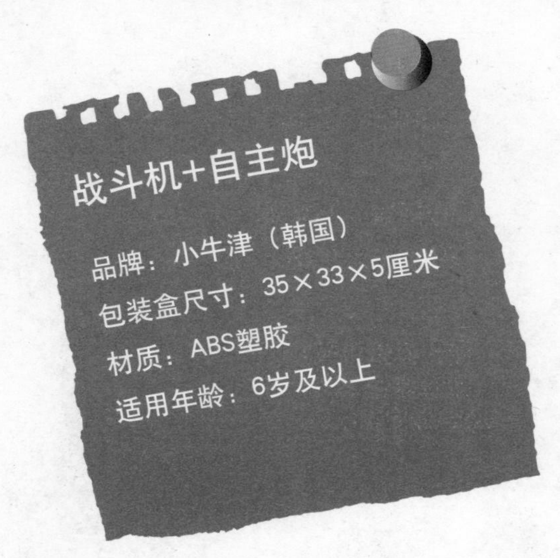

认知能力开发

该款玩具内有各种大小、形状不一的颗粒积木及组装说明书，可以组装成战斗机及火炮车，宝宝通过多次组装，可以简单了解和认识战斗机及火炮车的外观、构造及功能。

协调能力、动手能力锻炼

开始时宝宝可以根据组装说明书上的图案进行组装，熟练后就可以不看说明书顺利地组装出战斗机及火炮车的造型出来，这一过程可以锻炼宝宝手的灵活性，有助于手眼协调能力和动手能力的发展。

算术能力开发

组装说明书上会出现“×6”的标注，说明某一形状的积木在战斗机或火炮车的组装中需要多少块，从而可以锻炼宝宝的算术能力。

聪明游戏米菲

品牌：心语娃娃–米菲（中国）
包装盒尺寸：23×19×34厘米
材质：超柔毛绒、聚酯纤维（填充）
适用年龄：6岁及以上

米菲诞生于1955年，是由荷兰著名卡通画家迪克布鲁纳先生创作的经典卡通形象。该款玩具采用语音识别技术，能够进行语音问答，有你问我答、猜谜语、唱歌、讲笑话等功能，互动性强。

听觉能力开发

米菲会唱歌，会讲笑话，让宝宝听听看，米菲到底在说什么？不知不觉中，宝宝的听力便会大有长进。

语言能力开发

聪明游戏米菲的最突出特点就是语音互动，通过有趣的游戏吸引宝宝张口说话，跟玩具进行互动，以此训练宝宝的说话技能，提高宝宝的语言能力。

认知能力开发

通过做游戏开发宝宝智力，你问我答、猜谜语能够让宝宝多动脑、多思考，教会宝宝许多知识，提高宝宝的认知能力。

丛林历险

品牌：英德玩具（中国）

包装盒尺寸：40×27×9厘米

材质：塑料

适用年龄：5岁以上

该款游戏玩具组合三维立体化，游戏者选定属于自己颜色的玩偶，放在起始营地，由年龄最小的游戏者先掷骰子，再轮流进行，根据骰子所示点数移动玩偶，再按盘上标示做活动，绕过所有危险障碍，第一个从密林中找到小金猴的游戏者获胜。

综合能力培养

玩具需要宝宝自己组装搭建，组装过程对宝宝的动手能力、空间想象力和连接技巧都是一个考验，父母应鼓励宝宝对玩具进行探索与研究，激发宝宝的求知欲，吸引宝宝参与并很快投入角色中。宝宝可以和多个小朋友一起玩，培养社会交往能力。游戏设置的7个陷阱（长颈鹿饮水槽、拱桥、毒蛇、大象关口、猴子跷跷板、转轮、宝塔云梯）会阻止游戏者前行，按照游戏规则，如果探险失败还要从头再来，直到找到金猴为止。让宝宝通过游戏融入历险的过程，身临其境地感受探险的不易，可以培养宝宝的观察力、专注力和语言表达能力。

骨架棒

品牌：大圣玩具（中国）
包装盒尺寸：
骨架结构棒35
22.22×6.98×22.22厘米
骨架结构棒125
30.48×15.24×17.78厘米
材质：ABS塑胶
适用年龄：6岁及以上

动手能力锻炼

骨架棒的构件一共有5种不同的颜色，其玩法很容易上手，宝宝只要有力气把骨架棒的槽插进去即可，它可以拼装成许多造型，如恐龙、摩托车、机器人等。按照零件数量的多少，骨架棒有不同的型号，其中有3款是专门组装汽车的。每款里面都有一些图纸来教宝宝搭一些造型，锻炼宝宝的动手能力。

想象力、创造力开发

刚开始不熟练的时候，宝宝可以参考图形来组装。待熟练以后，宝宝可以充分发挥自己的想象力和创造力，来组装自己想要的造型，通过不断的动手操作来训练宝宝的空间想象力和创造力。

惊险捕猎

品牌：优木（中国）

包装盒尺寸：23×4×23厘米

材质：密度板、夹板

适用年龄：6岁及以上

观察能力培养、认知能力、语言能力开发

本拼图玩具有初始、一般、中等、复杂4个不同难度级别的60种挑战及解答玩法。在开始游戏之前，宝宝需要观察场景特点，通过分析快速选择合适的木块放在合适的位置，这可以提高宝宝的观察能力。同时，在游戏过程中，父母可以给宝宝讲述海洋捕猎的相关话题，增强宝宝的语言能力和认知能力。

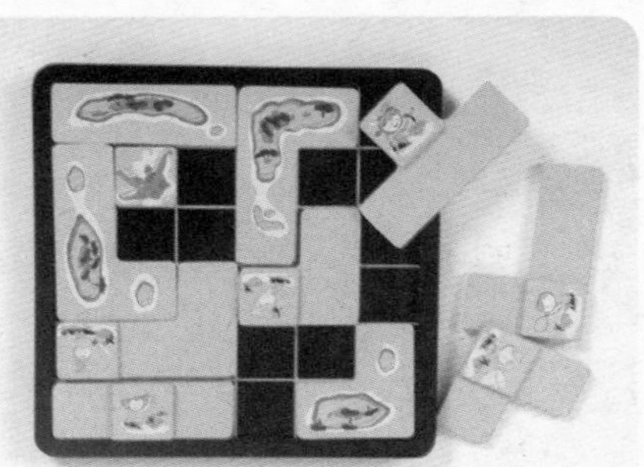

判断力、解决问题能力培养

本拼图玩具包括4块岛屿、6块捕猎手、1块鳄鱼。打开说明书选择一项挑战任务，根据任务所示，让宝宝将4块岛屿和鳄鱼放在板中栅格线中，开始布置游戏场景；场景布置好之后，开始依次放入捕猎手块和鳄鱼块，直到把整个游戏板填满，则挑战成功。该游戏有多种玩法，可以培养宝宝的判断力和解决问题能力。

深海探险

品牌：优木（中国）
包装盒尺寸：23×4×23厘米
材质：密度板、夹板
适用年龄：6岁及以上

认知能力开发

本拼图玩具有初始、一般、中等、复杂、高难度5个不同难度级别的72种挑战及解答玩法，宝宝从中可以认识很多海洋生物，学习到很多海洋知识。

判断力、解决问题能力培养

在说明书中选择一项挑战任务，将4块不同造型的拼板在游戏板（4个框）中和任意旋转角度显示出挑战任务中的动物类型及数量，即挑战成功。该游戏有多种玩法，可以培养宝宝的判断力和解决问题能力。

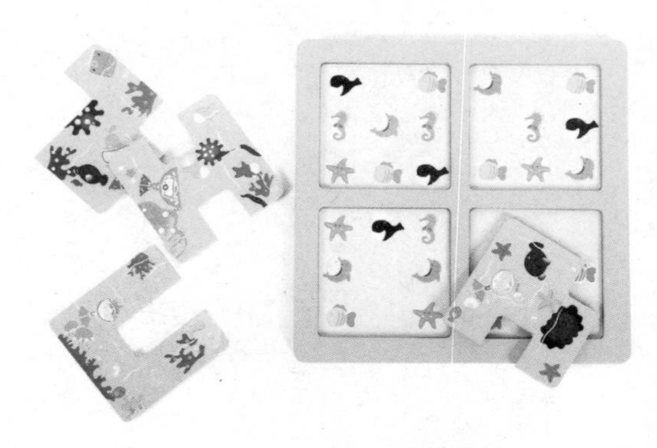

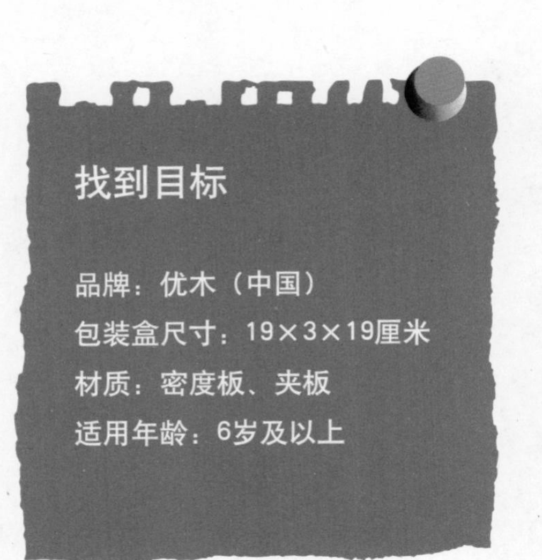

找到目标

品牌：优木（中国）

包装盒尺寸：19×3×19厘米

材质：密度板、夹板

适用年龄：6岁及以上

solution 解答

判断力、解决问题能力培养

从盒上的拼盘里先拿出9片小拼图，选择一种游戏挑战方式（说明书载有24种挑战方式），依说明书上的游戏挑战指示图，在盒上找到起点和终点，依挑战目标，在拼盘里拼放小拼图，移动小拼图的位置，以达到起点与终点的路径相通，直到成功。每种挑战都有几种解法，其中一种答案就在该挑战指示图的背面。但宝宝可以挑战一下自己，看看能否想出另外的找路方法，以提高宝宝的判断力和解决问题能力。

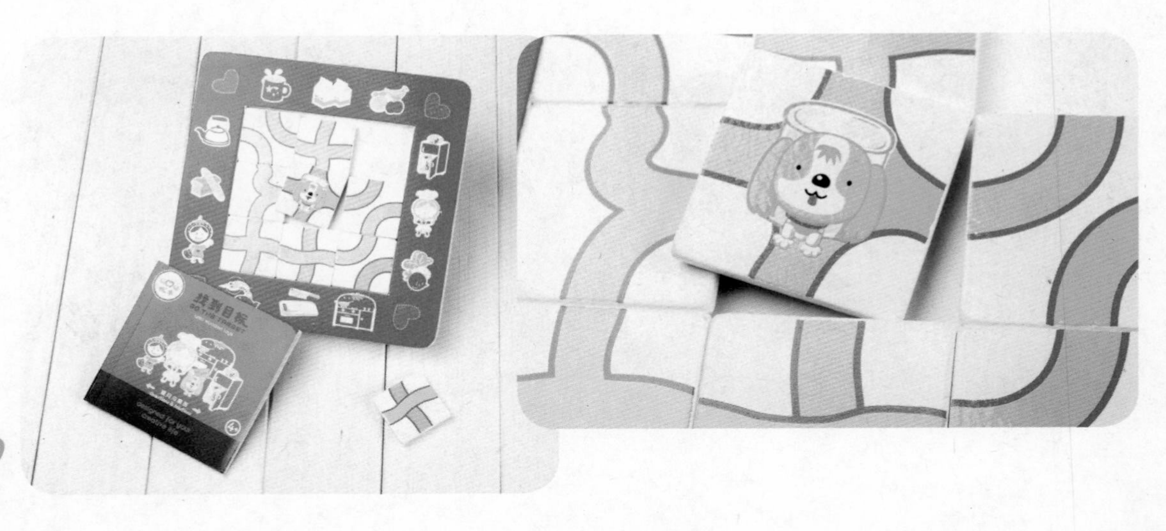

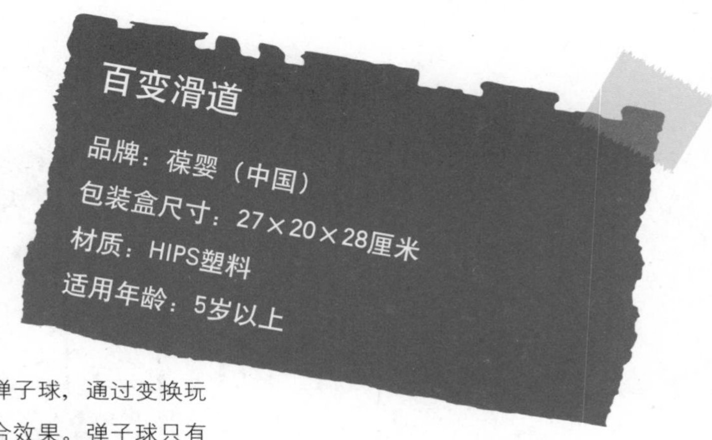

动手能力锻炼

百变滑道有46个玩具零件和10个弹子球，通过变换玩具零件的位置，可以搭建出多变的组合效果。弹子球只有顺利通过滑道，搭建才算成功。搭建游戏可以充分锻炼宝宝的动手能力。

想象力、创造力开发

百变滑道设计巧妙，玩具零件可以让宝宝任意组合和搭配，无限发挥宝宝的想象力和创造力，帮助宝宝实现自己的创意。

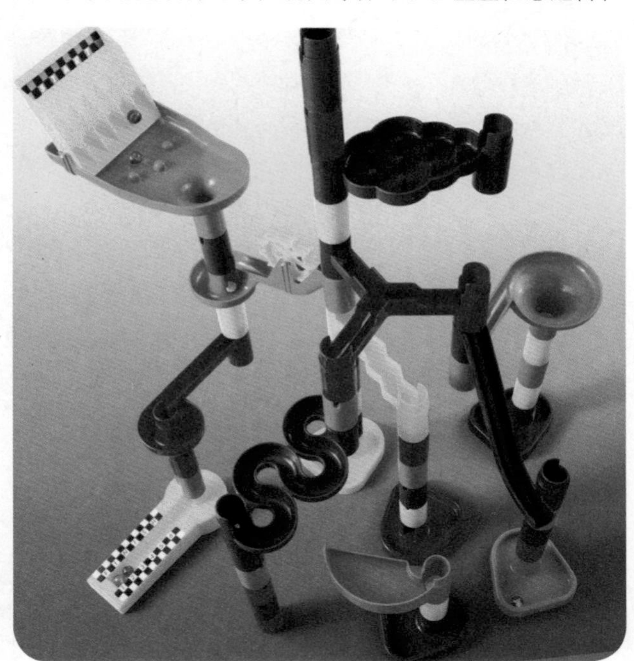

观察能力、解决问题能力培养

要想搭建一个顺畅的高速滑道，就要通过对玩具零件拼装组合的不断调整，保证通道不间断，任何通道的出口端和入口端紧密相连，这个过程可以培养宝宝的观察力和解决问题能力。

情感交流

百变滑道适合全家一起玩，是父母与宝宝间情感交流、建立彼此之间的信任和保持通畅沟通的桥梁。

社交能力培养

百变滑道还适合宝宝与其他小朋友一起玩，宝宝在与小朋友进行游戏的过程中会获得知识和经验，在游戏的同时可以让宝宝学习合作、交往，帮助宝宝形成团队精神。

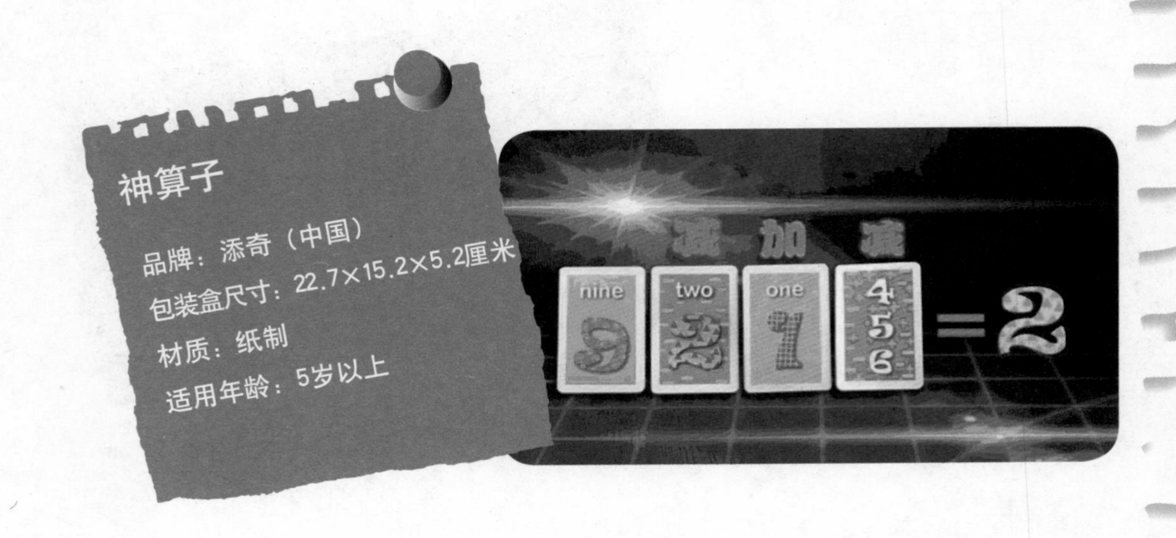

算术能力开发

游戏要求玩家在规定的1分钟时间内，根据转盘指针所指的数字，运用手上的数字卡组合出与之相等的算式，看看谁最先可以把手上的所有数字卡打出。通过这种形象、直观、简单的方式，可以将数学加减法的概念游戏化，让宝宝轻轻松松地感知加减法的概念，从而引导宝宝主动去学习，让枯燥的数学活动充满乐趣。

思维能力、解决问题能力培养

在动手动脑的过程中，可以着重培养宝宝的数学思维能力，使宝宝的大脑从呆板的数学教学模式中解放出来，让宝宝在综合解决问题能力等方面得到系统化的训练。

社交能力培养

借助玩具，可以让宝宝与一两个玩伴发展友谊，使他们乐意在游戏中享受竞争的刺激，培养社交技能。

筑路拉力赛

品牌：添奇（中国）
包装盒尺寸：25.2×25.2×4.5厘米
材质：纸制
适用年龄：5岁以上

观察能力培养、动手能力锻炼

宝宝可以运用不同类型的道路游戏卡，进行巧妙的组合使用，修筑一条让自己的棋子能够最快到达终点的道路。在游戏的过程中，宝宝每放一个棋子，都要采取自己最佳的行动组合方式，并为下一次的筑路打下基础，同时也要观察对手的行动来采取相应的筑路对策。在既动手又动脑的实践中，可以提高宝宝的观察能力和动手能力。

想象力、创造力开发

在游戏的过程中，需要宝宝好好地思考如何运用手上的卡，让自己可以最快到达终点。而在动脑的过程中，可以锻炼宝宝大脑的思维活动，激发宝宝的想象力和创造力。

自信心、社交能力培养

宝宝可以和其他小朋友一起玩，在游戏中体验成功与失败，这有利于宝宝增强自信心以及不断挑战自我的需求，增强社会交往能力。

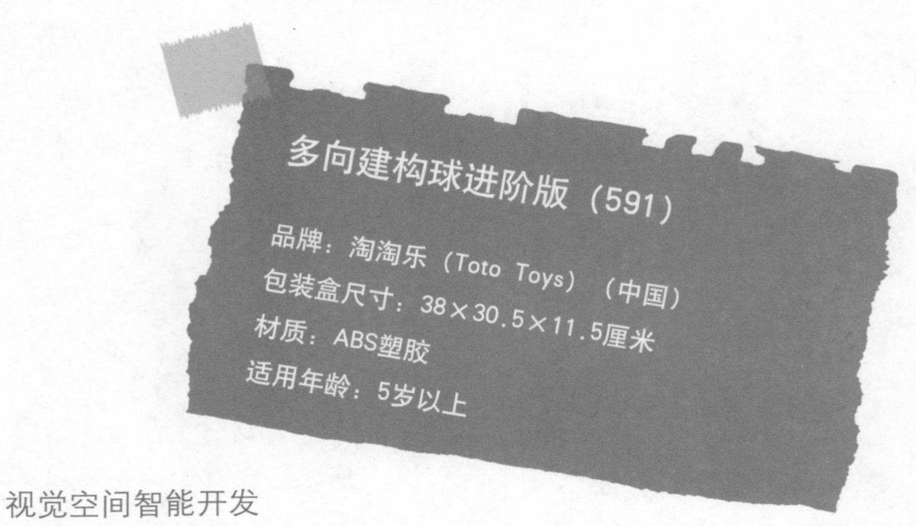

视觉空间智能开发

多向建构球是一款拼插组装的积木玩具，通过将连接棒插入建构球，构成不同的角度，形成封闭几何架构，达到力学原理的支撑作用，能够创造出无尽的“太空轨道滚珠游戏”。在玩耍的过程中，可以让宝宝轻松理解一些基本的数理知识，提升宝宝的视觉空间智能。

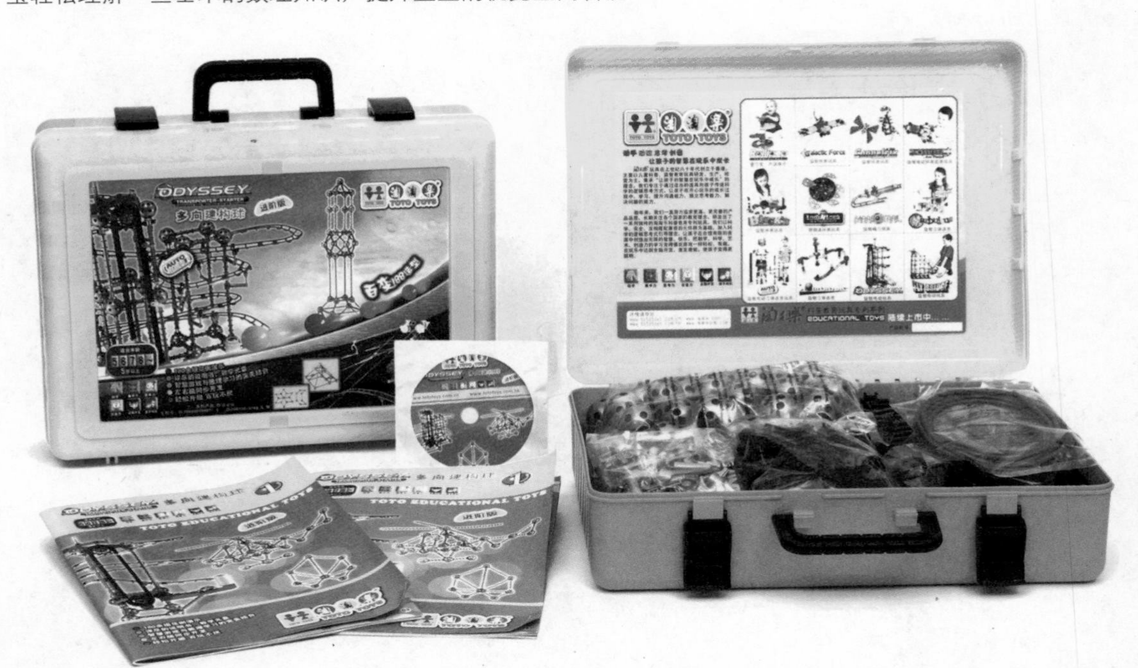

动手能力锻炼、想象力、创造力开发

该款玩具包括1张教学光碟、2本引导式说明书、324个形态各异的零件，共设计了188种变化造型，提供了“硬轨道”“软轨道”“吊线支撑”“三合一”4种精彩玩法，让宝宝在动手玩的过程中，拓展思维，激发潜在的想象力和创造力，拼插组装出更多的造型来。

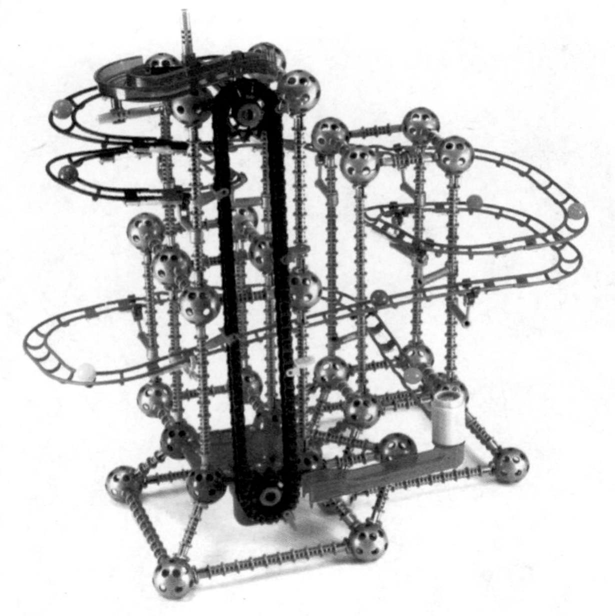

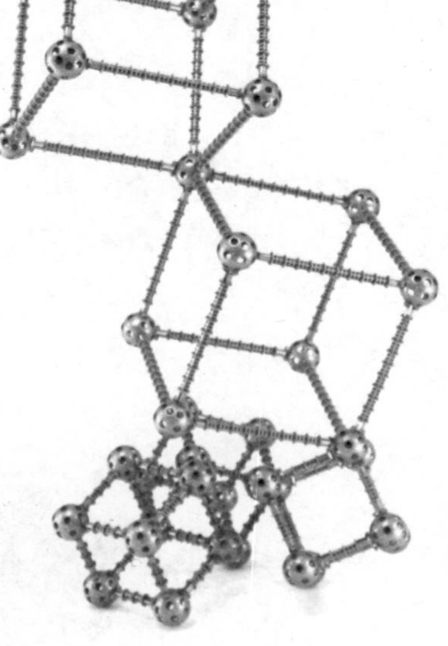

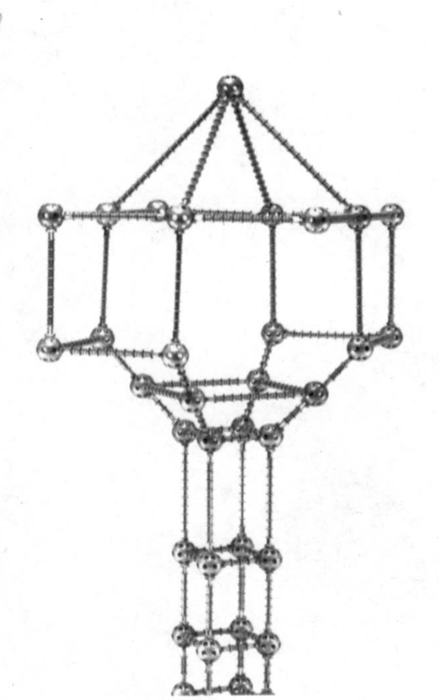

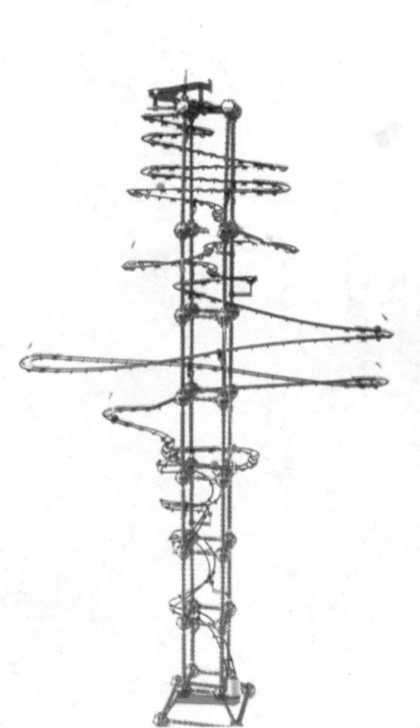

国际象棋

品牌：宏基（中国）
包装盒尺寸：31×31×5厘米
材质：橡胶木、松木
适用年龄：5岁以上

国际象棋棋盘是正方形，由横、纵各8格、颜色一深一浅交错排列的64个小方格组成，棋子就放在这些格子中移动。棋子共32个，分为黑、白两组，各16个，由对弈双方各执一组，兵种是一样的，分为6种：王（1）、后（1）、车（2）、象（2）、马（2）、兵（8）。

情感交流、社交能力培养

行棋规则：王：横、直、斜都可以走，但每次限走一步。后：横、直、斜都可以走，步数不受限制，但不能越子。车：横、竖均可以走，不能斜走，一般情况下不能越子。象：只能斜走，格数不限，不能越子。马：每步棋先横走或直走一格，然后再斜走一格，可以越子。兵：只能向前直走，每次只能走一格，但走第一步时，可以最多直进两格。兵的吃子方法与行棋方向不一样，它是直进斜吃，即如果兵的斜进一格内有对方棋子，就可以吃掉它而占据该格。宝宝通过与家人或小朋友一起下棋，能够增加相互间的情感交流，培养社会交往能力。

综合能力培养

除了上面所有棋子的一般走法外，国际象棋中还有多种特殊走法：吃过路兵、兵的升变、王车易位等。通过各种行棋方法，可以培养宝宝的思维能力、观察能力和解决问题能力，还可以培养宝宝的耐心和专注力。

游戏规则

围剿棋有“适者生存”和“诸国之战”两种玩法。“适者生存”可以2人一起玩，蓝色甜恬棋子有2枚，黄色奇童棋子有20枚。首先按棋盘的位置摆放棋子，执甜恬棋子的一方先走，双方相遇前只能走一步，可前进、斜线移和后退，奇童棋子只能前进；双方棋子相遇后，甜恬棋子可单跳、连跳将奇童棋子吃掉，全部吃掉可获胜；奇童棋子不可以吃甜恬棋子，但当其中一枚甜恬棋子被奇童棋子们包围，甜恬棋子就算可以移动，只要不能跳过并吃掉奇童棋子，就是奇童棋子获胜。“诸国之战”可以多人一起玩，其走棋方法更可以吸引宝宝玩耍的兴趣。

动手能力锻炼

该款玩具是奇童梦乐形象系列产品。围剿棋是开发宝宝学习潜能的一项有利的工具，以可爱的奇童棋子、色彩丰富的棋盘，结合寓教于乐的方式，使宝宝达到目明、心灵、手巧，既动手又动脑。

观察能力培养、想象力、创造力开发

下棋每走一步都要慎重推敲，思考多种棋步，一次又一次地在大脑中模拟演习达到目的，这个过程能锻炼宝宝丰富的想象力，敏锐的观察力及独特的创造力。

社交能力培养

在下棋的过程中，可以使宝宝懂得遵守棋规，才能够正常地行棋，才能够分辨胜负。双人棋要两个人轮流走子，在对方思考的空当要学会等待，懂得与人合理竞争，这对宝宝精神生活的丰富、社交面的扩大都有所帮助，并且有助于宝宝形成集体意识。

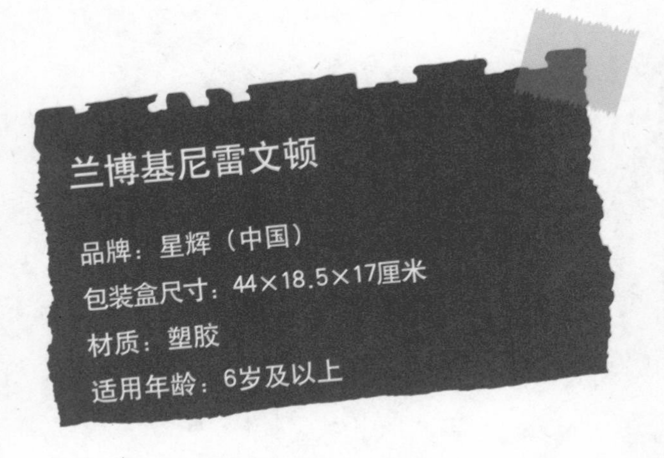

动手能力、协调能力锻炼

将遥控器开关拨至“ON”的位置，指示灯亮，将车身上的开关拨至“ON”的位置，操纵遥控器即可开始玩耍。该车模超仿真外观设计，有前车灯和后车灯，可前进、后退、左转、右转，宝宝可以任意自由地摆弄、操纵和运用，可以充分调动宝宝活动的积极性，满足其活动的需要，通过遥控驱动车模前进，可以提高宝宝的动手能力和手、眼、脑的协调能力。

认知能力开发

车模的直观形象性和仿照真车的真实性，可以引起宝宝的联想活动。父母可以给宝宝讲一些有关汽车的知识，使宝宝对不同品牌的汽车有所了解，增加宝宝的感性认识和认知能力。

大运动动作锻炼

宝宝通过操控模型车，有利于各种感官的训练，其身心发展在活动中也能得以实现。通过跟随遥控车奔跑的过程也有助于宝宝全身运动机能的发展，而且在活动时还会遇到一些困难，这些困难要求宝宝必须依靠自己的力量去克服，因而能够培养宝宝克服困难、奋发向上的优良品质。

动手能力、协调能力、大运动动作锻炼

超级版台球机甲是根据动画片《龙斗台球》剧情进行的原创桌球式竞技性游戏类玩具，共有9款不同的造型设计，吸引宝宝玩耍的乐趣。每款台球机甲玩具内含1件机甲、1件机甲核心、1件机甲手柄、2个台球、组装说明及技术指引各1份，需要宝宝自己动手将机甲零件组装成完整的机甲并进行击打台球的游戏，可以提高宝宝动作的协调性及技巧，同时也是对宝宝大运动动作的锻炼。

超级版台球机甲

品牌：Daniel（中国）

包装盒尺寸：28×20×8.5厘米

材质：塑料

适用年龄：6岁及以上

社交能力培养

该玩具可以进行对战，如果有2个以上的台球机甲会增加游戏的乐趣。父母可以和宝宝一起玩，宝宝也可与小朋友一起玩，增强宝宝的社会交往能力。

思维能力培养、算术能力开发

游戏要求宝宝将机甲对准白色球去击打颜色球，击中就算赢，需要宝宝思考如何将球击中，可以培养宝宝的思维能力，同时让宝宝将击中的数字累加，还能够提高宝宝的算术能力。

i185宠物机器人

品牌：龙昌玩具（中国）
包装盒尺寸：11×9.5×6.5厘米
材质：塑胶
适用年龄：5岁以上

观察能力培养、认知能力开发

这是一款瓢虫造型的机器人玩具，内置避障开关及声控器，即遇到障碍会自动回避，听到声音会后退转弯。通过玩耍，可以提高宝宝观察事物的能力，让宝宝了解一些简单的物理知识，提高宝宝的认知能力，同时还可以激发宝宝探索知识的欲望，从小养成爱学习的好习惯。

i285宠物机器人

品牌：龙昌玩具（中国）
包装盒尺寸：13×11.5×8厘米
材质：塑胶
适用年龄：5岁以上

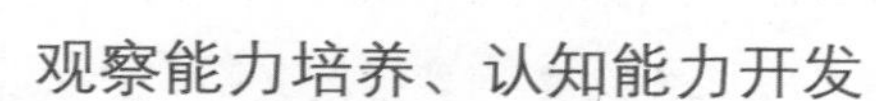

观察能力培养、认知能力开发

这是一款螃蟹造型的机器人玩具，有5种时尚色调，内置光敏开关及声控器，当光线黑暗时，即自动停止行进，听到声音时即会从黑暗中走出，而在阳光下听到声音会自动转弯。通过玩耍，可以提高宝宝观察事物的能力，让宝宝了解一些简单的物理知识，提高宝宝的认知能力，同时可以激发宝宝探索知识的欲望，从小养成爱学习的好习惯。

观察能力培养、协调能力锻炼

这是一款尺蠖造型的机器人遥控玩具，有5种时尚色调，两个通道，全功能遥控，可前进、后退、前后左右转弯，还可以原地转动。通过操纵机器人，可以提高宝宝观察事物的能力，手眼协调能力也会得到增强。

思维能力、社交能力培养

宝宝可以与其他小朋友进行比赛，设定一个终点，看谁遥控的玩具跑得快，最先到达终点，这个过程可能会出现各种异常或问题，可以培养宝宝克服困难的勇气和信心，提高宝宝的思维能力和竞技水平，同时可以提高宝宝与人沟通交往的能力。

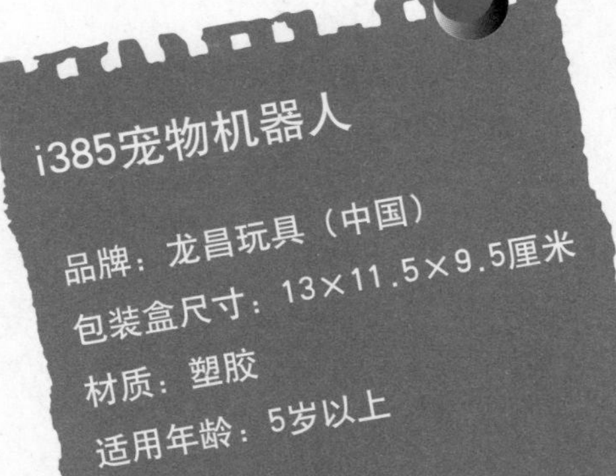

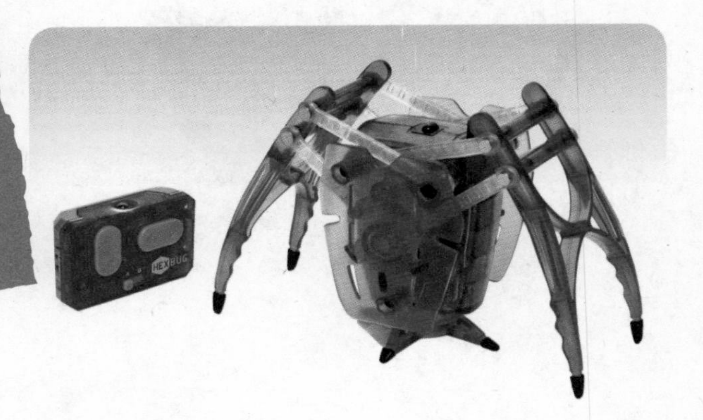

观察能力培养、协调能力锻炼

这是一款遥控玩具，全功能遥控，可前进、后退、前后左右转弯，四轮驱动，既可以在崎岖的路面爬行，也可以在水中浮行，并且可远距离操作，激发宝宝的玩耍兴趣。在玩耍的过程中，宝宝通过操纵车子进行前进、后退等各种动作，其观察能力和手眼协调能力能够得到增强。

水陆车

品牌：龙昌玩具（中国）

包装盒尺寸：28×15×17.5厘米

材质：塑胶

适用年龄：5岁以上

思维能力、判断力培养

宝宝在玩耍时，会积极地进行想象、思维，思考车子的行车路线，判断如何克服困难、躲避障碍、顺利行驶等，因而可以加强宝宝的思维能力和判断力的发展。

变形恐龙

品牌：星月玩具（中国）

包装盒尺寸：42×17×30厘米

材质：塑料

适用年龄：5岁以上

这是一款变形遥控玩具，通过操纵遥控器，将恐龙变成坦克，也可以将坦克变成恐龙，增加宝宝的玩耍兴趣。本玩具设有自动节能功能，当玩具在5分钟内未被操控使用时，将会自动发出语音信息“20秒后系统停运行”，如果在20秒内按下遥控器上的任一按键，则玩具可继续遥控操作，反之20秒后玩具将自动变身成坦克状态进入休眠，无法再用遥控器操控动作。如果在玩具已进入休眠状态而欲重新启动，只需再按一下坦克炮塔上的启动键，即可唤醒玩具并接受遥控指令。

反应能力培养、协调能力锻炼

当把恐龙变成坦克时，有开炮、前进、后退和拐弯功能。当把坦克变成恐龙时，可以喷火、前进和后退等。恐龙还有一个特殊的功能，按下红外线遥控器上的“D”键，恐龙会吼叫，一边跳舞一边闪烁着七彩灯光。通过玩耍，可以培养宝宝的反应能力和锻炼手眼协调能力。

第十一章 如何选购安全可靠的玩具

父母在为宝宝选购玩具时，一定要选择质量好、安全的玩具。首先，要查看玩具的包装或吊牌上的标识和使用说明，上面应注明厂名厂址、适用年龄范围、执行标准和使用方法以及安全警示等内容，这些都为选购玩具的父母提供了必要的购买信息和帮助。但即使玩具符合标准，是安全的，由于宝宝的玩法不当，也会产生许多错误使用情况下的伤害事故。因此，父母或其他监护人有监管宝宝的责任，监管和预防同等重要。下面列举一些不安全玩具的危害，根据国家玩具标准的有关规定，教您如何选购安全可靠的玩具。

1. 玩具中不可拆卸的小物件脱落，宝宝误食后会造成窒息危险

毛绒、布制玩具中不可拆卸的小物件如眼睛、鼻子、纽扣等，如果装配得不牢固，在玩耍中容易脱落或被宝宝用手指、牙齿将其拉出，极易被3岁及以下宝宝吞食，误食后会造成窒息的危险。选购毛绒、布制玩具时，可用手给予一定的力试着拉扯这些小物件，看这些物件是否会松动。还有那些薄的、易碎的、强度较低的塑胶玩具，玩耍时容易出现碎片，会对宝宝造成伤害，因此挑选玩具时要格外注意。

该玩具上的眼睛极易脱落，若被宝宝放入口中，有致其窒息的危险。

该玩具手机的透明塑料天线易破碎，碎片若被宝宝误食，有致其窒息的危险。

2. 玩具中可拆卸的零件过小，宝宝误食后会造成窒息危险

供3岁及以下宝宝使用的玩具及可拆卸的部件或在宝宝玩耍中容易脱落的部件，如果不符合小零件试验器的要求，均称为“小零件”，不能给3岁及以下宝宝使用。这里需说明一下，检测机构常用的小零件试验器是一个直径31.7毫米、端口大约为45°倾斜角的一个小圆筒，圆筒里斜截面距筒口高度分别为25.4毫米和57.1毫米。如果零件能完全容入小零件圆筒，说明零件太小，易被宝宝误食，从而导致吞食哽噎或误入气管造成窒息危险。因此，为3岁及以下宝宝选购玩具时，如果玩具本身带有可拆卸的部件，可查看零件是否过小，避免因有小零件给宝宝带来安全隐患。3~6岁宝宝的玩具允许存在小零件，但在包装上均注明“内含小零件，不适合3岁及以下儿童使用”的警示说明，或用年龄警告图标代替，所以也不要给3岁及以下宝宝购买这些不适合其年龄段使用的玩具。

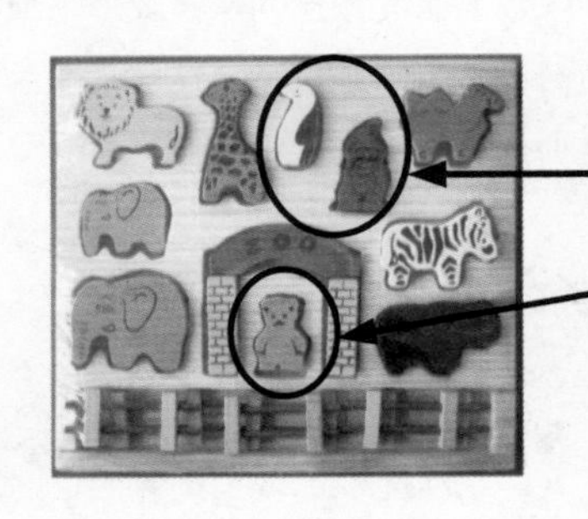

该玩具中有3个动物木块太小，可完全容入小部件试验筒，如被3岁及以下宝宝吞食，有令其窒息的危险。

3. 毛绒、布制玩具缝纫拼缝不牢固，填充物露出，宝宝误食后会造成窒息危险

玩具的缝合线处针脚稀疏不牢固，填充物如PP棉或颗粒填充物容易从这些缝隙中露出，或宝宝容易用手指拽出，极易被3岁及以下宝宝吞食，误食后会造成窒息危险。选购毛绒、布制玩具时，可查看玩具的缝合线处是否牢固，可用手试着拉一拉，查看缝纫拼缝是否会裂开。

4. 玩具中存在的锐利尖端，会给宝宝带来皮肤划伤的危害

玩具的接缝、棱角处不平滑，存在有尖端或利口，如果出现这些问题，玩耍中很容易划伤宝宝的皮肤。选购电动玩具或其他玩具时，应仔细查看玩具的接缝、棱角处是否平滑，是否会出现破裂等情况，避免尖端或利口的存在给宝宝造成危险。

该玩具的靶子外围包含金属盘的塑料圈很容易掉落，露出带有锋利边缘的金属盘，可造成割伤宝宝的危险。

该玩具吉他的表面毛糙且有凸起物，有划伤宝宝的危险。

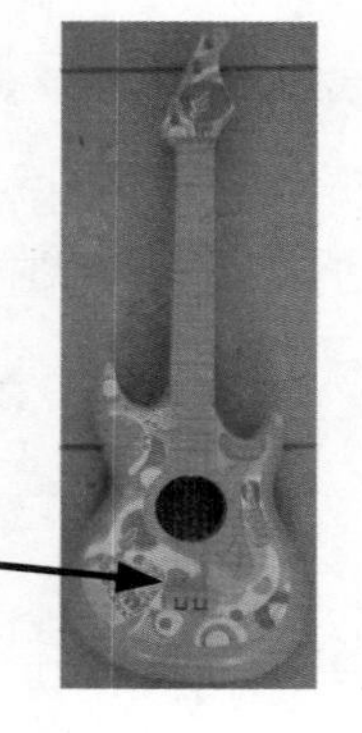

5. 玩具中电池防护不到位，宝宝误食会造成组织损伤

玩具中的电池在不使用螺丝刀或其他家用工具时，电池都不可能被触及，除非电池盒盖的防护是足够的。尤其是纽扣电池比较小，如果被3岁及以下宝宝拿到不小心吞下，吞下的电池有时会通过肠道，但是大多时候电池会卡在喉部，导致其释放氢氧化钠，因而造成严重的化学烧伤事故。误食或吞咽这类小电池还可能会引起长期的健康问题。因此，购买带电池的玩具时，要看电池盒是否有可靠的螺丝固定，一定要查看电池盒是否符合要求，电池不会被宝宝触及到，并且电池盒中的电池不能短路。

该塑料音乐玩具内的纽扣电池易脱落，如被宝宝误吞，有造成其窒息的危险。

6. 木制玩具可触及的表面不光滑、有木刺，容易刺伤宝宝的皮肤

木制玩具可触及的表面必须磨得平整、光洁、无木刺，否则宝宝玩耍时容易刺伤皮肤。选购木制玩具时，要用手触摸一下玩具的表面和边缘，看是否光滑且没有木刺的危险。

7. 玩具上的绳索或弹性绳过长并连有易形成活套的附件，宝宝有被缠绕勒伤的危险

1岁半及以下宝宝使用的玩具上的绳索或弹性绳，其长度应小于220毫米，绳索或弹性绳末端的珠状物或者其他附着物可能会与玩具的任一部分缠绕形成活套或固定环，如果形成活套或固定环，其周长应小于360毫米。3岁及以下宝宝使用的拖拉玩具上的绳索或弹性绳，如长度大于220毫米，则不可连有可能使其缠绕形成活套或固定环的珠状物或其他附件。为1岁半以下或3岁以下宝宝选购玩具时，要查看一下玩具上的绳索或弹性绳是否符合以上要求，如不符合要求，玩耍中会对宝宝造成被缠绕的危险，宝宝易被勒伤，直接危害生命安全。

该木制拖拉玩具上的牵引线长度超过220毫米且连有附件，有缠绕勒伤宝宝的危险。

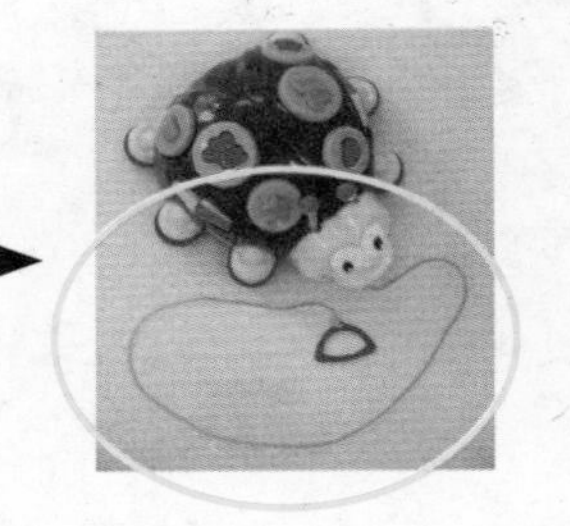

8. 发声玩具的噪声过大，会损伤宝宝的听力

具有发声功能的玩具，声音如果过于刺耳，噪声超过世界卫生组织规定的70分贝，如果宝宝长期接触音量过大的玩具，会直接损伤宝宝的听力，甚至会出现头痛、头昏、耳鸣、情绪紧张、记忆力减退等症状。选购发声玩具时，要先听一听声音大小是否合适，如果过于刺耳，大人都听着不舒服，就更不要给宝宝选购了。

该玩具手机发出的声音达到96.4分贝，因其音量过高，具有构成宝宝听力受损的风险。

9. 玩具中的磁铁松脱，宝宝误食后会造成致命损伤

很多玩具中都含有磁铁，如磁力棒玩具，如果磁铁安装得不是很牢固，极易有松脱的危险，3岁及以下宝宝如果不小心吞进去2个或者更多的磁铁，体内的吸力会导致肠道的致命损伤。选购带有磁铁的玩具时，要查看玩具中的磁铁是否安装得很牢固，没有松脱的危险。对于3岁及以下宝宝的玩具，不能有小零件或小球存在，并且要有明显的安全警示。

该磁性迷宫板的塑料笔能单独脱离迷宫板，这会使宝宝误食暴露在外的磁铁，导致窒息。如果宝宝拥有不止一个该产品，而分离的磁铁又都被误食，那磁铁会因磁力相互吸引，造成致命的肠穿孔或阻塞。

10. 弹射玩具的弹射物带有锐利边缘和锐利尖端，会给宝宝带来伤害

弹射玩具包括弓、箭、枪或飞镖等，其弹射物的顶端应呈圆头状，并装有弹性保护材料，否则危险的锐利边缘和锐利尖端会给宝宝带来划伤、扎伤等意外伤害。选购弹射玩具时，要查看弹射物是否有危险的锐利边缘和锐利尖端存在，查看弹射物的顶端是否呈圆头状，并装有弹性保护材料，以保障宝宝的安全，并且不能发射其他任何可能有潜在危险的弹射物。

11. 金属玩具的锐利边缘，会划伤宝宝的皮肤

供8岁及以下宝宝使用的金属玩具，可触及的金属边缘包括孔和槽不应含有危险的毛刺或斜薄边，否则宝宝在玩耍时，很容易划伤皮肤。选购金属玩具时，要查看有没有毛刺或斜薄边的危险存在，以免给宝宝造成伤害。

该儿童风铃玩具有被拉出锋利的金属棒的可能，会使宝宝受到戳伤或划伤的风险。

12. 封闭式玩具不通风或设有锁定装置，都会给宝宝造成窒息危险

封闭式玩具如帐篷、玩具箱等，应有良好的通风装置，否则会给宝宝造成窒息的危险。封闭式玩具的盖、门及类似装置不应配有锁定装置，且不应在盖、罩和门上使用纽扣、拉链及其他类似的紧固装置，否则宝宝被关在里面出不来，容易发生窒息危险。选购封闭式玩具时，要查看是否有良好的通风装置和不应有的锁定装置，避免给宝宝带来不必要的伤害。

13. 儿童推车折叠锁定装置失效，会给宝宝造成夹伤或挤伤的危险

折叠锁定装置是防止宝宝在车中及将宝宝抱出或放入推车的过程中车辆意外折叠的装置，儿童推车至少应有一个主锁定装置及一个副锁定装置，二者应直接作用于折叠机构上。一旦主锁定装置失效，副锁定装置便能发挥效用，防止车子意外折合起来，给躺在车子上的宝宝造成夹伤和挤伤的危险。选购儿童推车时，可查看是否有锁定装置，试一试车子在锁定状态下是否安全有效，而不会出现锁定装置松脱、车子折叠的现象。

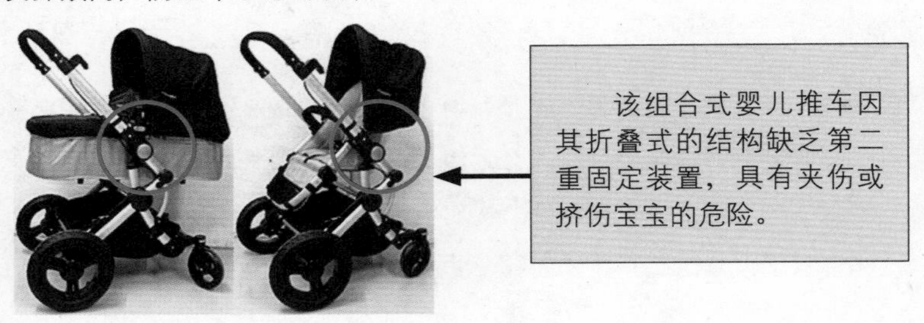

14. 儿童推车制动装置失效，会给宝宝造成意外伤害

儿童推车必须设有车轮制动装置，以便把推车稳停在路上，防止在斜路上滑行，如果撞上任何物体极易可能给车子上的宝宝造成撞伤等意外伤害。为保障宝宝的安全，选购儿童推车时，必须细心检查是否有车轮制动装置，试一试在制动状态下，是否能保证推车在一个静止的位置上。

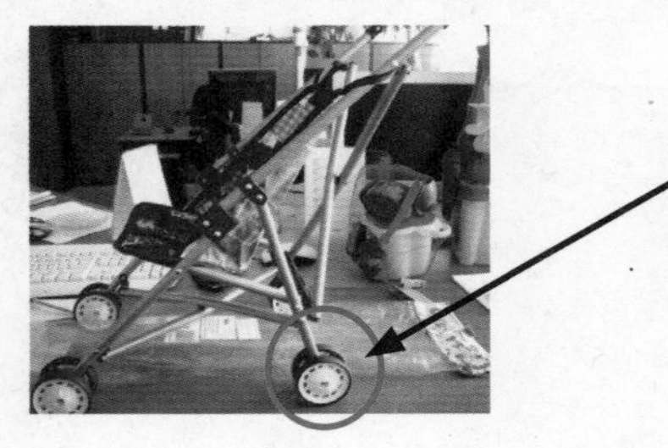

该婴儿推车因其安全锁不发挥作用，而且容易损坏，具有构成意外伤害的风险。

15. 儿童自行车未装链罩，会造成宝宝被夹伤的危险

儿童自行车鞍座最大高度等于或大于560毫米时，应装有一个盘链罩或其他防护装置，用以遮住链条和链轮啮合部的外表面；儿童自行车鞍座最大高度小于560毫米时，应装有一个全链罩，必须完全遮住链条、链轮和飞轮的外表面及其边沿部分，还要遮住链轮、链条和链轮啮合部位的内侧，防止宝宝手指或脚伸入链与链轮等处而引起夹伤的危险。选购儿童自行车时，要查看链罩是否符合要求，保障宝宝骑行的安全。

16. 儿童自行车车闸与车把间的距离过大，宝宝不能有效制动刹车会造成伤害

儿童自行车车闸与车把间的距离要合适，最大握距尺寸要适合宝宝手的抓握，握距过大，宝宝骑行中不能制动刹车，极易造成摔伤、撞伤等人身伤害。选购儿童自行车时，可以让宝宝用手试一试，看看车闸与车把间的距离是否适合宝宝手的抓握，同时也检查一下车闸的制动系统是否有效。

17. 儿童自行车外露突出物存在锐利边缘，会对宝宝造成剐伤或硌伤的危险

在儿童自行车的鞍座到鞍座前300毫米处之间车架上管的上表面不应有外露凸出物，如有也要符合儿童自行车安全要求中的规定，而且均不应有锐利边缘的存在，以免在宝宝骑车时不小心碰到造成剐伤或硌伤。选购儿童自行车时，要查看是否有外露凸出物，是否存在锐利边缘的危险。

18. 电动童车速度过快，会给宝宝造成撞伤的危险

电动童车的最大速度不得超过8千米/小时，否则宝宝在玩耍时，由于车子的速度太快而把握不住，极易出现把自己撞伤或把他人撞伤的危险。选购电动童车时，不要认为车子的速度越快越好，要从宝宝的安全角度出发，避免出现危险。同时，还要注意电动童车在充电过程中是不可启动的，否则也会出现意想不到的危险。

19. 不合格的玩具塑料包装袋被宝宝误套在头上，会产生窒息危险

采用塑料袋包装的玩具，如果塑料袋的厚度达不到要求或未打孔，宝宝拿到后，出于好奇心会将塑料袋当做玩具套在头上，一旦捂住口鼻处，会发生窒息的危险。合格的塑料袋应有足够的厚度（大于0.038毫米）或打孔（在任意最大为30毫米×30毫米的面积上，孔的总面积至少占1%），这样的塑料袋则大大降低了风险。但需要提醒父母注意的是，在拆开玩具包装袋后，最好及时将塑料袋破坏丢弃或放到宝宝拿不到的地方，避免给宝宝带来不必要的伤害。

20. 玩具中有害元素超标，给宝宝造成的伤害

供6岁及以下宝宝使用的玩具，即所有可能与嘴接触的可触及部分或部件，如果所含的有害元素超标，会对宝宝造成很大伤害。尤其是含有油漆涂层、颜料的玩具，在选购时要注意观察玩具的表面着色涂层是否易于剥落。标准规定玩具涂料铅含量不得超过90毫克/千克，砷含量不得超过25毫克/千克，汞含量不得超过60毫克/千克等，有涂膜的玩具一般不适应婴幼儿使用，因为涂膜中可能会有重

金属元素超标的现象。此外，还要提醒父母在给宝宝购买玩具时，要注意查看产品外包装上的相关标志，看其是否标有生产厂家、厂家电话号码、相关执行标准等内容，尽量选择正规厂家生产的产品。

列表：玩具材料中可迁移元素的最大限量

玩具材料	元素（毫克/千克）							
	锑（Sb）	砷（As）	钡（Ba）	镉（Cd）	铬（Cr）	铅（Pb）	汞（Hg）	硒（Se）
造型黏土和指画颜料之外的材料	60	25	1000	75	60	90	60	500
造型黏土和指画颜料	60	25	250	50	25	90	25	500

该黄色赛车玩具中迁移出铅904毫克/千克、铬191毫克/千克，严重超标，有令宝宝化学品中毒的危险。

21. 玩具使用说明

GB 5296.5-2006规定，玩具使用说明应标注以下内容：名称，型号，规格，产品标准编号，年龄范围，安全警示，材质的名称和含量，使用方法，维护和保养，生产日期，安全使用期限，生产者、经销者的名称地址。使用说明应按单件产品或最小销售单位提供，产品上或包装上的使用说明应置于便于识别的部位。在国内销售的产品，使用说明应使用规范的汉字，汉字、数字和字母的尺寸应不小于五号字体。

22. 安全警示

对需要有警示标志或警示说明的玩具应予以标明。安全警示的标注要求及表述方法应符合GB 6675的规定。安全警示的标注应采用耐久性标签，并且应永久地附在产品和/或包装上，由于产品结构或尺寸影响，不便附在产品上的安全警示，应附在包装和使用说明书上，毛绒布制玩具的安全警示标签宜缝制在产品上。“危险”“警告”“注意”等安全警示的字体应不小于四号黑体字，警示内容的字体应不小于五号黑体字，如：

“警告：内含小零件，不适合3岁及以下儿童使用。”